U0017476

# 世界華文出版業

辛廣偉 著

遠流

## 關於這個版本

　　這本書或許可以稱為第一本系統講述世界華文出版業的書籍。相對於已出版的幾種外文版，本書也是第一個中文版本。因為北京商務印書館的大陸簡體字版本還在編排中。除了第八、九兩章外，本書其他部分幾乎全部為英文版*Publishing in China*的內容。這也是為何在本書的前面有英文版序言、書的封底使用了對*Publishing in China*的評論的緣故。

　　世界華文出版業主要由中國大陸、臺灣、香港三地，及東南亞（主要是新馬）、北美幾個主要地區構成。其中，前三個地區是華文出版的基地與核心。新加坡與馬來西亞有成為第四個基地的條件，北美則是三大基地以外最大的市場。而澳洲、歐洲等地區是目前雖不成規模、但在逐步增量變化的潛在市場。從總體看，隨著華人影響的不斷擴大，特別是隨著華文出版業第一大基地中國大陸市場的不斷增長與綜合實力的不斷提升，整個華文出版業正走向逐步提升之路。

　　由於中國大陸、臺灣與香港三大基地的市場份額占了世界華文出版業總額的絕大部分，所以，自然就成了本書敘述的重點。同樣的理由，由於中國大陸市場份額占了全球總額的70%以上，且既是最大也是其他地區的人最感興趣又正在逐步開放的市場，所以，對這一地區的敘述就成了本書重點中的重點。

　　對於一個華文出版人而言，除了明晰自己所在區域的產業基本狀況外，對其他一些地區乃至於整個世界的華文出版業也有一個大致的把握與瞭解，似乎也是情理中之事。猶如台南的蓮霧業者也應該關注

大陸兩廣、海南及東南亞地區的蓮霧種植狀況一樣。如此說來，華文出版人似乎需要一本類似的書籍。特別是在近些年，一體化、走向世界（大陸習慣簡稱「走出去」）成為時尚話語的時候，全球危機連鎖反應、人們無法潔身自好的時候。當然，具體到本書，乃一個出版人個人的業餘觀察結果，到底能起什麼作用那就難說了。只是要拿去出版，總得找個藉口。前面的幾句話權當本書出版的一個理由吧。

辛廣偉

2010年3月於北京

# 英文第二版序言

本書第一版出版於2004年，轉瞬間五年過去了。

如果要用一個詞來概括中國出版業這五年，最恰當的應該是「變化」。雖然中國出版界裡沒有總統或領袖的競選，但歐巴馬的競選口號在中國出版界卻是不斷地被實現著。

五年前，中國大陸的500多家圖書出版社還都是事業機構，無一家企業；今天，它們中的大多數都已變成了企業，剩下的約150家，除了4家外，其餘的也都要在2010年底前轉制成為企業。五年前，中國大陸的出版社尚無一家股份制公司；今天，不僅股份制公司已很普遍，且已有兩家出版集團成為了上市公司，還有多家公司在排隊等候上市。五年前，貝塔斯曼在中國的圖書俱樂部業務正如火如荼；今天，它告別它們快一年了。五年前，卓越網還是中國本土的一個著名網路書店；今天，它雖然依然著名，但名字卻改成了亞馬遜中國。五年前，Condenast、Reader's Digest等都還在中國大陸外觀望；今天，它們都已在這裡有了自己的合作夥伴……

是的，剛剛過去這五年，中國出版業發生了巨大的變化。這是過去三十年中從未有過的。本書第二版要做的，就是盡量把這些變化、把發生在這裡的各種最新資訊告訴讀者。當然，作為一部系統的著作，這一版並沒有對過去的結構做出太大的調整。

本書第一版出版後，得到了國際出版界的普遍讚譽。諸多媒體都對這本書進行了報導與評論。《紐約時報》甚至說："As the author of 'Publishing in China: An Essential Guide' (Thomson 2004), Xin is the

Chinese industry's foremost bridge to the West, and a sort of effusive Rosetta Stone." (「作為 *Publishing in China: An Essential Guide* 一書的作者，辛廣偉先生為西方世界架起了一座通往中國出版界的重要橋梁，其作用猶如破解埃及古文字的羅塞塔石碑一樣。」) 這當然是過譽了。我知道一本書的影響其實非常有限。更何況，我也不敢保證我所說的都是全面與正確。事實上，這本書肯定有一些缺點與不足。但有一點我可以保證，那就是，在寫作時，我會盡全力秉持一種客觀的態度。

　　中國與許多國家存有不同程度的隔閡，在出版領域也是如此。減少與消除隔閡，增進彼此的瞭解，是非常必要的。藉著這本書給我帶來的廣告效應，我應邀到美、日、英等許多國家或國際書展去演講或研討，這使我聽到了國際出版業同行提出的諸多問題。印在本書封面折口上的我的E-mail信箱，也收到了諸多不同國家讀者提出的問題。這些都使我更加清楚了隔閡的程度，清楚了促進中外出版界瞭解的必要與緊迫，清楚了本書的使命與價值。這也使我的第二版寫作更有針對性。當然，第一版出人意料的銷售成績對我也是一個直接的鼓舞（出版商告訴我第一版書籍全部銷罄，按慣例一定要出第二版）。這個結果意味著，我似乎還有義務為英文讀者再做些事情。雖如此，由於時間非常緊迫，也由於個人能力所限，這第二版完成得很匆忙，對內容也不敢有太多誇口。但願它能比第一版發揮更多作用吧。

　　當我即將把第二版書稿交給出版公司時，我心存感激。有許多人

在我腦海裡浮現。

　　我首先要感謝本書第一版出版時（2004年），來不及在〈致謝〉中提到的人物。他們是時任美國出版商協會主席兼首席執行官帕特・斯羅德（Patricia Schroede）女士，牛津布魯克斯大學出版中心主任保羅・瑞查森（Paul Richardson）教授，法蘭克福書展主席沃克・紐曼（Volker Neumann）先生，紐約大學出版中心主任羅伯特（Robert）先生。我原本與他們都不熟悉或相識，但因為本書，我們成了朋友。他們既是本書的最早讀者，也是最早的評論者。我要感激他們對這本書的評論，感激他們對我的鼓勵與支持。我忘不了保羅先生在英國媒體上為本書所寫的書評，不僅僅因為他讚賞本書是瞭解中國出版業最權威的書籍令我惶恐，還因為他指出了本書的不足與紕漏，包括把山西省的省會太原誤寫成了陝西省省會西安。我忘不了斯羅德女士對我的鼓勵，包括我應邀赴美國書展演講與她首次會面，她身著別致的唐裝，站在紐約Jacob Javits Convention Center書展大廳裡熱情迎接我的那一刻。

　　今天，他們四位都已經離開了當時的職位，斯羅德女士更是告別了出版界並徹底退休，在美麗的佛羅里達與夫君一道安度晚年。我衷心地祝福他們平安、幸福！中國唐朝有句詩，叫做「海內存知己，天涯若比鄰」。無論是在北京，還是在倫敦、佛羅里達，我想我們彼此並不遙遠。

　　我要感謝中國出版工作者協會主席于友先先生，他從中國出版人

的角度給了這本書非常高的評價。還有史丹福大學出版中心主任Ms.
Holly Brady，美國出版商協會國際部主任Ms. Jued。前者把本書介紹
給了諸多到史丹福大學進修的各國出版界同行，後者特別到我在美國
書展上的作者簽名會上為我站臺鼓勁。

　　我還要感謝時任中國國務院新聞辦主任趙啟正先生（現任中國政
協外事委員會主任、新聞發言人）。我和他素不相識（至今也不曾通
過話），但他在看到這本書後，立即讓秘書打電話給我轉達他的三句
話：第一，感謝我為中國、為中國出版界及國際出版界做了一件非常
有意義的事情。第二，衷心祝賀這本書的出版，也祝賀作者。第三，
如有需要國務院新聞辦的地方請隨時和他聯繫。趙先生不僅是中國政
府的一位部長，還是一位學養深厚、頗具世界眼光和獨立見解的學者
與智者，他還是當年上海浦東新區的規劃者與實際領導者。我用業餘
時間寫這本書完全是個人行為，與政府無關；Thomson Learning出版
它也完全是出於市場考量，我們都是商業行為。所以，也就沒有什麼
需要請他幫助的，但他當時的舉動卻讓我至今難忘。

　　至於本書第二版的完成，我要感謝下列人士。

　　首先是第二版的主譯者李紅小姐。本書第一版之所以成功，與這
位孟菲斯大學博士的翻譯密不可分。這次她是邊忙碌地安排著一批批
美國華盛頓大學學生來中國學習，邊抽空完成了翻譯工作。還有唐洪
照先生，翻譯了其中的部分章節。他們兩位都是我多年故友，按中國
的習慣，我本不必多說謝謝。但對於讀者，卻應該知道他們。

其次，我要特別感謝北京的姜曉娟小姐與香港的尹惠玲小姐，要感謝我在中國出版科學研究所時的同事陳磊先生、李偉先生、王珺小姐、王惠蓮小姐、于華穎小姐、鮑紅小姐、屈明穎小姐、胡義蘭小姐，他們在索引、圖表、數據、法文與俄文資料等方面為我提供了許多幫助。

我還要感謝英國出版商協會的國際部原主任西蒙·貝爾（Simon Bell）、安德魯·紐柏格協會（Andrew Nurberg Associates）的Mr. Ian Taylor，原英國朗文公司的Mr. David Mortimer、姜樂英小姐、藍燈書屋前主席Mr. Alberto Vitale。他們或回答了我諸多問題，或提供了難得的幫助。Mr. David Mortimer和原新聞出版署署長宋木文先生還分別為我提供了珍貴的照片。

我要感謝臺灣的吳興文先生、香港聯合出版集團的謝麗清小姐、北京市新聞出版局的馬錚小姐、童趣公司的鄧珺雯小姐、IDG中國公司的任瑛小姐、江蘇省新聞出版局的呂詠小姐、新聞出版總署的洪永剛先生、中國城市出版社的黃鐢小姐、哈波·柯林斯出版集團北京公司的周愛蘭小姐、吉林出版集團的周蘭小姐、接力出版社的白冰先生、二十一世紀出版社的張秋林先生、中信出版社的李英洪小姐、上海譯文出版社的趙武平先生、外研社的侯慧小姐、時尚雜誌集團的閆嫣小姐、天下文化出版公司的蔡馥鵑小姐，遠流出版公司的陳采瑛小姐，中國連環畫出版社的倪延風先生，普知雜誌的王有布先生及北京的陳非先生。他們都為本書提供了重要的相關數據與資料。

　　責任編輯楊立平先生對本書的編輯出版工作付出了特別的辛勤，我要特別地感謝他。Cengage Learning的陳達樞先生和Mr. Paul K. H. Tan，北京公司的Mr. Andrew和馬清揚小姐，是促成第二版的核心人物，沒有他們的催促與耐心，我恐怕就完不成這項工作了。所以，也要特別感謝他們。

　　最後，我要感謝我的愛妻包蕾小姐。因為這一版的寫作，占用了我們的大量時間，使我無法陪伴她。我要謝謝她的理解與支持。

辛廣偉

2009年7月2日於北京

## 英文第一版序言

佛經裡有則寓言叫「盲人摸象」：幾個盲人想知道大象的樣子，摸到腿的說大象像根柱子，摸到身軀的說大象像堵牆，摸到尾巴的說大象像根繩，摸到耳朵的說大象像簸箕，摸到牙的說大象像竹筍……

不同文化、語言的人，對對方的瞭解，有時還真像這些摸象的盲人。其實，又何止是相異民族之間。一個人對自己所在民族、國家乃至於周圍事物的瞭解，有時也會如盲人摸象。

如何避免這一問題，大抵有兩個辦法。第一不應急於求成，而要花時間繼續摸，廣泛、深入地摸索之後，多會得到一個較全面的感覺。第二是聽明眼人介紹，套用今天流行的話語就是請專家或業內人士評說。

瞭解大象如此，瞭解一個行業也一樣。

不過，對明眼人的話也不必全信。因為他們並不見得就都具備一目了然的本領。九百多年前，中國一個叫蘇軾的詩人有一首詩：「橫看成嶺側成峰，遠近高低各不同。不識廬山真面目，只緣身在此山中。」因為身在「山中」，所以明眼人的見解有時也不見得可靠。

因此，你還不能只聽一家之言。東方的魏徵（中國唐朝的一個大臣）與西方的查斯特菲爾德爵士（Lord Chesterfield，18世紀英國政治家）都曾說過，兼聽則明，偏聽則暗（Hear one side and you will be in the dark, hear both sides, and all will be clear.）。

雖然如此，這本*Publishing in China*你還是要「聽」一下的。因為它是第一本用英文講述中國當代出版業的書籍，此類書尚無二家。而

「第一」多少總是會引起人們好奇的。

　　最後，要感謝Thomson Learning及其新加坡公司的主管陳達樞先生和Mr. Paul K. H. Tan、北京的袁江與馬清揚小姐，他們不僅是本書的催生者，還為該書的寫作給予了多方幫助。

　　一本書的出版或許平常，但Thomson Learning主動為中外文化交流架設彩虹的舉措令人感懷。中國需要瞭解世界，世界需要瞭解中國。

辛廣偉

識於北京 2004年4月

# 目 錄

# 第一章

# 概　述

1978年，美國國際數據集團（IDG）的麥戈文（Patrick J. McGovern）首次來到北京。當他看到北京書店裡擁擠的買書人群時，不禁大為感動。2002年，當德國書商萊因哈德·諾依曼（Reinhard Neumann）走進北京的書店，所看到的依然是擁擠的購書人群。2008年北京奧運會期間，為保證運動員及時參加比賽，當局對道路交通施行了管制，大街上車輛減少了一半多，但北京的書店裡依然人頭攢動。

　　三十年前，中國大陸年出版圖書還不足1.5萬種，人均GDP是130美元。2007年，中國大陸年出版圖書已達近25萬種，人均GDP為2460美元。書種是過去的16倍，GDP增加了19倍，但購書的人流依舊。

　　不變的購書人流，其實在向人們昭示著一個資訊：中國大陸出版業是一個巨大的市場，不僅很現實，而且是持續存在的。

　　當然，大陸市場的潛力更加誘人。2007年，中國大陸的人均GDP近2500美元，但美國是45800美元。2007年中國大陸圖書市場約為73億美元，人均消費圖書4.5美元；而美國分別是250億與90多美元，分別是中國大陸的4倍和20倍。日本分別是中國的1.13倍與13倍。

　　差距巨大！

　　這一方面說明中國還較落後，同時，又由於中國經濟在快速發展，這差距也意味著中國市場潛力的巨大。你可以自己計算：如果中國人均購書費用增加1美元，中國大陸的圖書市場就將增加13億美元。而事實上，近幾年裡，這個市場正以每年3億美元的速度增長。

　　更重要的是，這個市場正在向世界開放。

　　今天，在法蘭克福書展上，你會看到成百近千的中國出版人的身

影。而在中國大陸設立分公司或辦事處的外國出版公司已達80餘家。
那個三十年前就來到中國的IDG，今天在大陸擁有的各類公司已達數
十家。IDG所屬的風險投資公司更成為外國在中國風險投資領域的領
頭羊，2007年12月底，IDGVC第一個獲中國政府批准，設立外資人
民幣基金……

　　中國大陸、臺灣、香港與澳門人口之和約14億，陸地面積960萬
平方公里。從出版角度看，中國大陸、臺灣、香港是世界華文出版業
的三大基地。如果將這幾個地區的相關數字合併到一起，那麼整體出
版業的基本情況是：有圖書出版社9000餘家，雜誌17600餘種，報紙
2800餘種；年出版圖書約30萬種（新書約16萬種），年銷售圖書約為
97億美元（2009年應該超過100億美元）。

圖1.1　世界華文圖書市場份額比例

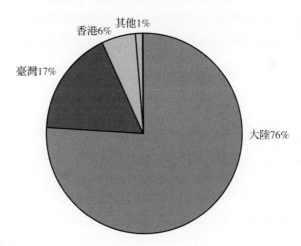

　　近年來，這三個地區的市場正越來越呈現一體化趨勢。而其中最
大的市場——中國大陸出版市場的變化，更吸引著世人的目光。

## 第一節　中國大陸出版業概述

### 一、背景資料

要認識中國大陸出版業，有必要先瞭解與此密切相關的背景情況。

2007年，中國大陸共有人口約13億，其中城鎮人口近5.9億多，農村人口約7.3億。15～64歲人口為9.6億多。

2007年，中國有各級各類學校63萬所，各類在校學生約2.5億人。其中在校研究生約120萬人，各類高等、專科在校生約1885萬人，高、初中在校學生約1.03億人，小學在校生約1.06億人，在園幼兒（包括學前班）約2300萬人，在校殘疾兒童（特殊教育）約41萬人。參加全國高等教育自學考試的有約460萬人次。

中國大陸在行政區域劃分上，基本上是採取省、縣、鄉三級建制。其中「省」相當於美國的「州」。但實際上，在多數省與縣之間還都設立有「市」一級區域。人們日常習慣上是將行政區域劃分為省、市、縣三級。

省級區域一般稱為省、自治區與直轄市，如廣東省、遼寧省、西藏自治區、廣西壯族自治區、北京市、重慶市。

中國有約660個城市。人口在200萬以上的有25個（400萬以上的8個），100～200萬的有141個，50～100萬的有279個，50萬以下的有217個（20萬以下的37個）。

2007年農村居民人均純收入4100元（約570美元），城鎮居民人均純收入13900元（約1900美元），城鎮是農村的三倍多。2007年中國國內生產總值（GDP）初步核算為24.6萬億元（約3.4萬億美元），人均GDP約2500美元。但上海城市居民人均GDP已超過8500美元，人均收

入為23600元（約3200美元）。而深圳、蘇州人均GDP均已超過１萬美元。

　　大陸共有公共圖書館約2700家。位於北京的中國國家圖書館是亞洲最大的圖書館，上海圖書館為中國最大的省市級圖書館。

圖1.2　中國大陸不同階段學生人數分布示意圖

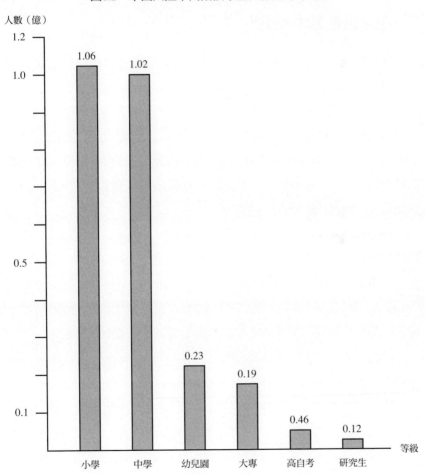

2007年，中國的進口關稅總水平為9.8%，工業品的進口平均關稅稅率為8.95%，世界排名前500家大型跨國公司絕大多數都已來華投資。按貿易額排名，中國大陸的貿易夥伴依次是歐盟、美國、中國香港、日本、東盟、韓國。2007年，中國居世界貿易與發展排名的第25位。

## 二、大陸出版業基本數據

中國大陸是華文出版的最大基地、最大市場，也是世界上成長最快、具最大潛力的出版市場。隨著改革開放進程的加快，特別是加入WTO，大陸出版業的整體實力正逐步增強，出版市場成長更迅速。

根據中國新聞出版總署的統計，2007年，中國大陸總共出版了近25萬種圖書，其中新版圖書近14萬種。圖書總印數約63億冊，總定價約677億元（約91億美元）。國營發行系統的總銷售額約510億（約73億美元），總銷售冊數約70億冊。

2007年，中國大陸共印刷雜誌約30億冊、報紙約438億份。共出版錄音製品約1.5萬種，2億盒（張）。出版錄影製品約1.7萬種，2.85億盒（張）。出版電子出版物約9000種，1.4億張。共有圖書出版單位約580家、雜誌約9500種、報紙約1900種；有音像出版單位360家、電子出版物出版單位約230家。有各類出版物銷售點16.7萬處。

目前，大陸共有各類出版集團約90個。其中出版集團近40個，報業集團超過40個，雜誌集團及具有雜誌集團規模的單位10餘個。

按照生產流程，中國大陸習慣將出版業分為出版（內容確定）、印刷與發行三個環節。在這三個環節的利潤結構中，出版環節最高，約占六成；發行環節居次，約占三成；印刷環節最少，約占一成。

2007年，中國大陸人均購書費用33元（約4.5美元）。中國出版科

學研究所的國民閱讀調查顯示，2007年人均年閱讀圖書約 5 本，每月閱讀雜誌約1.7本、報紙7.4份。

　　由於地區經濟發展、人口分布等因素的影響，中國大陸不同地區的出版實力相差很大。總體上是東部沿海地區比較發達，中部居中，西部及少數民族地區出版業相對滯後。北京、上海、江蘇、廣東、浙江、山東、遼寧、湖南、湖北、四川等是中國大陸新聞出版業最發達的地區。從大區域看，則是北京、珠江三角洲與長江三角洲三個地區最發達。

## 三、大陸出版業的結構與布局

　　和其他行業相比，中國大陸出版業的計畫經濟色彩相對還較濃厚。但中共「十六大」（2002年）以後，改革的速度明顯加快。特別是2007年以來，開始進入全面企業化階段。

　　依據中國國務院頒布的《出版管理條例》，在中國大陸，設立機構從事出版業務必須先取得政府的許可。政府要對圖書、報紙、期刊等各類出版機構的總量、結構和布局實施統一規劃與調控。

　　在出版、印刷與發行這三個環節中，政府對出版環節的限制特別是出版機構的設立限制比較嚴格，但對印刷與發行環節的限制則很少。這導致了新成立的出版機構數量很少，出版機構的總體數量變化也很小。如圖書出版社，1992年有519家，到2007年為579家，十五年裡只新增了幾十家，又沒有一家倒閉，幾乎沒有大的變化。目前大陸的出版單位均為國營。

　　目前，中國大陸圖書、報紙、期刊等出版單位的設立，原則上還主要是按照行業或系統（「條」）及行政區域（「塊」）分配的，即大陸通稱的「條塊」分配原則。所謂按「條」分配，即中央黨政機關每一個部

委系統、執政黨及其他民主黨派系統、其他相關行業、大型群眾團體（這些行業或系統都是從上到下，每個行業看上去都猶如一條線），原則上可以批准設立一家或若干家圖書、報紙、期刊、音像、電子出版物等出版單位。例如，中國商務部，該系統設立有一家圖書出版社——中國商務出版社、一份雜誌——《中國商界》、一份報紙——《中國商報》。國務院的其他部委與此大體相同。

中國共產黨的各系統如中宣部、統戰部，各民主黨派如中國致公黨、中國民主同盟，各群眾團體如中華全國婦女聯合會等，原則上也都是可以設立一個圖書出版社、一份報紙及一份雜誌。如中國民主同盟設立有求實出版社、《群言》雜誌，中華全國婦女聯合會有中國婦女出版社、《中國婦女報》與《中國婦女》雜誌等。

此外，各大型行業、國務院直屬事業單位（一般在行政級別上是副部級以上單位）也按此原則設立出版單位。如電力行業設立的圖書、雜誌與報紙類出版機構，分別是中國電力出版社、《中國電業》與《中國電力報》。中國科學院設立的圖書、雜誌與報社分別是科學出版社、《中國科學》與《科學時報》。

中國各部委、行業與系統設立的出版單位絕大多數在北京，由於均為全國性部門設立，所以，這些出版單位習慣上也被稱為中央級出版單位。多數中央級出版單位的命名方式大體相同，即由部委或行業名稱＋出版社構成。如中國商務出版社、中國致公出版社（隸屬中國致公黨）、中國水利水電出版社（隸屬水利部）、中國地震出版社（隸屬國家地震局）、中國三峽出版社（隸屬中國三峽總公司）等。通過名稱就可大體判斷出出版社隸屬於哪個部分或系統及出版哪類書籍。

所謂按「塊」分配，即原則上以省級行政區域（包括自治區、直轄市）為主（每個區域都呈塊狀），每一省級地區批准設立大體相同的若干圖書、報紙、期刊、音像、電子出版物等出版單位。比如江蘇

省，目前設立有出版政治、法律、教育、文藝、科技、古籍、美術等的圖書出版單位各一家、省級報紙一份（《新華日報》）、期刊若干，音像、電子出版物等出版單位若干。

和中央級出版單位對應，這類由各省級地區設立的出版單位習慣上也稱為地方出版單位。地方出版單位的名稱構成也大體一致，即「地區名稱＋出版範圍名稱＋出版社」方式命名。如江蘇省的圖書出版社分別叫江蘇教育出版社、江蘇文藝出版社、江蘇科技出版社、江蘇少兒出版社、江蘇古籍出版社、江蘇美術出版社、江蘇人民出版社等。出版社前面冠以「人民」，表示其出版範圍是以政治與法律書籍為主。其他地區也是如此。

按區域設立的出版單位中，圖書、期刊、音像、電子出版物出版單位一般都設立在省會城市，如江蘇省的上述出版單位，主要都設立在江蘇省省會南京市。地級市及以下行政地區一般沒有出版單位。但報社的設立是個例外，中國大陸每個地級市（州或地區）都辦有一份報紙，如江蘇省的南京市、蘇州市、揚州市等即分別辦有《南京日報》、《蘇州日報》與《揚州日報》。其他省分大體如此。此外，少數縣裡也辦有報紙。

除省級地區外，中國大陸的副省級城市，如大連（屬遼寧省）、深圳（屬廣東省）、廈門（屬福建省）等，也都有圖書、音像出版單位各一家。如大連市有大連出版社與大連音像出版社。此外，在個別地級特區也設立有圖書、音像出版單位，如廣東省的珠海市、汕頭市分別有珠海出版社、汕頭海洋音像出版社等。

中國有50多個少數民族，為了促進少數民族地區新聞出版事業的發展，除與其他省級地區相同外，中央政府還批准在一些少數民族自治州（地級市）設立了出版單位，如吉林省延邊朝鮮族自治州設立有延邊人民出版社與延邊教育出版社、新疆維吾爾自治區伊犁市設立有

伊犁人民出版社等。這些出版社的一個重要任務是以該地區的少數民族文字出版書籍。

　　目前，中國大陸各類出版單位的經營範圍、使用載體的分工還主要是由政府確定的。所謂政府確定分工，即出版主管部門在批准成立出版單位的同時，也對出版單位經營的業務內容、可使用的載體形式予以劃定。出版單位只能在劃定的範圍內經營。例如，原則上圖書出版社不能出版雜誌、音像等形式的出版物，反之，雜誌社、音像電子出版社也不能出版圖書。如果圖書出版社還擬出版雜誌、音像或電子出版物，則必須另外申請許可。此外，依照《出版管理條例》，申請設立出版單位，還必須有主管主辦單位。

　　不過在今天，所有這一切都在發生變化。出版業改革已進入較實質階段，特別是進入2007年以來。例如，已有五分之一以上的圖書出版社變成了真正的企業公司。按照政府的計畫，到2010年底，幾乎所有的500多家圖書出版社都將變成企業公司。而隨著北方出版集團（原遼寧出版集團）的整體上市，出版業資本市場也開始逐步開放。

　　與出版環節的管理情況不同，在複製與發行環節，中國大陸的限制很少。兩個領域都許可民營，且都已開放外資經營（詳見本書第十、十一章）。兩個領域民營單位的數量均超過國營。特別是印刷領域，限制最少，中外資本都可以以各種方式自由運作，已與中國大陸其他行業的經營環境基本相同。發行業雖在連鎖書店、總批發權方面還有一些限制條件，但也已基本市場化。就發行業的總體實力與規模看，民營已占了半壁江山。


## 四、大陸出版業的法律、行政管理與獎助

　　中國大陸目前尚沒有立法機關（全國人民代表大會）確立的專門

的出版法律。最重要、最基本的出版法律是中國政府（國務院）頒布的《出版管理條例》。此外，國務院及國務院所屬的新聞出版總署還頒布有其他一些相關法規，這些法規共同組成了中國大陸初步的出版法律體系。

除《出版管理條例》之外，國務院頒布的其他重要出版法規還有《音像管理條例》與《印刷業管理條例》等，新聞出版總署頒布的重要法規有《互聯網出版管理暫行規定》、《出版物市場管理規定》、《圖書、期刊、音像製品、電子出版物重大選題備案辦法》等。在外商投資方面，新聞出版總署與商務部聯合頒布有《外商投資圖書報刊外銷企業管理辦法》、《設立外商投資印刷企業暫行規定》等法規。

在與出版密切相關的著作權方面，中國全國人民代表大會頒布有《中華人民共和國著作權法》，國務院頒布有《著作權法實施條例》、《計算機軟件保護條例》等。

上述法律法規都是中國大陸出版業最主要的法律文件。

依據《出版管理條例》，中國大陸的各類出版活動主要由新聞出版行政管理部門負責規範（但如業者與政府產生糾紛，最後由法院裁決）。政府出版行政管理部門大致分為國務院、省及地市三級。中國最高出版行政管理部門是新聞出版總署。在各省級行政地區則設有新聞出版局，如遼寧省設立有遼寧省新聞出版局、廣東省設立有廣東省新聞出版局。一些副省級城市及部分地市級城市也設有新聞出版局，如遼寧省的大連市設立有大連市新聞出版局，廣東省的珠海市設立有珠海市新聞出版局。

新聞出版總署的主要職能包括：起草新聞出版、著作權管理的法律法規草案，制定新聞出版、著作權管理的規章並組織實施；制定新聞出版事業、產業發展規劃、調控目標和產業政策（包括機構總量、結構、布局的規劃等）並組織指導實施；負責新聞出版改革工作；監

管包括互聯網出版在內的各類出版活動；管理各類新聞出版單位的准入和退出；負責組織指導中國共產黨和國家的重要文件文獻、重點出版物和教科書的出版、印製和發行工作，制定國家古籍整理出版規劃並承擔組織協調工作；負責出版物市場「掃黃打非」工作；負責國內報刊社、通訊社分支機構和記者站的管理工作；負責印刷業的監管；負責著作權管理工作，包括處理涉外著作權關係和有關著作權國際條約應對事務；負責新聞出版和著作權對外交流與合作工作，負責出版物的進口管理工作；等等。

根據中國國務院的決定，中國全國的著作權行政管理工作由國家版權局負責。國家版權局與新聞出版總署是一個機構、兩塊牌子，新聞出版總署署長兼國家版權局局長。現任新聞出版總署署長是柳斌杰先生，他是一位熟悉新聞出版業務的學者型官員。新聞出版總署內設立版權管理司，專門負責相關版權工作。

新聞出版總署內設有出版產業發展司、出版管理司、新聞報刊司、印刷發行管理司、科技與數位出版司等業務職能部門。

地方新聞出版局內的機構設置與新聞出版總署類似，而各省級地區版權行政管理機構的設置也與國家版權局大體相同。

在中國大陸，出版物分為正式與內部兩大類。所有正式出版物必須由國家批准設立的正式出版單位出版，內部出版物的出版必須遵循《內部資料性出版物管理辦法》的規定。

中國大陸對新聞出版從業人員的資格有一定要求。依據《出版專業技術人員職業資格管理暫行規定》，凡從事圖書、期刊、音像、電子等出版物編輯、出版、校對等專業技術人員，必須考試取得「中華人民共和國出版專業職業資格證書」。

為扶持出版業，促進科技文化的發展，一些政府、科研機構、行業協會等部門設立有出版基金或專項出版資金。影響較大的出版基金

圖1.3　新聞出版總署（國家版權局）組織結構圖

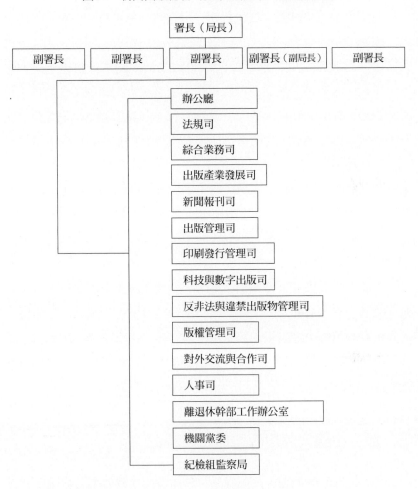

有國家學術著作出版基金、全國少數民族優秀圖書出版基金、電子信息科技專著出版基金、海洋科技著作出版基金、測繪科技專著出版基金、北京市社會科學理論著作出版基金等；政府出資資助的國家重大出版專案有《中華醫學百科全書》、《中國藥用植物志》、《中華大典》、《中國軍事百科全書》等。從2002年到2006年，國家撥給新聞出

版業的發展專項資金就達50多億元（約6億美元）。

　　為切實解決中國廣大農民群眾「買書難、借書難、看書難」的問題，從2007年起，由新聞出版總署牽頭，會同中央文明辦、國家發展改革委、財政部、農業部等部門，開始在全國範圍內實施「農家書屋」工程。農家書屋是建在行政村裡、由農民自己管理的公益性文化服務設施，類似於鄉村圖書館。政府為每一個農家書屋提供至少1500冊、品種不少於500種的圖書、30種報刊及100種（張）電子音像製品，一些地區的農家書屋還會增加一定比例的網路圖書、網路報紙、網路期刊等網路出版物。工程計畫「十一五」期間（2006-2010年）在全國建立20萬家農家書屋，到2015年基本覆蓋全國的60萬個行政村。為此，中國政府將支出數百億元人民幣。至2007年底，全國已建成農家書屋6萬多個。

　　中國大陸還設立有多種出版獎項。這些獎項主要由政府、行業協會等機構設立，最權威的是由新聞出版總署設立的中國政府出版獎，影響較大的還有中國出版工作者協會設立的「中華優秀出版物獎」和「韜奮出版獎」。此外，中國共產黨的最高宣傳機關——中共中央宣傳部設立的「五個一工程獎」也包括對文藝圖書的獎勵。

## 第二節　中國大陸出版業的主要特徵

　　進入新世紀的中國大陸出版業，目前有如下幾個顯著特徵：

　　第一，出版法制建設取得初步結果，為依法經營創造了條件。過去的出版業經營幾乎沒有明確的法律可依，但自20世紀90年代起，這種狀況開始改變。《著作權法》、《出版管理條例》等多項出版法律法規的出臺，標誌著中國大陸出版法制建設已邁出重要步伐。「一法六條例」的實施，使出版業已搭建起了法律的基本框架。而《行政復議

法》、《行政許可法》等規範政府執法的法律的實施，又為出版業進一步法制化奠定了基礎。

　　第二，新聞出版體制改革規劃已成型，深刻變革全面展開。雖然出版業幾乎是中國各類行業中改革起步最晚、市場化程度最低的一個行業，但深層次的變革已經全面開始。按照2009年5月中國新聞出版總署發布的最新改革規劃，到2010年底，除四家出版社作為公益性出版機構外，其餘500多家出版社將全部變為企業公司。報刊業改革將分三步走，第一步改革國有企業主辦的報刊社，依次是行業協會等社會團體主辦的報刊社、部委所屬報刊社，最終目標是培育10～15家大型綜合性傳媒集團。目前，中國已有100多家出版社實行企業體制的管理，1000多家報刊也已進行企業化、市場化的管理。而四川新華文軒（四川發行集團）、北方出版集團等多家出版、發行集團的上市，標誌著出版業的資本市場正逐步對外開放。所有這些都標誌著整個中國出版業正在發生根本性變化。

　　第三，市場流通管道亟待建設，中小城市潛力待開採。中國大陸幅員遼闊，但在出版物流通領域，卻缺少一個遍布全國的圖書銷售網絡。流通不暢，已成為制約出版業快速發展的瓶頸。一個明顯的例子就是，許多本來可以發行數十萬、上百萬的書籍，因發行管道不暢而使銷售量大打折扣。中國雖然擁有十幾個面積在1萬平方米以上的大型書城，但他們主要集中在少數大城市。而且，這也從一個側面說明了書店數量與布局方面存在的問題。中國書業的連鎖經營才剛剛起步，急需美國巴諾（Barnes & Noble）、鮑德斯（Borders Group）之類的大型連鎖書店。同時，現代化的物流建設也剛剛起步，發揮的功效還十分有限。而小眾讀物、專業圖書銷售也有待檔案化與電子化。

　　目前中國出版物銷售主要是依靠人口在2、300萬以上的大城市。而人口在200萬以下的中小城市，銷售網站還很少，也不夠現代化，

各類新書刊的到達率還很低，到達速度也很慢，讀者購書還不夠方便。大陸僅20～100萬人口的城市就有450個，人口總數超過3億，這些城市書刊銷售還有非常大的空間等待開發。

第四，地方壟斷與盜版問題有待解決。由於過去計畫經濟的影響，中國出版物以省級區域為主的發行方式還很突出。目前的狀態下，出版機構很難將自己的圖書銷售到全國市場。同時，一些地方政府也存在著地方保護主義行為，使得本就缺少流通網絡的書業，又多出了許多阻礙。此外，一些地方盜版問題還很嚴重，雖然中國政府在打擊盜版方面已取得了很大成效（如已破獲了上百條的地下非法光碟生產線，舉報人可獲30萬元獎勵），但盜版對出版業的負面影響還是不小。對此，還必須採取更強有力的措施。

第五，市場正在快速增長。作為最大的發展中國家，中國大陸出版市場的增長是非常顯著的。以1997到2007年十年間中國大陸圖書市場的發展為例：圖書出版種類，1997年為12萬種，2007年增加到25萬種；圖書銷售額，1997年為310億元，2007年增加到510億元；圖書印刷用紙量，1997年為67萬噸，2007年增長為313萬噸。近年，中國大陸的圖書銷售市場以每年3億美元、7%的幅度在增長。以此推算，到2010年，大陸的圖書銷售市場將達到約80億美元。未來七、八年，中國大陸市場有25億美元的增長潛力。

第六，這個發展最快、潛力最大的市場正在對外開放。中國大陸的印刷領域，在加入WTO之前，就已經大幅對外開放。加入WTO後，又開始開放發行市場，外資正以各種不同形式進入中國出版的各個領域與環節（參見本書第十一章）。據初步推算，目前在中國設立分公司或辦事處的外國出版公司就已超過80家，中國大陸已有多家傳媒公司在香港上市。外資的進入，既能分享中國市場成長的成果，同時，也會提升中國本土企業的競爭實力，促進出版業的市場化發展，

圖1.4　在北京舉行的美國國家地理學會之夜

2007年12月6日，美國國家地理學會、IDG與他們的中國夥伴時尚雜誌聯合在北京舉辦
「美國國家地理學會中國之夜」。從左至右依次為中國國家旅遊局副局長杜江、新聞出
版總署副署長李東東、署長柳斌杰、美國前總統卡特、卡特夫人、時尚傳媒集團聯合總
裁劉江、國家地理學會執行副總裁Terry Adamson、美國國家地理全球媒體集團總裁Tim
Kelly、《國家地理》雜誌主編Chris Johns、IDG全球常務副總裁熊曉鴿。

（照片提供：IDG中國公司）

應該是一個雙贏的結果。

## 第三節　臺灣、香港與澳門出版業概述

　　臺灣、香港與澳門的人口分別約為2300萬、700萬與54萬。從總
量上看，臺灣與香港分別為華文出版業的第二、三大基地。從市場競
爭力看，臺灣與香港是除中國之外，出版業最發達的兩個地區。

　　臺灣與香港兩地社會制度、經濟實力、法律背景等諸多方面都有許多相同之處。兩地出版業都屬於完全的市場經濟，在出版業的進入方面都採取登記制度，出版業的各個環節中，無論是產業規模與機構數量總體上都是以民營為主，在出版產品的進出口、外資進入等方面開放程度都非常高。民眾的平均收入都在1萬美元以上，消費習慣與水平也大致相同。

　　但兩地也有一些不同。最主要的是在文化背景、人口與土地面積方面。臺灣是以中國文化為主，中文是最重要的語言。香港由於有被英國統治一百五十多年的歷史，西方文化背景較濃，文化上更多的是中西結合，語言上中英文並重，英文占強勢。人口方面，臺灣是香港的三倍多，又都是受中文教育。這兩個因素使得臺灣的中文出版實力超過香港很多。在土地面積上，臺灣是香港的三十多倍，這又決定了臺灣是區域出版，香港是城市出版的格局。這些基本背景的不同，導致了兩地的出版業也都有許多自己的特色。

## 一、臺灣出版業的主要特徵

　　總體而言，臺灣出版業的主要特徵有五個方面：

　　第一，市場飽和，競爭呈白熱化狀態。臺灣人口2300萬，擁有的圖書出版社與雜誌社均在8000家左右，年出版圖書約4萬種，且這些數量還在不斷上升。就數量而言，已達飽和狀態。伴隨著新公司的出現，又不斷有出版社、書店倒閉與停業，特別是近些年如錦繡文化企業、光復書局、新學友書局等一些出版集團、大公司的倒閉，金石堂、誠品書店與諸多出版社間的供銷合約風波，更顯現出臺灣出版市場競爭的殘酷性。

　　第二，書店網點密布，流通管道基本成熟。臺灣的出版物發行管

道暢通，中盤發達，自銷、直銷、網路銷售等各類銷售形式皆較成熟。臺灣書店數量眾多，密度極高，出版物銷售非常便利，民眾購買非常方便。

第三，對外開放程度高，引進版權數量高。臺灣對外資的進入限制已很少，出版、印刷、發行各環節都允許外資經營。目前，無論是圖書、雜誌、影音，都有外資公司在臺灣經營。在版權貿易方面，臺灣每年引進的外國版權數量較高。以圖書為例，目前，引進外國版權已占臺灣年出版新書的40%左右，兒童、青少年圖書中的引進版更是已近半壁江山。

第四，股份化與集團化趨勢加快。為適應不斷加劇的競爭環境，臺灣出版業股份化、集團化趨勢明顯。許多獨資或合夥經營的出版社紛紛釋股給員工，以增強凝聚力。股份有限公司是臺灣出版社各類組織形態中數量最多的一種。集團化是為了適應競爭出現的又一趨勢。近年，通過聯合、控股等方式組成各類出版集團或策略聯盟的現象較以往有所增多。

第五，積極出島經營，廣泛尋求商機。由於島內市場飽和，一些出版商已將眼光投向島外。島外經營主要有兩個路線，一個是東南亞的一些講華語人口較多的國家，如新加坡、馬來西亞等；另一個是香港與中國大陸。由於中國大陸是最大的華文出版市場，且正在市場化過程中，商機較多，所以，臺灣出版業者在大陸設立各類分支機構的數量最多。唯目前大陸市場處在逐步開放中，否則，數量更會翻倍增長。

## 二、港澳出版業的主要特徵

作為城市出版的香港出版業，在經營上有許多與臺灣相同。如市

場的飽和與競爭的白熱化、發行系統的完善、出版的股份化與集團化等。但同時，它又有一些自己獨特的地方。

香港出版業最主要的特徵，表現在如下四個方面：

第一，市場國際化水準極高，擁有中英兩種語言。香港是一個自由貿易港，擁有自由開放的投資制度，沒有貿易屏障，資金流動完全自由，法律完善，稅率低而明確。香港是全球第十大貿易體系、第七大外匯市場、第十二大銀行中心及四大黃金市場之一，美國傳統基金會連續多年把香港評為全球最自由經濟體系。同時，中英文皆為官方語言，香港是一個雙語市場，這樣的環境與背景是其他地區沒有的。所有這些，都為香港出版業的持續發展奠定了基礎。

第二，業者選題策劃意識出色，國際競爭能力較強。人少地窄，完全的自由經濟，使得許多香港出版人練就了極強的策劃意識與本領。許多出版社編印發全部工作只有一、二個人承擔，依然將事業經營得有聲有色。而大量外國出版公司的存在，無疑又提升了本土出版的國際競爭力。市場小，國際化程度高，還使許多業者具備了國際競爭的視野與能力。一些業者的出版業務從開始就是面對海外市場的，東南亞、北美及中國大陸、臺灣與澳門都是其市場的一部分。

第三，香港依然具有中文出版圖書櫥窗的位置，也是重要的出版物進出口市場。香港市場的完全開放性，使得香港成為擁有最多中文書刊品種的市場。香港既是出版物消費者與生產者，同時，又是一個中轉站。而由於中國大陸與臺灣兩岸間的貿易還不能直接進行，所以對香港的依賴仍然很強。

第四，印刷業國際一流，出版設計能力突出。香港印刷業以高水準、高質量、優秀服務而聞名於世。約5000家印刷製作公司，加上有中國內地以深圳、東莞為主的珠三角印刷基地的支援，使得香港印刷業擁有極強的競爭力，並成為香港製造業的重要組成部分。2006年香

港印刷及包裝業出口額達55億美元。印刷業的精良使得香港出版的設計水平很高，這也是香港出版物多次獲國際印刷獎的一個重要因素。而印刷環節的強大，又對上游出版編輯環節的發展起了極大的促進與推動作用。

澳門的社會制度、法律、歷史、文化乃至市場經營背景等都多與香港類似。只是由於人口太少（香港的1/20）、面積太小（相當於香港的1/40）及文化背景等因素，使得澳門的華文出版業尚不夠發達。但澳門回歸中國以來，中文出版業已有了一定的發展。目前年出版中文圖書約100種左右，有中文報紙9種，中文雜誌約100種。

## 第四節　中國的著作權保護

中國的第一部著作權法——《大清著作權律》，頒布於1910年。1915年北洋政府頒布了中國的第二部著作權法。1928年，中華民國政府頒布了第三部著作權法，該法律在中國大陸一直實施到1949年10月。

1949年10月1日，中華人民共和國成立後，在中國大陸地區廢除了舊政府的所有法律，著作權法自然也不再實施。但該法律在臺灣還一直沿用至今。而在香港，1949年至1997年底一直使用英國的版權法律。

1990年9月，中國大陸在四十年後重新頒布了新的著作權法——《中華人民共和國著作權法》，該法於1991年6月1日起實施至今。之後，中國還先後頒布了《著作權法實施條例》、《計算機軟件保護條例》、《知識產權海關保護條例》、《著作權集體管理條例》、《信息網絡傳播權保護條例》等相關法律。2001年10月，中國對該著作權法及相關法律進行了第一次修訂；2010年2月，對該著作權法及相關法律

進行了第二次修訂。

中國是國際版權組織或條約的成員國。1980年中國加入世界知識產權組織WIPO。自1992年10月起，中國先後成為伯恩公約、世界版權公約、保護錄音製品製作者防止未經許可複製其錄音製品公約、世界知識產權組織版權條約（WCT）及世界知識產權組織表演和錄音製品條約（WPPT）成員國。2001年12月11日，中國加入WTO，《貿易相關知識產權協議》（Agreement on Trade-Related Aspects of Intellectual Property Rights）開始在中國生效。

中國大陸的著作權保護有司法與行政兩種方式。

依據中國著作權法，中國公民、法人或者其他組織的作品，不論是否發表，均享有著作權。外國人、無國籍人的作品根據其作者所屬國或者經常居住地國同中國簽訂的協定或者共同參加的國際條約享有的著作權，受中國法律保護。外國人、無國籍人的作品首先在中國境內出版的，受中國法律保護。未與中國簽訂協定或者共同參加國際條約的國家的作者以及無國籍人的作品首次在中國參加的國際條約的成員國出版的，或者在成員國和非成員國同時出版的，受中國法律保護。

依據中國著作權法，發生擅自發表他人作品、未經合作作者許可將與他人合作創作的作品當作自己單獨創作的作品發表、沒有參加創作在他人作品上署名等一般侵權行為，要承擔停止侵害、消除影響、賠禮道歉、賠償損失等民事責任。

發生擅自複製、發行、表演、放映、廣播、通過資訊網絡向公眾傳播他人作品、出版他人享有專有出版權的圖書等嚴重侵權行為，除承擔上述民事責任外，還可以由著作權行政管理部門責令停止侵權行為，沒收違法所得，沒收、銷毀侵權複製品，沒收製作侵權複製品的材料與設備等處分。

　　依據《中華人民共和國刑法》，以營利為目的、對違法所得數額較大或有其他嚴重情節的侵權行為，可以處七年以下有期徒刑，並處罰金。

　　依據中國的著作權法，中國政府也承擔部分著作權執法等相關工作。中國國家版權局主管全國的著作權管理工作，各省、自治區、直轄市人民政府的版權局主管本行政區域的著作權管理工作（有關政府版權局的機構設立，參見本章第一節之四）。在行政執法產生糾紛時，最後依然由司法裁決。

　　香港與澳門分別於回歸中國後實施了新的版權法，其著作權法律保護水平與中國大陸大體相同，但與中國大陸有一個共同的區別，即這兩個地區發生著作權法律糾紛或侵權行為時，只有司法解決一個途徑。

　　從新著作權法實施至今近二十年裡，中國的版權保護環境與以往相比有了質的變化。

　　當然，目前中國的狀況既不像有些人說得那麼好，也沒有一些人說得那麼糟。盜版問題依然存在，在一些地區甚至還很嚴重。同時，通過法律對盜版者的懲罰也在進行，政府打擊盜版的力度也不斷受到人們的肯定。這才是中國較真實客觀的一面。我一直認為，中國的盜版現象猶如美國的販毒現象（參見第十四章第四節之三）。否則，就不會有中國每年出版的新書中外國授權圖書已達1/10以上（超過1萬種）的情況，也不會出現定價高出常規圖書價格二倍多的《哈利波特》銷售超過500多萬冊的現象。

　　無論如何，中國在打擊盜版方面，還必須不斷努力，中國也確實在繼續努力。

## 第五節　其他地區華文出版業的主要特徵

華文出版不僅限於中國大陸、台灣、香港與澳門，還有一些國家與地區也有華文出版活動，它們是世界華文出版業的組成部分。大陸、台灣、香港與澳門以外的華文讀者可大體分為三類，第一類是外籍華裔（主要指老華僑及二代以上的華裔），第二類是新移民的華人（主要是近二、三十年裡以留學生為主的華人），第三類是非華裔的外國人。大陸、臺灣、香港與澳門以外的華人華僑（前述的第一與第二類）數量約在3000萬左右，他們是這四個地區以外華文出版市場的主要讀者及潛在讀者。華裔以外的中文讀者（第三類）數量很小，主要是一些漢學家及中文愛好者（包括到中國的留學生）。

大陸、臺灣、香港與澳門以外地區的華文出版活動主要集中在東南亞與北美兩個地區，歐洲（主要是西歐）及澳大利亞兩地的華文出版活動相對也較活躍，這四個地區也是華人最集中的地區。初步推算，大陸、臺灣、香港與澳門以外地區華文出版業的規模大致是：出版華文報刊約500種左右，年出版華文圖書約1000種，設立的華文相關網站約200家。此外，還有與華文出版相關的多家華文通訊社、電臺、電視臺等。大陸、臺灣、香港與澳門以外的華文出版物的讀者分布在世界各地，但主要也都集中在上述四個地區。據估計，大陸、臺灣、香港與澳門以外的華文書刊市場銷售額超過1億美元。這1億美元的華文書刊市場可大致分為四塊。北美地區最大，約占世界整個份額的一半左右，日本與東南亞地區約占十分之四，歐洲與大洋洲約占十分之一。此外，近幾年大陸、臺灣、香港與澳門以外地區的影音市場成長也較快，在北美與澳洲都已初步形成一定的規模。

這些地區的華文出版業有如下幾個主要特徵：

第一，馬來西亞與新加坡有成為第四個華文出版基地的潛質。馬

圖1.5　大陸、臺灣、港澳以外的華文圖書市場份額比例

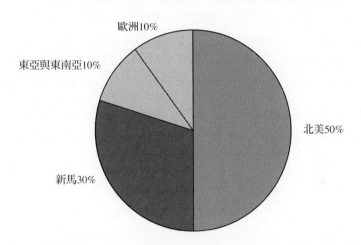

來西亞與新加坡是大陸、臺灣、香港與澳門以外，華文出版最活躍的地區，兩國的華文出版都具有一定的規模，目前，兩國年出版華文非教學圖書約600種左右，華文圖書銷售約在2500萬美元左右（傳承得語）。兩地也都有具一定規模的華文書業公司，如泛太平洋出版有限公司、勝利出版私人有限公司、大眾書局、上海書局、大將出版社等。兩國共擁有大小約150家的華文書店，每年都舉辦有眾多華文出版物在內的大型國際書展。兩地的華文報業也較發達，並有跨國華文報業集團。此外，兩地還都有一定數量的華文網站，加之東南亞其他一些華人較多國家還可能成為兩國華文出版業者的潛在市場。所有這些都意味著，兩國的華文出版市場具備成為中國大陸、臺灣、香港之後的第四個華文出版基地的可能。

　　第二，北美地區市場較大，並有繼續拓展的空間。美國與加拿大華人人口數量雖遠不及東南亞地區，但他們的綜合素質、中文水準及對華文出版物的市場消費能力普遍高於其他地區。這也是北美華文出版較活躍的主要因素。目前，北美地區華文報業發展最好，華文出版

物也有了一定的銷售網絡，與幅員大體相似的其他地區比較，這是北美地區獨有的優勢。而隨著中國大陸、臺灣與香港出版業者在北美的業務活動不斷拓展與加強，隨著包括華文網路書業的發展、影音市場的增大，再加之華人人口數量的不斷增加，這一市場必將會進一步擴大。

第三，這些地區的華文出版業普遍呈增長態勢。20世紀90年代以來，除馬來西亞、新加坡及北美外，其他地區的華文出版業也在逐步發展。東南亞的諸多國家都取消了對華文出版的限制，並改為鼓勵與支援，東歐的華文出版從無到有，南非的華文出版開始起步，這些都是過去所未有的。這也勢必為今後一個時期華文出版業的成長打下基礎。而隨著近年中國大陸經濟的快速增長，全球諸多國家與地區開始出現「漢語熱」，這必然又會成為華文書業市場成長與發展的一個新契機。

第四，總體規模還很有限，這些地區華文出版業的成長與發展還有賴中國綜合國力的進一步提高。總體看，大陸、臺灣、香港與澳門以外華文出版業無論是規模與市場還都很小。與海外華人數量相比，目前的狀況還很不成比例。導致這一狀況的原因很多，但最根本的還是中國的綜合國力的相對薄弱，國民人均收入還普遍偏低。大陸、臺灣、香港與澳門以外雖有3000萬華人，但他們多數已不能使用漢語，要讓他們中的許多人（潛在讀者）成為華文讀物的真正讀者，只有靠中國國力的全面提升。而促使非華裔外國人成為華文讀者，動力也是一樣。中國正在快速發展，但要達到比較接近美國、日本、德國那樣的影響力，還需要數十年、逾百年的努力。所以，大陸、臺灣、香港與澳門以外華文出版業要達到一個較理想的結果，也需要一個較為漫長的過程。當然，在這個過程中，在局部地區、某些專案或出版形態等方面，華文出版也是可以有些作為甚至大有作為的。這就要仰賴有

遠見與理想、有創意與經營能力的華文出版人。這就需要華文出版界能早日再出現張元濟、陸費逵那樣的人物，需要出現出版界的張藝謀與李安，需要出現出版界的張瑞敏、施振榮、柳傳志。

　　十幾年前，我第一次走進紐約巴諾書店的旗鑑店。書店的牆壁上掛著多張外國著名作家的相片，下面堆放著眾多他們的書籍。其中唯一的一個東方人面孔，就是出生在美國、不會講漢語的譚恩美（Amy Tan）女士。那一刻，我感慨良多。我設想，或許在本世紀的某一天，那裡也會有中國作家的照片，照片下面也擺放著他的作品，既有中文版，也有外文版。或許在本世紀的某一天，法蘭克福書展上中國出版社展臺前，外國出版商也熙熙攘攘來買中文版權。或許在本世紀的某一天，大眾書局的連鎖店也如巴諾一樣氣派富麗，遍布歐美，店裡銷售的書籍有一半是中文。或許在本世紀的某一天，在中國大陸也出現了數以百計的誠品一樣的書店……我想，那個時候，華文出版一定是已強大起來了，華文出版一定是走向世界了。

　　每個有理想的華文出版人，讓我們為那一天而努力吧。

第二章

中國大陸的圖書出版業

# 第一節　出版機構與圖書分類

## 一、出版社

中國大陸現有圖書出版社544家，其中中央級出版社206家，地方出版社338家。有以圖書為主的出版集團約30家左右。540餘家出版社中，許多歸屬相關出版集團。在中國大陸各省級地區中，北京地區擁有的出版社最多，約230餘家，占總數的約40%。北京地區的出版社絕大多數屬於中央級出版單位。其次是上海，有40家。第三是廣東省，有20家，之後是遼寧、江蘇、山東與陝西，均在17家以上。出版社數量超過10家的共有18個省分。少於5家的有6個省分，其他省分數量大致相當，均在6～9家。雖然中央級單位原則上設立一家圖書出版社，但一些特殊的部委或單位例外。像教育部、中國社會科學院就都設立有多家出版社。

按市場銷售收入，可以將這些出版社大致分為四大陣營。在540餘家出版社中，年銷售額超過5億元的共17家，約占總數的3%；1億～5億的約在130家，占總數的23%；5000萬到1億的約120家，占總數的22%；1000萬到5000萬的約250家，占總數的45%；1000萬以下的40家左右，占總數的7%。全國圖書出版社的總人數約6萬。

習慣上，中國出版界根據各出版社所出圖書的內容，將出版社籠統地分為社會科學、科學技術、文藝、少兒、教育、大學、古籍、美術與民族出版社等約十大類。

在1949年前，中國的一些大出版公司在總部以外都設立有分公司

表 2.1　2007年中國大陸推定銷售收入前50家出版社總排名

| 排名 | 社　名 | 推算銷售收入（億元RMB） | 排名 | 社名 | 推算銷售收入 |
|---|---|---|---|---|---|
| 1 | 高等教育出版社 | 20 | 27 | 化學工業出版社 | 3.5 |
| 2 | 外語教學與研究出版社 | 16 | 28 | 中國電力出版社 | 3 |
| 3 | 人民教育出版社 | 15 | 29 | 清華出版社 | 3 |
| 4 | 北京師範大學出版社 | 11 | 30 | 接力出版社 | 2.9 |
| 5 | 江蘇教育出版社 | 10.65 | 31 | 人民交通出版社 | 2.9 |
| 6 | 科學出版社 | 10 | 32 | 甘肅人民出版社 | 2.79 |
| 7 | 教育科學出版社 | 8.7 | 33 | 復旦大學出版社 | 2.7 |
| 8 | 人民衛生出版社 | 8 | 34 | 中華書局 | 2.6 |
| 9 | 機械工業出版社 | 7.59 | 35 | 中國大百科全書出版社 | 2.51 |
| 10 | 電子工業出版社 | 7.1 | 36 | 江蘇科學技術出版社 | 2.5 |
| 11 | 浙江教育出版社 | 7 | 37 | 延邊教育出版社 | 2.49 |
| 12 | 人民郵電出版社 | 6 | 38 | 東南大學出版社 | 2.43 |
| 13 | 人民大學出版社 | 6 | 39 | 中國地圖出版社 | 2.42 |
| 14 | 廣西師範大學出版社 | 5.91 | 40 | 法律出版社 | 2.4 |
| 15 | 華東師範大學出版社 | 5.86 | 41 | 四川少年兒童出版社 | 2.2 |
| 16 | 世界圖書出版公司 | 4.32 | 42 | 中國鐵道出版社 | 2.18 |
| 17 | 安徽教育出版社 | 4.26 | 43 | 江蘇少年兒童出版社 | 2.12 |
| 18 | 中國建築工業出版社 | 4.23 | 44 | 東北師範大學出版社 | 2.1 |
| 19 | 北京大學出版社 | 4.21 | 45 | 江西教育出版社 | 1.7 |
| 20 | 山東教育出版社 | 4 | 46 | 中國紡織出版社 | 1.5 |
| 21 | 人民出版社 | 3.96 | 47 | 上海外語教育出版社 | 1.43 |
| 22 | 上海文藝出版社 | 3.92 | 48 | 華中科技大學出版社 | 1.36 |
| 23 | 中國勞動社會保障出版社 | 3.9 | 49 | 新世界出版社 | 1.3 |
| 24 | 青島出版社 | 3.9 | 47 | 湖南科學技術出版社 | 1.3 |
| 25 | 人民文學出版社 | 3.85 | 48 | 江蘇美術出版社 | 1.28 |
| 26 | 廣東高等教育出版社 | 3.5 | 49 | 南京師範大學出版社 | 1.27 |
|  |  |  | 49 | 東北財經大學出版社 | 1.2 |
|  |  |  | 50 | 上海交通大學出版社 | 1.19 |

資料截至2007年12月底　　　　　　　　　　　　　　　來源：《中國圖書商報》2008-5-9

等分支機構。當年商務印書館在全國所有的省都設立有分公司。1949
年新中國成立後，由於最初三十多年實行計畫經濟，出版公司都是在
所在地從事編輯、設計、印刷與發行等業務，很少到外地開展業務，
更沒有分公司。但進入20世紀90年代起，中國的出版社開始在本部之
外設立分支機構。目前，在總部以外設立分公司的現象已非常普遍。
在總部之外設立分公司的多數是市場經營較出色、競爭力較強的出版

社。北京、上海、廣州、深圳等大城市因文化、金融、經濟地位突出成為其他地區出版社設立分支機構的首選城市。特別是北京，已是眾多外地出版公司設立分公司的首選之地。

這些分支機構，多數都是獨立開展出版業務。其中總部在中國西南的接力出版社，更是將該社教材、教輔以外的其他出版業務轉到了北京，社長在廣西總部辦公，總編輯在北京辦公，北京公司年出版圖書達130種。

## 二、出版集團

中國大陸現有以圖書出版為主的出版集團約30家左右。其中已有兩家上市，另有多家正籌備上市。由於歷史的原因，這些集團多數是平均分布在不同省分，一般是每一個省擁有一個出版集團，只有北京、上海等極少數地區例外。

較著名或規模較大的出版集團有中國出版集團、北方聯合出版傳媒（集團）、上海世紀出版集團、江蘇鳳凰出版集團、浙江出版聯合集團、湖南出版集團、時代出版傳媒、廣東出版集團、吉林出版集團、中國科學出版集團與中國國際出版集團等。

如果按銷售收入排名，則江蘇鳳凰出版集團、浙江出版聯合集團、湖南出版集團、山東出版集團、中原出版傳媒集團、廣東出版集團等名列前茅。

中國出版集團是中國最著名的出版集團之一，成立於2002年3月。擁有各類出版社30家，控股公司、參股公司、關聯公司81家。每年出版圖書、音像、電子、網路等出版物1萬餘種，出版期刊報紙47種。所屬的商務印書館、中華書局、三聯書店、人民文學出版社等均為中國最著名的出版公司。集團2008年總資產63億人民幣（約9.32億

表2.2　中國大陸出版集團情況一覽表

| 名　稱 | 總部所在地 | 年銷售額（億元） | 年利潤億RMB | 總資產億RMB | 員工數量 |
|---|---|---|---|---|---|
| 江蘇鳳凰出版傳媒集團 | 南京 | 103* | | 160 | |
| 浙江出版集團 | 杭州 | 90.85* | 3.3 | 83.79 | 7000 |
| 湖南出版集團 | 長沙 | 68.9* | 4.12 | 68 | 15000 |
| 山東出版集團 | 濟南 | 66 | 3.6 | 82 | 16000 |
| 中原出版傳媒集團 | 鄭州 | 51.5 | | 61 | |
| 江西出版集團 | 南昌 | 42.72* | 2.57 | 55 | 10000 |
| 河北出版集團 | 石家莊 | 40 | | 47.24 | 10000 |
| 中國出版集團 | 北京 | 38* | 2.25 | 63.42 | 7600 |
| 湖北長江出版集團 | 武漢 | 37* | | 50.52 | 10000 |
| 山西出版集團 | 太原 | 30.75 | | 22.66 | |
| 廣東出版集團 | 廣州 | 30 | | 42 | 4000 |
| 雲南出版集團 | 昆明 | 23.53 | | 23.48 | 8000 |
| 北方出版集團 | 瀋陽 | 16.18 | | 23.86 | |
| 貴州出版集團 | 貴陽 | 15.5 | | 14.5 | |
| 時代出版傳媒 | 合肥 | 15 | | 25 | |
| 青島出版集團 | 青島 | 13* | | 15 | |
| 廣西出版總社 | 南寧 | 11.3 | 1.75 | 17 | |
| 吉林出版集團 | 長春 | 11.11 | | 21.8 | |
| 重慶出版集團 | 重慶 | 10.52* | 0.56 | 15.7 | 600 |
| 上海世紀出版集團 | 上海 | 9.52 | | 17.48 | |
| 四川出版集團 | 成都 | 7.82 | | 17.8 | 1700 |
| 中國科學出版集團 | 北京 | 7.03 | | 8.08 | |
| 上海文藝出版總社 | 上海 | 5.92（2004） | | | |
| 北京出版集團 | 北京 | 3.2 | | 9.4 | |
| 讀者出版集團 | 蘭州 | 3.74 | | 6.26 | |
| 武漢出版集團 | 武漢 | 3.7 | | | |
| 英大傳媒投資集團 | 北京 | 3.69 | | | |
| 中國少年兒童新聞出版總社 | 北京 | 4 | | | |
| 中國作家出版集團 | 北京 | | | | |
| 中國國際出版集團 | 北京 | | | | |
| 陝西出版集團 | 西安 | | | | |
| 福建出版總社 | 福州 | | | | |
| 中國青年出版總社 | 北京 | | | | |
| 黑龍江出版集團 | 哈爾濱 | | | | 近10000 |

注：帶*號的表示2008年資料，其他多數為2007年資料，個別為之前的資料。

美元），年銷售額38億人民幣（5.59億美元），利潤總額約為2.25億人民幣（0.33億美元），員工9800多人。集團收入中，進出口及發行收入高於出版銷售收入，所屬中國圖書進出口總公司為中國最大的出版物進出口企業（參見第五章第二節之六）。

上海世紀出版集團（全稱為上海世紀出版股份有限公司）既是中國著名的出版集團，也是中國出版領域第一家股份公司。集團下轄20家出版公司，擁有41種期刊和5種報紙。註冊資本10億元（1.5億美元）。該集團2005年銷售收入8.6億元（1.05億美元），利潤約9800萬元（1200萬美元）。目前年出版圖書近8000種，產值近20億元（2.94億美元）。

北方聯合出版傳媒（集團）股份有限公司是中國大陸第一家上市出版集團（SHA: 601999），也是中國東北地區最大的出版集團。下轄

圖2.3　中國出版集團機構示意圖

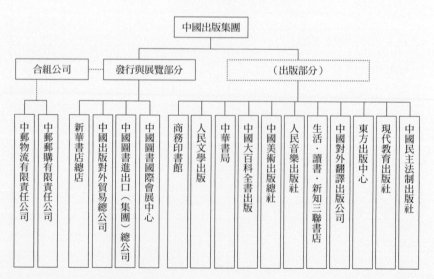

注：合組公司是與中國郵政合作組建。

近10家圖書、音像、電子出版公司，擁有超級書店、大型發行公司、印刷物資公司及物流中心等企業。公司總資產約22億元（3.24億美元），有員工約1100人。報告顯示，該公司2008年1至9月實現主營業務收入約8.37億元（1.23億美元），較上年同期增長14%；實現營業利潤約5852萬元（860萬美元），較上年同期增長38%。總部位於中國安徽省的時代出版傳媒股份有限公司，是另一家上市公司（SHA: 600551）。該公司註冊資本1.95億元，擁有14家出版、傳媒及相關業務單位，員工約390人。2008年銷售收入14億元（2億美元）。除出版外，還投資旅行等產業。

　　鳳凰出版傳媒集團、浙江出版聯合集團有限公司與湖南出版集團位於中國出版集團銷售收入排名的前三位。江蘇鳳凰出版集團總部位於中國東部的江蘇南京，是中國銷售收入最高的出版集團，也是中國唯一一個總資產與銷售收入均超百億元人民幣（15億美元）的出版集團，2008年的銷售收入達103億元（15.15億美元）。在進入中國企業500強的出版集團中排名第一，位居首屆中國文化企業30強出版發行類之首。除出版、發行、複製等業務外，還從事房地產開發、連鎖酒店經營等。集團擁有9家專業出版社，年出版各類出版物8000餘種、報紙期刊24種，年進出口貿易總額5500萬美元。集團旗下的江蘇新華發行集團是中國最大的圖書發行機構之一（參見第五章第一節），旗下的江蘇教育出版社年銷售收入列中國各省教育出版社之最。

　　浙江出版聯合集團有限公司位於浙江省杭州，以出版、印製、發行為主業，同時經營物資貿易、資本投資等業務。集團下轄10家圖書、電子音像和期刊出版單位，同時擁有大型發行集團、印刷集團等公司。年出版圖書5100餘種，總印數2.75億冊。2008年銷售總額為90.85億元（約13.36億美元），資產總額83.79億元（12.32億美元）。擁有員工7000餘人。據專業公司發布的數字，2007年該集團出版物在全

圖 2.4　鳳凰出版集團建築群

（圖片提供者：鳳凰出版集團）

國出版機構市場份額排名中列居第六位，其中少兒類圖書居第一位。湖南出版投資控股集團有限公司總部位於中國南部的湖南長沙，集團下轄25家子公司（包括8家出版公司），經營業務包括出版、印刷、發行等領域，並涉足生物工程、奈米技術等高新科技產業和酒店、房地產等產業。2007年在全國文化企業50強中排名第三位。2008年總資產60億元（8.82億美元），銷售收入68.9億元（10.13億美元）。集團所屬的嶽麓書社和湖南美術出版社一直穩居中國古籍類、美術類圖書市場銷售冠亞軍地位。

　　除出版業務外，許多出版集團都開展了多元經營，投資其他行業。像位於中國西南部的重慶出版集團，就投資了多個地產專案。其

分別和中國著名的王府井百貨集團等兩大百貨集團合作，在重慶兩個繁華商業中心建設了兩處面積達10萬平方米的文化商業MALL。2008年，該集團的銷售收入約10.52億元（1.55億美元）。

中國國際出版集團又稱中國外文出版發行事業局（簡稱「中國外文局」），屬中央所屬事業單位，是承擔黨和國家書、刊、網路對外宣傳任務的新聞出版機構，也是中國歷史最悠久、規模最大的專業對外傳播機構。這是以出版外文書刊為主的出版公司，旗下擁有外文出版社、新世界出版社等10家出版社，30種各類期刊，1家進出口公司，30餘家網站。每年以10餘種文字出版3000餘種圖書，出版物發行至100多個國家和地區。集團在美國、英國、德國、俄羅斯、埃及、日本等十餘個國家設有分支機構。集團所屬的中國國際圖書貿易總公司，是中國大陸第二大圖書進出口公司（參見第五章第二節之六）。該集團還擁有以英、法、德、西班牙、日、中等語言出版的五種著名雜誌（參見第三章第三節），目前擁有3000多名員工。

隨著出版的市場化，中國大陸近些年已出現一批既注重文化理念又擅長市場運作的出版領軍人物，著名的有原外語教學與研究出版社社長、現任中國教育出版集團負責人李朋義，原人民文學出版社社長、現任中國出版集團總裁聶震寧，上海世紀出版集團主帥陳昕，遼寧出版集團主帥任慧英，河北教育出版社原社長、現任紫禁城出版社社長王亞民，接力出版社社長李元君和總編輯白冰，長江文藝出版社原社長、現任湖北長江出版集團副總裁周百義，湖北長江出版集團總裁王建輝，金盾出版社社長張延揚，中信出版社社長王斌，廣西師範大學出版社原社長、現任中國美術出版總社副社長蕭啟明，中國人民大學出版社社長賀耀敏，化學工業出版社社長俸培宗，二十一世紀出版社社長張秋林，遼寧教育出版社原社長、現新世界出版社副社長俞曉群等。進入出版界雖晚但較引人矚目的領軍人物還有重慶出版集團

**圖2.5　中國最著名的出版人張元濟**

中國現代出版史上最著名的出版人是張元濟，至今尚無人出其右。他執掌的商務印書館曾是亞洲最大的出版公司之一。

董事長羅小衛、時代傳媒出版公司董事長王亞非、鳳凰出版集團董事長譚躍等。曾經較著名、現已退休但依然有一定影響力或參與出版界活動的人物有三聯書店原總經理沈昌文、董秀玉，接力出版社原社長李元君，中國輕工業出版社原社長趙濟清，中國作家出版集團原主帥張勝友，中國科學出版集團原董事長汪繼祥，中國出版集團原副總裁、現任盛大文學首席版權官周洪立等。中國現代出版史上最傑出的出版人是在20世紀30～50年代執掌商務印書館的張元濟，他執掌的商務印書館曾是亞洲最大的出版公司（參見本章第四節之四）。

## 三、區域差異與圖書類別

2007年中國國營發行系統的出版物銷售額約為510億元（約73億美元），如果加上出口的2.33億元（約3800萬美元），則為512億多元（參見第五章第一節之三）。

在中國大陸的30個省級地區，出版業實力差距很大。北京、上

海、江蘇、廣東、山東、遼寧、湖北、浙江、湖南與四川等十個省分是出版業較發達地區。2007年，中國大陸圖書銷售前十名地區是北京、江蘇、山東、廣東、浙江、四川、河南、湖南、上海和安徽。上述地區年銷售圖書均在18億元（2.65億美元）以上。總體看，東部沿海地區發達，西部內陸地區落後。

　　北京地區無論在出版業規模、實力與市場方面都是最強的地區，且遠遠超過其他各省。北京地區擁有占中國大陸40%的圖書出版社，年出版圖書12.54萬種，占總數的51%。國營機構年市場銷售額達83億元（12億美元），占大陸總數的16%。

　　北京之外，上海是中國大陸出版業最發達的地區。上海現有圖書出版社近40家，占全國總數的近7％；年出版書17萬種，占總數的7％；國營機構年銷售圖書19億元（2.8億美元），占總數的近4％。位於上海的上海世紀出版集團、上海文藝出版集團、上海外語教育出版社等都在中國頗具影響力。江蘇、廣東、浙江則是緊隨上海之後的強省。

　　中國大陸近十年年出版圖書數量增長很快，每年比上一年平均多出圖書約1.4萬種（新書平均多出7000種）。2007年中國大陸共出版圖書24.8萬種左右，其中新版圖書約13.6萬種，重版、重印圖書約11萬種。

　　中國大陸的圖書概念包括書籍、課本與圖片三個部分，圖片的種類與數量都計算到圖書總數中。2007年，中國大陸出版的非課本類書籍約19.3萬種（初版11.6萬種），占總數的78%。出版課本5.4萬種（初版1.9萬種），占總數的22%。出版圖片1370種（初版954種），占總數的近0.06%。

　　中國大陸圖書分類一般按學科細分為二十二類。這二十二類分別是馬克思主義‧列寧主義‧毛澤東思想與鄧小平理論類、哲學類、社

表2.6　1997-2008年中國大陸年出版圖書種數示意圖

| | 1997 | 1998 | 1999 | 2000 | 2001 | 2002 | 2003 | 2004 | 2005 | 2006 | 2007 | 2008 |
|---|---|---|---|---|---|---|---|---|---|---|---|---|
| 年出版圖書數量 | 120106 | 130613 | 141831 | 143376 | 154526 | 170962 | 190391 | 208294 | 222473 | 233971 | 248283 | 274123 |
| 年出版新書數量 | 66585 | 74719 | 83095 | 84235 | 91416 | 100693 | 110812 | 121597 | 128578 | 130264 | 136226 | 148978 |

資料來源：中國新聞出版總署

會科學總論類、政治・法律類、軍事類、經濟類、文化・科學・教育・體育類、語言・文字類、文學類、藝術類、歷史・地理類、自然科學總論類、數理科學・化學類、天文學・地球科學類、生物科學類、醫藥衛生類、農業科學類、工業技術類、交通運輸類、航空・航太類、環境科學類、綜合類。中國政府的新聞出版統計、中國圖書在版編目都是按照這二十二類操作的。

　　如果將這二十二類圖書大致歸納為社會科學與自然科學（科技）兩大類，則中國大陸年出版的社會科學類圖書與自然科學類圖書之比約為7：3。雖然政府統計中將圖書細分為二十二類，但在中國大陸出版界，習慣上將出版按學科與系統籠統地分為社會科學、科學技術、文藝、少兒、古籍、教育、大學與辭書出版等八、九類。也有人結合歐美出版界的分類法，將圖書分為大眾（一般）圖書、專業圖書與教育圖書三大類。中國大陸目前基本上還沒有大眾紙皮書、俱樂部版圖書等劃分習慣，這是與美、英等國家不同的地方。

## 第二節　大眾圖書出版

　　大眾圖書主要指以大眾市場銷售為主的圖書。在中國大陸，這類圖書大致可以包括文藝、生活、少兒、科普及部分人文科學類圖書。

### 一、文藝類圖書出版

　　文藝類圖書主要包括文學、藝術兩大類。2007年，中國大陸出版文藝類圖書27萬餘種，占年出版總品種數的11%。其中文學類圖書約15.4萬種（新版書11.6萬種），占年出版總品種數的6％；藝術類圖書約12萬種（新版書8000種），占年出版總品種數的5％。

　　文學圖書擁有非常廣大的讀者，也是出版種類較多的圖書。但隨著人們文化消費方式的日益多元化，文藝圖書市場正逐步縮小。在文學圖書銷售市場上，品種不到10%的暢銷書占據了整個市場60%以上的份額。中國大陸文學暢銷書的定價平均約在18～20元。銷售數量超過5萬冊，就被視為比較暢銷；超過10萬冊，就是標準的暢銷書。近些年在中國市場暢銷的外國文學書籍有《達芬奇密碼》、《魔戒》、《挪威的森林》、《廊橋遺夢》（*The Bridges of Madison County*）、《馬語者》（*The Horse Whisperer*）、《不能承受的生命之輕》、《菊花香》與《小世界》（*Small World*）等。

　　中國大陸出版文學書籍成規模的出版社在50家左右，其中較著名的有人民文學出版社、作家出版社、上海文藝出版社、上海譯文出版社、譯林出版社、灕江出版社、中國青年出版社、花城出版社、長江文藝出版社與河北教育出版社等。

　　人民文學出版社是中國最著名的文學出版社，也是出版文學書籍最多的出版社。2007年該社總營業額約3.4億元（5000萬美元），圖書

銷售位居中國文學圖書零售市場首位。擁有員工200多人，年出版圖書880餘種。該社編輯出版有一系列中外文學大師的全集、選集，同時還出版有《當代》、《新文學史料》等多種重要文學報刊。在外國文學方面，該社出版有《莎士比亞全集》、《巴爾札克全集》、《易卜生全集》與《塞萬提斯全集》等，《哈利波特》在中國大陸也是由該社取得版權出版。隸屬於中國作家協會的作家出版社，是大陸市場經營最出色的出版社之一，出版的《山居筆記》、《馬語者》、《蘇菲的世界》等曾風靡市場與文壇。

上海譯文出版社、譯林出版社、灕江出版社是中國大陸以出版外國文學為主的出版機構。上海譯文、譯林近些年成績尤為顯著，每年都引進大量當代外國文學作品。上海譯文隸屬於上海世紀出版集團，擁有眾多精通英、法、德、日、西班牙、阿拉伯等語種並具備學科專業知識的資深編輯，基礎較為雄厚。2007年出版圖書約460種。該社取得了福克納、海明威、毛姆、雷馬克、伯爾、戈爾丁、格拉斯、村上春樹、昆德拉、凱爾泰斯等作家的作品版權，還出版有文藝雜誌《外國文藝》（*Foreign Literature and Art*）、《世界之窗》（*Window on the World*），此外，還與外國公司合作出版有《Elle世界時裝之苑》（*Elle-PRC*）與《名車志》（*Car and Driver*）等時尚雜誌（參見第十一章第二節）。譯林隸屬於江蘇鳳凰出版傳媒集團，2007年出版圖書約610種。它擁有約瑟夫・海勒（美國《第二十二條軍規》作者）、塞林格（J. D. Salinger）、雷馬克（Erich Maria Remarque）、本哈德・施林克（Bernhard Schlink）、渡邊淳一與東山魁夷等人的版權。並擁有著名外國文學雜誌《譯林》及《外國文學動態》、《當代外國文學》等刊。還與聯合國教科文組織等合作出版有《國際博物館》等重要學術期刊。在外國文學出版中，河北教育出版社出版的外國文學大師全集，曾以選集數量最多（數十種）、編印最精緻而格外引人注目。

在中國大陸，藝術圖書一般包含美術、攝影、書法、戲曲、影視等書籍。中國大陸目前年出版藝術類圖書約1.2萬種，其中新版書約8000種。

中國的美術攝影類圖書以美術攝影技法、畫冊影集、實用三大類圖書為多。中國畫、油畫、書法、攝影等的學習圖書一直是此類圖書市場的銷售重點。而大型畫冊、攝影集等叢書的出版是近些年美術攝影出版中非常引人注目的事情。中國大陸美術攝影類方面的代表圖書有：由人民美術出版社、文物出版社、中國建築工業出版社、上海人民美術出版社與上海書畫社聯合出版的60卷本的《中國美術全集》，人民美術出版社、文物出版社、浙江美術出版社、重慶出版社等多家出版社分別出版的《中國美術分類全集》（多卷本），江蘇美術出版社的《敦煌石窟藝術》、《中國磚銘》，河北美術出版社的《中國玉器全集》、《中國唐山皮影藝術》，湖南美術出版社的《中國現代版畫經典文獻》、《齊白石全集》，江西美術出版社的《中國戲曲臉譜藝術》、《中國巫儺面具藝術》，文化藝術出版社的《梅蘭芳訪美京劇圖譜》，河北教育出版社的「中國漫畫書系」、「中國古村落叢書」、「中國名畫家全集叢書」，湖北美術出版社的《楚秦漢漆器藝術‧湖北》，廣西美術出版社的《中國油畫百年圖史（1840-1949）》，上海書畫出版社的《海派代表書法家系列作品集》，文物出版社的《北京大學圖書館藏歷代金石拓本菁華》，中國建築工業出版社的《20世紀世界建築精品集錦》，廣西師範大學出版社的《北京圖書館藏龍門石窟造像題記拓本全編》，人民美術出版社的《永遠的三峽》，五洲傳播出版社的《班禪畫師尼瑪澤仁繪畫選》等。這些書籍不僅藝術價值極高，且印製精美考究，代表了目前中國藝術類圖書的最高水準。

隨著中國大陸讀者購買力的增強、工作節奏的加快及閱讀的多樣化，圖文書越來越有市場，出版市場已開始進入「讀圖時代」。各類

圖畫書的出版數量越來越多，各類懷舊的老照片、反映新時代的攝影集正越來越受青睞。著名的如山東畫報出版社出版的《老照片》系列等。

除一般美術書籍外，連環圖畫書（漫畫）市場越來越大。不過，近十幾年裡，中國大陸的漫畫市場更流行的是臺灣的漫畫及歐美日的漫畫，本土漫畫占市場的份額很小。受歡迎的美國漫畫（comics）有《加菲貓》、《史奴比》、《超人》、《蝙蝠俠》等，歐洲漫畫有《父與子》、《丁丁歷險記》、《尼爾斯騎鵝記》、《小淘氣丹尼斯》等。但影響最大的還是日本漫畫（manga），《機器貓》、《蠟筆小新》、《忍者神龜》、《灌籃高手》、《浪客劍心》等讀者甚眾。

中國漫畫讀者過去以青少年及兒童為多，近些年，隨著成人漫畫的大量出現，成人讀者急劇增加。在中國大陸暢銷的臺灣漫畫，主要是成人閱讀。蔡志忠、朱德庸、幾米是目前最走紅的成人漫畫家。蔡志忠的《中國古籍經典漫畫》，用幽默雋永的風格演繹老子、莊子、孔子等中國古典文化，其書籍僅在中國大陸就銷售了2000萬冊（2003年前數據），創下了個人漫畫家銷售的最高紀錄。他的漫畫還在40多個國家以多種語種版本出版。連同中文版，總銷量超過了4000萬冊。他也因此成為華文漫畫家中收入最高之人。美國、歐洲與日本的漫畫，更多的是青少年及兒童讀者。在引進版權的美國漫畫書中，迪士尼公司的《米老鼠》銷售得非常出色。人民郵電出版社和艾閣盟／UDI香港公司為此專門合資成立了童趣出版有限公司，出版《米老鼠》半月刊，每期銷售達35萬冊。

中國大陸著名的漫畫出版社有中國連環畫出版社、上海人民美術出版社、河北美術出版社、吉林美術出版社、二十一世紀出版社等。此外，許多民營公司也加入其中，如著名的三辰影庫公司就是一家非常有影響的漫畫公司，每年都創作有大量的卡通作品問世（參見第四

章第一節）。

　　為長久拓展漫畫市場，扶持本土漫畫，政府推出了一系列優惠措施。目前，中國的許多城市設立了動漫基地或動漫文化產業園，從事動漫創作與開發的公司達數百個。

　　中國大陸以出版美術、攝影類圖書為主的出版社約30餘家，其中以中國美術出版總社、江蘇美術出版社、浙江攝影出版社、中國攝影出版社、遼寧美術攝影出版社、榮寶齋及河北教育出版社等最為著名。

　　中國美術出版總社是大陸最大的專業美術出版集團，隸屬於中國出版集團。下轄人民美術出版社、連環畫出版社、朝花少年兒童出版社等多家出版社。它以美術、少兒圖書和期刊出版為主，所轄人民美術出版社是中國大陸最大的美術類出版社，出版有一大批優秀美術書籍。坐落於北京和平門外琉璃廠西街的榮寶齋是中國大陸具世界影響的綜合性文化機構，集文房四寶、古玩、出版於一體，又是中外藝術家、書畫界人士薈集、交流的場所。它創立於1672年（清代初期），延續三百多年。經營文房四寶、名人字畫、古董文玩、信箋、詩箋等，其木版浮水印技藝聞名海內外。榮寶齋的藏品市場價值超過30億元。榮寶齋下設有出版社、藝術品拍賣公司、外貿公司等機構，並在日本、香港、新加坡、美國、韓國等國家和地區建立有分店。2007年總營業額7300萬元（1100萬美元）。榮寶齋原隸屬於中國美術出版總社，2009年初脫離，成為中國出版集團垂直管理的文化企業，榮寶齋改變機制的目的是為了盡快上市。

　　中國大陸出版音樂類圖書影響較大的出版社是人民音樂出版社、上海音樂出版社與湖南文藝出版社。其中，人民音樂出版社是實力最強的一家。該社年出版圖書約650種，年總營業額約1億元（1500萬美元），有員工近170人。該社占據了中國音樂教材市場的大部分份

額，並擁有多種中國重要的音樂類雜誌。

## 二、生活類圖書出版

生活類圖書主要包括服飾、家居、美食、休閒娛樂遊戲、旅遊、保健自療、體育、寵物與收藏等涉及人們日常衣食住行方面的圖書。隨著中國大陸人們生活品質的快速提升，生活類圖書成為出版市場增長較快的領域。

圖書市場上銷售的各類生活類圖書約 3 萬種，許多生活類圖書成為暢銷書排行榜上的寵兒。其中最引人注目的是健康書，如《求醫不如求己》、《人體使用手冊》，銷售都在百萬冊左右，而中國著名醫學專家洪昭光談健康的圖書——「洪昭光健康系列」，發行超過數百萬冊。旅遊類圖書是生活圖書中另一個銷售熱點。各類自助行、特色遊、圖鑑等旅遊圖書成為市場的常銷品種，中國最大的專業旅遊出版社——中國旅遊出版社年出版圖書就達400餘種，產值約1.14億元。與旅遊密切相關的地圖類圖書又是熱點中的熱點。隨著中國大陸旅遊人口高速激增，私家車數量快速攀升，購房、出國、開辦私營企業人數大幅增長，凡此種種都成為促進地圖類圖書增長的重要因素，也使得大都市旅遊地圖、交通旅遊地圖及主題地圖成為地圖類圖書的三大亮點。

在此一市場表現出色的出版社，也是市場競爭出色的出版社。中國大陸著名的生活圖書出版社有中國輕工業出版社、金盾出版社、上海科學技術出版社、遼寧科學技術出版社、江蘇科學技術出版社、中國旅遊出版社、廣東旅遊出版社、人民衛生出版社、人民體育出版社、中國紡織出版社、中國建材工業出版社、北京體育大學出版社、中國農業出版社、北京出版社等。

中國輕工業出版社是代表出版社之一。該社在出版科技類圖書的同時，出版了大量的生活類圖書，且該社的期刊和圖書都有非常出色的品牌。期刊以與日本版權合作的《瑞麗》最為著名，並與《都市主婦》、《寵物世界》、《家電大視野》等名刊，形成了一個著名的期刊群。圖書以瑞麗袖珍叢書、大眾美食、健康之路、天天飲食、吃在中國、中國結藝、室內裝飾設計等著名（參見第三章第二節）。該社2007年度出版書刊1200多種，總營業額 5 億多元（7400萬美元）。

隸屬於解放軍總後勤部的金盾出版社是本領域另一家經營出色的出版社。該社以為軍隊後勤建設和培養軍地兩用人才服務為主，同時面向普通大眾，特別注重鄉鎮農村讀者。它以科教興農為主旨，形成了以醫療保健、種植園藝、畜牧養殖、食品烹飪、服裝縫紉、絨線編結等實用性科技生活類圖書為特色的出版路線。金盾年出書千餘種，年營業額超過 2 億元。所出版的3000餘種大眾（一般性）生活及實用類圖書，重印率達到90%，平均每種圖書發行超過10萬冊，最高的一本有關養豬的圖書發行達700多萬冊。在出版界有「凡是有農村供銷社的地方便有金盾出版社的書」之譽。中國農民人口眾多，但主要分布在農村，購買力都很低，但金盾社卻以他們為主要讀者來出書，並取得了較出色的成績，這在中國大陸不僅是非常鮮見的，而且也是非常值得研究的一個現象。

目前中國大陸以地圖為主要出版路線的出版社在10幾家。較出色的有中國地圖出版社、星球地圖出版社、成都地圖出版社、人民交通出版社、廣東省地圖出版社等。其中的中國地圖出版社隸屬於國家測繪局，是中國最大的地圖出版機構，其圖書占中國大陸地圖市場份額80%。擁有資產 7 億元，下轄28個管理經營部門，設有上海、武漢、西安分公司，並有多家其他經營公司。全社共有職工近1000多人，2007年出版圖書1000餘種，實現收入3.3億元，稅後利潤3600萬元。

該社出版的圖書還被翻譯成多種語言版本在世界許多國家銷售。

## 三、少兒類圖書出版

2007年，中國大陸出版少年兒童圖書10500種（其中新版圖書約6100種），印製2.4億冊（張）。中國大陸的少兒圖書年度銷售額約為45億元（6.6億美元）左右，占圖書市場總額的約10%。而據北京開卷圖書市場研究所推算，中國大陸少兒圖書年零售額占零售市場總數的約8%。中國大陸的少兒圖書一般分為少兒文藝、百科知識、低幼兒啟蒙讀物、卡通書、青春讀物、少兒益智、卡片掛圖、手工製作、少兒古典讀物等，其中少兒文藝、百科知識、低幼兒啟蒙讀物與卡通書是少兒圖書市場份額最大的四類圖書，占了少兒圖書的60～70%。

中國大陸少兒圖書定價總體偏低。大約有55%的少兒圖書定價在10元以下，定價在10～20元的圖書占總數的約30%。銷量大的少兒圖書平均價格在6～8元。除常銷書外，每年的少兒出版市場都會出現一些暢銷書。如《花季雨季》發行100多萬冊，《男生賈里》、《女生賈梅》發行近30萬套。一些純兒童文學、小說類、童話類乃至於經典故事、科幻小說等也能暢銷。

少兒出版也是引進外國版權較多的領域，這使得中國少兒出版呈多元化發展趨勢。在近幾年的少兒圖書銷售排行榜上，領先的多是外國圖書。截至2008年底，人民文學出版社引進的《哈利波特》系列圖書，在中國大陸銷售了1000多萬冊，接力出版社引進的「雞皮疙瘩」系列叢書銷售了370多萬冊，880萬美元。不過，中國大陸少兒圖書出版也存在一些問題，主要表現為本土原創不足、圖書選題重複、價格競爭影響銷售秩序等。像《安徒生童話》就有不同出版社出版的360個版本，《十萬個為什麼》有500多個版本。近年，中國本土少兒文學創

作不景氣的狀況開始發生較大轉變，出現了多位受歡迎的作家，其中幾位的作品更是暢銷全國。如楊紅櫻的《淘氣包馬小跳》等校園文學作品，就銷售了3000多萬冊，營業額達4億元（5900萬美元）。鄭淵潔的童話系列「皮皮魯總動員」，在兩年多時間裡就銷售了1050萬冊，總營業額達到了1.4億（2060萬美元）。

中國大陸現有18歲以下的人口約4億，14歲以下的少年兒童近2.9億，超過了美國的全部人口。據業內人士推測，未來十年中國大陸的少兒圖書市場將大幅成長。少兒圖書應是中國大陸出版市場中潛力極大的市場。

中國大陸以出版少兒圖書為主要路線的出版社在30家左右，擁有少兒專業編輯3000多人和同樣數量的專業少兒作家隊伍。著名的少兒出版社有中國少年兒童出版社、少兒出版社、浙江少兒出版社、接力出版社、二十一世紀出版社、江蘇少兒出版社、明天出版社、四川少兒出版社、湖南少兒出版社與安徽少兒出版社等。近幾年，進入少兒出版領域的出版社不斷增多，其中童趣出版有限公司、人民文學出版社、吉林美術出版社、浙江教育出版社等較引人注目。

從市場銷售品種看，中國少年兒童出版社、浙江少兒出版社、江蘇少兒出版社、二十一世紀出版社在市場上的圖書均超過1000種。從圖書單個品種的銷售能力看，較突出的是接力出版社、二十一世紀出版社與浙江少兒出版社。前兩社2008年總營業額均超過3億元（4500萬美元）。從圖書、報刊等綜合銷售收入看，則最高的應屬於中國少兒出版社所在的中國少年兒童出版總社。

中國少年兒童出版總社是中國少兒出版領域規模最大的出版社，也是中國大陸唯一的少兒專業出版集團，它隸屬於中國共青團中央，擁有中國少年兒童出版社及《中國少年報》、《中國兒童報》、《中國中學生報》、《中國兒童畫報》等報紙，《中學生》、《兒童文學》、《中國

少年兒童》、《幼兒畫報》、《嬰兒畫報》、《中國卡通》等雜誌，並設有中少網站（www.ccppg.com.cn）。年出版圖書、音像多媒體製品超過1500種，年總營業額超過4億元。它還是中國少兒報刊工作者協會、中國少兒讀物出版工作委員會和國際兒童讀物聯盟中國分會三個少兒新聞出版行業組織的牽頭單位。

接力出版社與二十一世紀出版社都是近年少兒出版領域競爭力較強、且非常活躍的出版社。前者總部位於中國西南廣西南寧，分公司在北京。年出版圖書約490種，產值近2億元（2900萬美元）。該社以出版少兒暢銷書聞名，特點是品種少，單本銷售量較高。中國著名少兒作家楊紅櫻的作品多數在該社出版，還包括從美國、日本、法國等引進的暢銷書籍（參見第十章第一節之四）。二十一世紀出版社位於中國中南部的江西南昌，在北京、杭州設立有分公司。年出版圖書約600種，產值約1.7億元（2500萬美元）。該社出版有一批少兒經典作品，擁有中國著名少兒文學作家鄭淵潔的童話系列作品，還出版有從德國、日本、韓國引進的暢銷書籍。

## 四、社會科學及科普類圖書出版

2007年，中國大陸出版的哲學、政治、經濟、軍事、語言文字、歷史、地理等社會科學類圖書約7～8萬種。社會科學類圖書的市場銷售約在35億元（5億美元），占市場總數的7%左右。但如果把其中的專業圖書減掉，則市場份額也將減少一些。

中國大陸以社會科學為主的出版社約在60家左右。著名的有人民出版社、三聯書店、中國社會科學出版社、商務印書館、北京大學出版社、上海人民出版社、廣西師範大學出版社、中國人民大學出版社、廣東人民出版社、江蘇人民出版社、社科文獻出版社、中央文獻

出版社、四川人民出版社與河北人民出版社等。

　　人民出版社是中國國家出版社，是中國大陸最著名的政治書籍出版社，也是著名的社會科學書籍出版社之一。其隸屬於新聞出版總署，為事業單位（中國大陸其他出版社幾乎均為企業）。人民出版社的出版路線以馬列主義、毛澤東思想、中國特色社會主義理論體系經典書籍、中國黨和政府的重要文獻及相關書籍（政府出版品）為主，在歷史、哲學、經濟、法律書籍出版方面也頗具影響力。2009年出版新書約1200種，年營業額約4億元（5880萬美元）。其主辦的期刊《新華月報》、《新華文摘》和《人物》在讀者中頗有名望。其中《新華文摘》是中國大陸發行量最大的綜合性社會科學雜誌。人民出版社現有員工500多人。在杭州還設有集批發、網絡銷售、倉儲於一體的大型合資公司——人民書店。人民出版社為中國共產黨創辦的第一家出版社，1921年9月誕生於上海（中共1921年7月在上海成立），創辦人為中共中央局宣傳主任、著名理論家李達。

　　三聯書店隸屬於中國出版集團，總部設於北京，在武漢、鄭州、杭州、濟南、瀋陽、哈爾濱、昆明、南寧和南京等十幾個城市設有分銷店。年出版圖書約400種，營業額9100萬元（1300萬美元）。它以出版人文科學和社會科學的著譯圖書為主，兼及性質相近的實用書、工具書及文藝圖書，是中國大陸最有影響的社會科學類出版社之一。三聯書店出版的《讀書》、《三聯生活周刊》、《愛樂》等雜誌，在社會上也有很大的影響。《讀書》更一直是中國大陸知識分子最鍾愛的人文雜誌，《三聯生活周刊》是目前中國最有影響的新聞周刊之一（均請參見第三章第三節）。

　　中國最高社會科學研究機構——中國社會科學院，擁有中國社會科學出版社、社科文獻出版社、當代中國出版社、方志出版社、經濟管理出版社等5家出版社，其中影響最大的是中國社會科學出版社。

該社年出書近800種，許多是國家及中國社會科學院的重點專案、國內一流學者的優秀成果。著名的有「當代中國」叢書、「世界文明大系」、「中國社會科學院學者文選」、「社科學術文庫」、「中國社會科學博士論文文庫」，以及引進的《康橋中國史》、《新編康橋世界近代史》、「外國倫理學名著譯叢」、「國外經濟管理名著叢書」、「西方現代思想譯叢」等。2007年產值約1.1億元（1600萬美元）。社科文獻出版社近些年規模發展很快，年出版圖書近600種，產值約1.1億元（1600萬美元），其出版的中國諸多行業的年度研究報告具有一定影響。

位於中國西南部著名風景城市廣西桂林的廣西師範大學出版社是此領域近年崛起的一顆新星。該社陸續出版了一大批有厚重歷史文化價值的社會科學書籍，代表書籍有「跨世紀學人文存」、「雅典娜思想譯叢」、「大學人文」系列、《中國思想學術史》、《中國明朝檔案總彙》、《美國哈佛大學哈佛燕京圖書館藏中文善本彙刊》等。該社目前年出版圖書2000多種（新書約500種）、雜誌6種，擁有印刷廠、大學書店、電子音像出版社等下屬企業，在北京、廣州、南京、南寧、上海5個城市擁有分公司及多家控股、參股公司，共有員工700多人。總資產3億多元，年產值5.26億元（7700萬美元），年總營業額5億多元（7300萬美元）。此外，商務印書館在出版社會科學書籍方面也占有重要地位，它最突出的特色是翻譯出版外國社會科學名著（參見本章第四節之四）。近年引人注目的還有位於北京的中國人民大學出版社，該社2007年出版圖書約2000種（新書1200種）（參見本章第四節之二）。

中國大陸的科普圖書近十年呈平穩增長態勢。據中國科技部2008年6月發布的《全國科普工作統計分析報告》，2006年中國大陸共出版科普圖書3162種，占自然科學類圖書的5.5%；出版總冊數為0.49億

冊，占自然科學類圖書總量的12.3%。中國大陸出版科普圖書以科技類出版社為多，目前有科普編輯約1500人。

在各類科普書中，醫藥類圖書名列前茅，占科普圖書總數12%以上，農村科普讀物約占總數的10%。此外，少兒科普讀物、地球環保科普圖書種類也很多。近年較出色的科普圖書有湖南科技出版社的「第一推動叢書」、上海科技出版社的「科學大師佳作系列」、江西教育出版社的「三思文庫」、河北大學出版社「世界著名實驗室傳記叢書」、高等教育出版社的「院士科普書系」、三聯書店的「科學人文系列叢書」、河南科技出版社的《科學發現史》、上海譯文出版社「環保大視野叢書」、環境科學出版社的《全球環境展望》、東北林業大學出版社的《中華綠色養生全書》、廣西教育出版社的《我們能為地球做些什麼》、北京少兒出版社和北京教育出版社的「解讀生命叢書」等。規模較大的「院士科普書系」全部由中國科學院和中國工程院組織院士撰寫。

在引進版權方面，世界圖書出版公司、浙江科技出版社、湖南科技出版社、開明出版社等的成績較為顯著。湖南科技出版社引進的霍金著作與近年的「霍金熱」相呼應，《時間簡史》（*A Brief History of Time*，包括插圖本等多種版本）、《果殼中的宇宙》（*The Universe in a Nutshell*）等有不錯的銷售量。多本霍金傳記也有不錯的市場表現。為出版霍金的作品，湖南科技出版社所在的集團——湖南出版投資控股集團總經理張天明曾專程到康橋大學拜訪霍金。出於信任，霍金將自己的相關著作中文版權都授予了該社。2008年4月，霍金的新作《喬治開啟宇宙的祕密鑰匙》在該社出版，這是霍金的首部少年兒童科普書籍，該社還為此專門舉行了隆重的新書發布會。

但總體上，科普圖書發行量不大。中國大陸的科普書印數有一半在5000冊以下，超過1萬冊的較少。

# 第三節　專業圖書出版

## 一、簡述

　　中國大陸的專業出版一般包括自然科學（在中國大陸也習慣稱為科學技術）、部分社會科學類及古籍類圖書出版幾大類。自然科學方面的圖書主要包括數理化、天文地理、生物科學、醫藥衛生、農林、環境、工業技術、交通等（中國大陸習慣上將醫學圖書也包括在科技類圖書之列，但本書在下面分類介紹時，會將醫學圖書單獨介紹）。2007年，中國大陸出版自然科學類圖書約6.3萬種。

　　為鼓勵科技發展，推動專業出版，中國設立有「國家科學技術學術著作出版基金」，對學術專著、基礎理論著作、應用技術著作可以給予獎助。一些地方政府、出版單位也設立有類似的獎勵或基金。

　　中國大陸著名的科技類專業出版社有中國科學出版集團、電子工業出版社、人民郵電出版社、人民衛生出版社、清華大學出版社、中國建築工業出版社、機械工業出版社、人民交通出版社、中國電力出版社、化學工業出版社、上海科技出版社、上海科學技術出版社、江蘇科技出版社等。

　　如果按年銷售收入排名，2007年總營業額超過1億元（1500萬美元）的科技出版社約在14家左右，其中最著名的要數中國科學出版集團。

　　中國科學出版集團隸屬於中國科學院，下轄科學出版社、北京希望電腦公司、北京科海高技術（集團）公司、中國科技大學出版社及北京中科進出口公司等多家機構，是中國最大的綜合性科技出版機構。它以各類中外科技、管理科學、基礎理論圖書和期刊為出版路線，在科普讀物、工具書和辭書的出版方面也具一定規模。核心機構

表2.7　2007年中國大陸經營收入前16名科技出版社

| 名次 | 出版社 | 銷售數額（億元） |
|---|---|---|
| 1 | 科學出版社 | 10 |
| 2 | 教育科學出版社 | 8.7 |
| 3 | 人民衛生出版社 | 8 |
| 4 | 機械工業出版社 | 7.59 |
| 5 | 電子工業出版社 | 7.1 |
| 6 | 人民郵電出版社 | 6 |
| 7 | 清華大學出版社 | 6 |
| 8 | 中國建築工業出版社 | 4.23 |
| 9 | 化學工業出版社 | 3.5 |
| 10 | 中國電力出版社 | 3 |
| 11 | 人民交通出版社 | 2.9 |
| 12 | 江蘇科學技術出版社 | 2.5 |
| 13 | 中國鐵道出版社 | 2.18 |
| 14 | 湖南科學技術出版社 | 1.3 |
| 15 | 石油工業出版社 | 1.15 |
| 16 | 浙江科學技術出版社 | 1.03 |

截至2007年12月底　　　　　　　　資料來源：《中國圖書商報》2008-5-9

科學出版社現年出版圖書5600種（新書近2400餘種），集團出版期刊180餘種（其中外文期刊29種）。2007年總營業額約10億元（1.47億美元）。它在上海、武漢、瀋陽、長春、成都、深圳等大城市設有分支機構，在美國紐約設立有紐約分公司，是中國大陸第一個在美國設立分公司的出版機構。中國全國科學技術名詞審定委員會和中國科學院科學出版基金委員會的辦事機構均設在該社。

　　中國古籍出版是中國大陸出版業非常獨特的一個組成部分。中國不僅是世界文明古國之一，也是極少數文明不曾間斷、一直延續至今的國家。中國現存古籍在10～15萬種，整理出版古籍，是中國出版的

一大特色，也是一個重要內容。目前，中國大陸每年新整理出版古籍約500種，有22家專業古籍出版社，600多名古籍編輯。中國大陸最著名的古籍出版社是中華書局，該書局年出版圖書900多種（新版書近500種），年總營業額2.5億元（3600萬美元）。中國政府設立有「全國古籍整理出版規劃領導小組辦公室」，隸屬於新聞出版總署，政府每年都撥專項經費用於古籍的整理與出版。中國整理出版的重要古籍包括《甲骨文合集》、《中華大藏經》、《永樂大典》、《續修四庫全書》、《敦煌吐魯番文獻集成》、《全宋詩》、《清史稿》等，此外，還出版了大量中醫、中國古代兵法等書籍。正在出版中的英漢對照版《大中華文庫》，是首次系統全面地向世界介紹中國古籍。

## 二、科學與技術類圖書出版

2007年，中國大陸出版的科學與技術類圖書約5.2萬種，其中總論與綜合類2600種（初版1700種）、數理科學與化學類4813種（初版2095種）、天文學與地球科學類1227種（初版857種）、生物科學類1332種（初版810種）、農業科學類4086種（初版2210種）、工業技術類34186種（初版18966種）、交通運輸類2470種（初版1301種）、航空與航太類185種（初版146種）、環境科學類976種（初版743種）。科學與技術類圖書涉及的內容非常廣泛，而中國在每個領域均有相關的專業出版社。這裡主要介紹電子資訊、機械、建築、能源與交通幾個行業。

包括電子與數位技術在內的資訊技術類（IT）圖書是過去十幾年裡數量增長最快、發行量也最多的科技類圖書。無論是專業圖書還是普及讀本，出版種類都大幅上升，市場份額不斷擴大。目前，在中國大陸市場上可見的各類資訊技術類IT圖書在3萬多種。數位技術、電

子多媒體、網路通訊、編程、辦公軟體與電腦基礎類圖書是此類圖書的主體。

　　資訊技術IT類出版的代表出版社有電子工業出版社、人民郵電出版社、清華大學出版社、機械工業出版社、希望電子出版社、中國青年出版社、科學出版社、北京大學出版社、高等教育出版社等。排在前兩位的電子工業出版社與人民郵電出版社均隸屬於工業和信息化部。電子工業出版社在出版界首家引入ISO 9000質量保證體系，它以電子資訊科技類圖書與教材、電子資訊類科技期刊、電子出版物的出版為主要業務。出版物內容涵蓋電子資訊技術的各個分支以及交通、經濟管理、外語等其他學科領域，年出版圖書3400種（新書1900多種），出版電子出版物700多種，並出版有8種專業雜誌。2007年圖書發行金額達約7億元人民幣（1億多美元）。人民郵電出版社年出版圖書2800多種（新書1500多種），出版音像電子出版物500餘種，網路出版物700餘種。出版有以IT為主的雜誌14種期刊，年總發行量近1300萬冊，其中的《集郵》雜誌為中國集郵領域的著名刊物。年總營業額超過6億元（8800萬美元）。其與丹麥Egmont公司合資組建有中國著名的少兒圖書出版公司——童趣出版有限公司（參見第十三章第三節之二）。並與國際電信聯盟、萬國郵政聯盟等國際組織建立了密切的合作關係。

　　工業技術類圖書占了中國的科學技術類圖書總和的六成多。2007年出版的這些圖書的總定價（產值）近60億元（8.8億美元）。這其中又以機械工程、建築、能源類圖書為多。這些領域的代表出版社有機械工業出版社、中國建築工業出版社、化學工業出版社、北京理工大學出版社、國防工業出版社、石油工業出版社、遼寧科學技術出版社、上海科學技術出版社、中國建材出版社等。機械工業出版社是行業的龍頭出版公司，它主要出版機械工程、汽車工程、電工電子技

術、儀器儀表及自動化、電腦技術、企業管理等專業領域圖書，近年出書一直保持在3000多種，2007年達5300種（新書約2300種）。年經營總額7.6億元（1.12億美元），還出版有20多種雜誌。該社擁有8000平方米的北京百萬莊圖書大廈，20多萬種圖書音像產品。中國建築工業出版社是中國出版建築類圖書規模最大的出版社，內容涉及到建築行業所有領域，此外還出版電腦、工業設計、藝術與旅遊類圖書。目前年出書1900餘種（新版書約1000種），營業額4.2億元（6200萬美元）。本部設在北京，另在上海、廣州等地設有分部。它擁有較強的銷售網絡，在全國各地建立了600多個連鎖店和50多個代理站，在北京開設有中國建築書店，並有自己的網上書店。

在能源領域較有影響的出版社有中國電力出版社、化學工業出版社和石油工業出版社等。中國電力出版社隸屬於英大媒體集團，後者隸屬於國家電網公司。中國電力出版社以出版電力、能源、水利水電、自動化技術、建築工程、電腦圖書為主，年出版圖書2000餘種，2008年經營收入2.2億元（3200萬美元）。化學工業出版社出版範圍涵蓋化學、化工、材料、環境、能源、生物、藥學、醫學、大眾健康、機械、電氣、電腦等眾多專業學科。年出版圖書約3100種（新書約1900種），營業額約3.5億元（5100萬美元）。石油工業出版社隸屬於中國石油天然氣集團公司，現有職工約340人，2008年出版圖書約830種，總營業額1.67億元（2500萬美元）。除圖書外，還出版《中國油氣》與《中國石油勘探》雜誌及《中國石油天然氣工業年鑒》。

中國年出版交通運輸類圖書約2500種（新書約1300種）。最大的交通類圖書出版社是人民交通出版社，該社年出版圖書約1200種（新書約600種），產值約3.3億元（4900萬美元），營業額2.9億元（4300萬美元），擁有員工約500人。

### 三、醫學類圖書出版

中國大陸的醫療衛生類圖書種類占自然科學類圖書的比例很大。2007年出版圖書超過1.15萬種，排位工業技術之後，居第二位。2007年共印製圖書約7360萬冊，總定價（產值）約23億元（3.4億美元）。醫學類圖書以醫學、預防醫學、藥學為多，其中臨床醫學、醫學圖譜、教材及考試類圖書無論在種類與銷售方面都占有重要位置。

醫學類圖書印量多數不大，首次開印一般多在3000～5000冊，印數在1000～2000冊的也有，但萬冊以上則除了教材教輔外極為罕見。但醫學圖書定價要比其他圖書高許多，所以，銷售收入仍較可觀。以引進美國版權的《坎貝爾骨科手術學》（第10版，1-4卷）為例，該書中文版由山東科技出版社2006年5月翻譯出版（該書第11版的中文版權已由人民軍醫出版社獲得），定價980元（122美元）。而該書英文版在美國的定價約480美元，是中文版的四倍，但美國圖書平均價格卻是中國同類圖書的十倍，可見中國的醫學圖書價格比其他圖書高出許多。

近些年，中國大陸醫學圖書購買外國版權的數量越來越多。中國出版社較感興趣的主要是醫療新科技圖書，如MRI技術應用、PTCA技術應用等方面的書籍，像中國科學技術出版社引進的日本版《圖解PTCA手技》。其次就是在國際醫學界具有較高權威性與實用性的圖書，如《希氏內科學》、《威廉姆斯產科學》、《Dolans醫學大辭典》、《坎貝爾骨科手術學》與《世界權威醫學著作譯叢》等。目前中國大陸醫藥衛生從業人員已達600萬左右，加之高等院校擴大招生數量，所以市場潛力很大。

中國大陸出版醫學書籍成規模的出版社約在50家左右，著名的專業醫學出版社有人民衛生出版社、人民軍醫出版社、中國醫藥科技出

版社、北京大學醫學出版社、中國中醫藥出版社、協和醫科大學出版社、軍事醫科院出版社、第二軍醫大學出版社等家；此外，一些科技類出版社及少數綜合類出版社在醫學出版方面也具有一定規模，重要的如科學出版社、上海科技出版社、江蘇科技出版社、遼寧科技出版社、山東科技出版社、浙江科技出版社、湖南科技出版社、天津科技出版社、天津科技圖書翻譯公司、北京科技出版社、上海科技文獻出版社、上海科技教育出版社等。在上述所有出版社中，人民衛生出版社出版的圖書的市場份額最高，獨占半壁江山。其他10餘家醫學專業出版社約占醫學類圖書市場份額的二成多。

人民衛生出版社隸屬於中國衛生部，是中國規模最大、實力最強、圖書品種最多的醫學出版機構。出書品種主要包括：醫學教材、參考書和醫學科普讀物等，涉及現代醫藥學和中國傳統醫藥學的所有領域，體系完整，品種齊全。目前擁有教材1800餘種，占中國醫藥學教材市場80%的份額，《內科學》、《外科學》、《婦產科學》、《兒科學》、《解剖學及組織胚胎學》、《生理學》等印數都超過150萬冊。2007年出版圖書約2400種（新書約1400種），銷售金額8億元（1.18億美元）。該社擁有美國公司、報社、音像出版社、印刷廠、會展公司、星級酒店等全資子公司10個，現有職工1000餘人。該社投資的北京世界醫藥圖書大廈，總建築面積近8萬平方米，集辦公、世界醫藥圖書展示展銷、國際國內學術會議、五星級酒店等功能於一體。

人民軍醫出版社也是一家較出色的醫學專業出版社，它隸屬中國人民解放軍總後勤部。出版有以《實用骨科學》為代表的一批著名骨科專著，著名的《坎貝爾骨科手術學》第11版中文版權也轉到了該社。它還有《中國腎臟病學》、《赫斯特心臟病學》等權威書籍。2007年出版圖書1000多種（新書近800種），年營業額過1億元（1500萬美元）。

## 四、財經與法律類圖書出版

如果不包括一般理財類的大眾圖書，專業的財經與法律圖書的市場份額還不是很大。按照北京開卷圖書市場研究所的推斷，財經與法律類專業圖書的年零售額占中國大陸零售市場總數的約8%左右，不過這個分析包括了大眾理財圖書。

中國大陸的專業財經類圖書中，以註冊會計、稅務、金融工具書、醫保、企業管理等圖書發行量較大。諸如《納稅籌劃技巧》、《避稅案例》、《納稅難題的解決》、《中級會計實務》、《中級理財管理》等都有較多的讀者。從使用方面看，財經類教材發行量非常多，其次是考試用書。伴隨著中國大陸的年度註冊會計師全國統一考試，使財務會計稅收方面的學習與輔導用書，占據了財經類圖書市場的重要地位。會計、稅法、審計、經濟師等考試的指定輔導教材或相關指導用書銷量極大。當然，如果把作為大眾讀物的股票圖書也視為財經圖書的話，則股票投資類圖書在零售市場的份額最高。

大眾理財方面的股票圖書一直占有相當重要位置。目前中國大陸圖書市場上銷售的各類股票圖書超過400種。在中國銷售額最高的書店——北京圖書大廈，展銷的此類圖書就達200種。有人推算，如果以每種圖書的平均印數3萬冊計，則中國大陸平均每10位股民可分攤到2冊以上。

中國大陸重要的財經類出版社有中國財政經濟出版社、中國金融出版社、經濟科學出版社、經濟管理出版社、中國稅務出版社、北京大學出版社、清華大學出版社、中國人民大學出版社、東北財大出版社、上海財經大學出版社、立信會計出版社等。中國大陸的財經類高校教材市場主要由中國財經出版社及上述幾所大學出版社占領。在此類圖書中，引進版（包括影印外文版）教材非常受歡迎，許多甚至比

中國本土的同類教材更受青睞。中國財政經濟出版社隸屬於中國財政部，以出版財政、會計類圖書著名，還包括經濟、稅務、統計、金融等圖書。2007年出版圖書約1200種（新書約750種），年產值4.31億元（6300萬美元），營業額約4億元（5900萬美元）。

在中國大陸的出版統計中，法律圖書是與政治圖書一併統計的。2007年，中國大陸出版政治與法律圖書共1.2萬餘種，其中初版書有9200餘種。兩類書的總印數約1.4億冊，總定價約29億元（4.26億美元）。中國大陸的法律圖書可以分為理論著作、實用圖書、法律彙編與考試類圖書四大類。從市場份額看，法律法規彙編、實用圖書與考試類圖書所占比例皆非常大。

出版法律圖書的著名出版社有法律出版社、中國法制出版社、人民法院出版社、中國政法大學出版社、中國民主法制出版社、中國檢察出版社、中國方正出版社、北京大學出版社、中國人民大學出版社、吉林人民出版社、高等教育出版社、中國人民公安大學出版社等。

法律出版社是中國規模最大亦最有影響的法律圖書出版機構，擁有法規出版中心、應用法律出版中心、法律教育出版中心、法學學術出版中心、法律考試出版中心、綜合法律出版中心和期刊出版中心等七個出版中心。還擁有中國第一家「法學家俱樂部」，獨資的中國法律圖書公司及完善的網路書店。2007年出版圖書1340種（新書1100種），年產值約2.9億元（4300萬美元），多年來一直居中國法律圖書市場占有率及品種規模首位。

隨著中國法制建設步伐的加快，法律圖書的讀者日益增多，這使得法律圖書市場逐年穩步增長。法律圖書的價格也與醫學圖書一樣相對較高。為推廣市場，一些法律圖書出版社與經濟圖書出版社，每年1月初都在北京舉行經濟、法律圖書洽談會，集中向發行商提供訂貨服務。

## 五、古籍類圖書出版

　　本國古籍的出版是大陸出版業一個較獨特且重要的組成部分。中國不僅是世界文明古國之一，也是極少數文明不曾間斷、一直延續至今的國家。中國所謂的古籍一般是指辛亥革命（1911年）或五四運動（1919年）之前出版的書籍。古籍整理主要是指對古籍的標點、校勘、注釋、今譯、影印、索引、研究與普及等。相關學者推算，中國現存古籍在10～15萬種。古籍整理出版是中國出版的一大特色。

　　1958年，中國國務院科學規劃委員會設立了古籍整理出版規劃小組，制訂了新中國第一個古籍整理出版規劃，確定了辦事機構（設在中華書局），古籍出版開始納入全國性統籌，政府撥專款用於古籍的整理與出版。自1999年起，全國古籍整理出版規劃領導小組隸屬於新聞出版總署。全國古籍整理出版規劃領導小組的歷任組長是齊燕銘、李一芒、匡亞明、于友先與石宗源，在小組中承擔相應領導工作並發揮重要作用的還有鄭振鐸、周林、楊牧之等。

　　1949年新中國成立至今，中國大陸整理出版的重要古籍包括中華書局的《二十四史》、《清史稿》、《中華大藏經》、《永樂大典》、《全明詞》、《甲骨文合集》，商務印書館、中華書局的《古本戲曲叢刊》，上海古籍出版社的《續修四庫全書》、《敦煌吐魯番文獻集成》、《俄藏黑水域文獻》，文物出版社的《馬王堆漢墓帛書》、《新中國出土墓志》，北京大學出版社的《全宋詩》、《十三經注疏》（整理本），嶽麓書社的《船山全集》，上海書店的《叢書集成續編》，江蘇古籍出版社的《全元文》，人民文學出版社的《全元戲曲》，華夏出版社的《中華道藏》，北京圖書館出版社的《中國蒙古文古籍總目》，解放軍出版社的《中國兵書集成》，中國農業出版社的《中國農學珍本叢刊》，中醫古籍出版社的《中醫古籍孤本大全》與人民衛生出版社的《中醫古籍

整理叢書》等。其中《二十四史》及《清史稿》被譽為新中國最大的古籍整理出版工程，中華書局副總編輯趙守儼為該工程的實際主持人。此外，外文出版社、湖南人民出版社等機構目前正在出版英漢對照版《大中華文庫》，這是中國大陸首次系統全面向世界介紹中國古籍。

　　目前，中國大陸每年新出版古籍約500種。有20餘家專業古籍出版社，600多位古籍編輯。較有影響的古籍出版社有中華書局、上海古籍出版社、文物出版社、嶽麓書社、齊魯書社、北京圖書館出版社、中醫古籍出版社等。中華書局是中國影響最大、最能代表中國古籍、學術著作出版水準的出版機構，由陸費逵先生於1912年創辦於上海。1949年前它曾是中國僅有的幾家大型綜合出版企業之一，也是當今中國少數歷史最悠久的出版社之一。新中國成立以來的五十年裡，中華書局累計出書達7000餘種。目前，中華書局隸屬於中國出版集團，擁有員工220人，年出版圖書約470種（新書約220餘種），其所出版的《文史知識》、《中華活頁文選》、《文史》等，都是有重要影響的文史類雜誌。上海古籍出版社有近五十年歷史，目前擁有員工120餘人，年均出書260種。文物出版社是中國大陸最著名的出版古文物考古類圖書的專業出版社，目前擁有員工150人，年均出版圖書260餘種（新書230種），年銷售金額1億多元（1500萬美元）。該社還與日本、英國、美國等國家及臺灣、香港的出版者有廣泛的合作關係。

## 第四節　教育出版

### 一、簡述

　　教育出版是中國大陸出版市場中份額最大的部分。其中各類教科書的銷售額約占全部圖書銷售總額的40%（有人認為占一半左右）。

2007年，中國大陸印製的各類教科書的總產值為254億元（約37億美元）。不同於其他種類的圖書往往存在高滯銷問題，中國大陸的教科書絕大多數是會售出的。所以，許多人也因此將這個總定價作為中國大陸教科書的年銷售額（實際銷售額應該是略少些。請參考第五章第一節之三）。在品種方面，2007年，中國大陸出版的各類課本約5.4萬種，其中新版書為1.88萬種，分別占兩類總品種的22%與14%。在各類課本中，居首位的是大專及大專以上課本，數量為3.35萬種（新版書1.36萬種），占總數的62%；其次是中學與中專課本，為9100種，占總數的17%；第三是小學課本，為5400種，占總數的10%；其餘為業餘教育課本與教學用書。

除課本外，教學輔導類圖書（簡稱「教輔書」）也有非常大的市場。據北京開卷圖書市場研究所的推測，中國大陸零售市場銷售的教輔書金額約在30億元（約4.4億美元）左右，占零售市場份額的15～18%，是零售市場上各類圖書中份額最大的一塊。由於市場龐大，中國大陸絕大多數圖書出版社都曾參與教育輔導類圖書出版。教育類、師範大學類出版社是教輔書出版的主力。龍門書局、教育科學出版社、吉林教育出版社、陝西師範大學出版社、東北師範大學出版社、廣西師範大學出版社、北京師範大學出版社、江蘇教育出版社等是出版教輔書實力較強的出版社。這一領域也是民營文化公司爭奪的焦點，諸多民營文化公司通過與正規出版社合作出版的方式參與到教輔圖書出版。但由於競爭過於激烈，近些年，許多國營出版社退出此領域，而民營文化公司則成為此領域最有影響的機構（參見第五章第一節之二）。

中國大陸的教育類出版社按照主辦者的身分可大致分為三大類，一類歸中央教育部門（主要是教育部），如高等教育出版社、人民教育出版社等，一類歸各省級政府部門（各省教育廳），如各省的教育

圖2.8　中國大陸各類課本市場份額示意圖

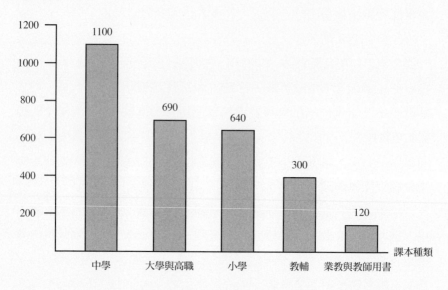

金額（億元 RMB）

出版社，一類歸大學，即各類大學出版社。其中，「教育出版社」是
非常重要也非常特殊的部分。

　　中國大陸的每個省都設立有一家「教育出版社」，專門負責本省
的教科書（特別是中小學課本）、教育輔導圖書的出版（也有個別的
省例外）。如江蘇省設立有江蘇教育出版社，上海市設立有上海教育
出版社。在過去計畫經濟年代，這些教育出版社靠主要專營本地區的
課本、教輔類圖書，經濟收益遠遠好於其他類出版社，成為各地出版
社中經濟實力最強者。但隨著中國大陸計畫經濟體制向市場經濟的迅
速轉變，教育出版社原有的許多政策性優勢正在逐步減少或消失，這
使得他們的市場份額普遍受到影響。一些不適應市場經濟變化的出版
社實力開始明顯下降。但總體上，多數教育出版社依然有很強的資本
實力。也有一些出版社及時調整出版路線，積極應對市場變化，成為

具有較強競爭實力的出版社。不計北京的人民教育出版社、高等教育出版社及大學出版社，目前，在全國各省級地區的教育出版社中，營業額較高、實力較強的有江蘇教育出版社、浙江教育出版社、上海教育出版社、山東教育出版社、安徽教育出版社、廣東教育出版社、湖南教育出版社等。其中，江蘇教育出版社年出版圖書2200餘種（教材420餘種），2008年銷售收入達12億元（約1.8億美元），居中國各省教育出版社之首位。上海教育出版社則是各地教育出版社中出版教材數量最多的出版社，2007年達800餘種。

## 二、高等教育與大學出版

　　高等教育出版是中國大陸教育出版中市場化最高、限制最小的領域，也是近幾年發展最快的出版領域。中國大陸高等院校（包括大專）現有在校生約2000萬，且數目還在不斷增加。這為高等教育圖書出版提供了穩定的市場。

　　中國大陸實力較強的高等教育出版社有高等教育出版社、外語教學與研究出版社、清華大學出版社、中國科學出版集團、中國人民大學出版社、北京大學出版社、廣西師範大學出版社、電子工業出版社與上海外語教育出版社等。這些出版社高校教材的年銷售金額都超過了3億元（約4400萬美元）。

　　高等教育圖書的出版者以高等教育出版社及一大批大學出版社為主。隸屬於中國教育部的高等教育出版社是高等教育出版中實力最強的出版公司，它年出版圖書約7000種，居全國首位。銷售冊數超過1.3億冊，年產值約23億元（3.4億美元），營業額約24億元（3.5億美元），據中國出版社銷售收入總排名前二位。它擁有九大出版中心、48個分社，員工2000多人。其在國內高等、職業教育教材領域的占有

率處於行業首位。

中國大陸目前共有1000餘所大學，其中約110家設立了出版社，包括24家全國重點大學。據中國大學出版社協會理事長王明舟介紹，2007年，中國的大學出版社共出版圖書8萬種，產值約188億元（28億美元），營業額約168億元（25億美元），幾項主要經營數據都在全行業中占有較大的比重。

中國的大學出版社與美歐等國的有許多不同。中國大學出版社的主要產品是各類教材，銷售收入也多以教材為主；而美歐等國大學出版社的教材比例很低，所占份額很少。中國大學出版社的市場經營能力普遍較強，而美歐的大學出版社則較弱。中國大學出版社的生產能力很強，年出版新書品種超過1000種的有多家，大學出版社的總銷售額占全國圖書市場總額的約20％；而美歐大學出版社無論是產品品種或銷售能力所占份額均極小，多數國家的銷售額占全國市場總銷售額不足1％。雖然中國的大學出版社有相當多都是面向市場的商業型出版公司，且有許多已成為中國出版市場的主要角色，但多數大學出版社營業額低於全國平均水平。隨著中國的出版改革，已有包括清華大學出版社在內的19家大學出版社正式轉制成為企業。未來幾年內，中國的所有大學出版社都將轉變成為面向市場的出版企業。

在過去十幾年裡，中國已湧現出了一批經營出色的大學出版社。在中國年銷售排名前50家出版社中，大學出版社就占了14家。經營出色的大學出版社有北京外語教學與研究出版社、北京師範大學出版社、清華大學出版社、中國人民大學出版社、廣西師範大學出版社、上海外語教育出版社、北京大學出版社、中國廣播電視大學出版社、華東師範大學出版社、西南師範大學出版社、陝西師範大學出版社、重慶大學出版社、復旦大學出版社等。需要指出的是，這些大學出版社出版的圖書並非都主要是大學用書。而往往是既包括大學用書，也

包括中小學用書及一般的社會讀者用書。只有部分大學出版社是以大學用書為主，如清華大學出版社、北京大學出版社、中國人民大學出版社等。而各類師範大學出版社出版的圖書相當部分是以中小學用書

圖2.9　高等教育出版社組織機構示意圖

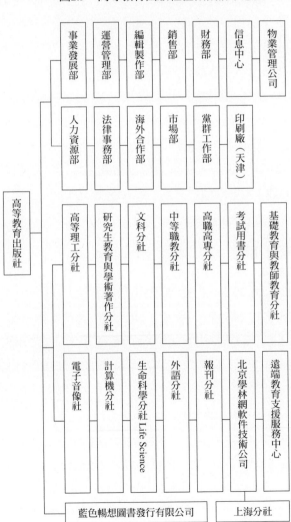

為主，還有以外語學習類圖書為主的，如外語教學與研究出版社。

　　清華大學出版社年出版圖書4600種（新書2240種），年銷售圖書超過2400餘萬冊，2007年產值約8.5億元（1.25億美元），2008年營業額約9億元（1.32億美元），在全國約有1300個銷售點。此外，它每年引進許可出版原版影印教材數百餘種，是中國大陸出版原版影印教材歷史最長、覆蓋學科領域最廣、品種最多的出版社。2008年之前的清華大學出版社直接隸屬於學校，現在，它則是清華控股有限公司旗下的子公司，後者是清華大學出資設立的國有獨資有限責任公司。中國人民大學出版社以出版社會科學圖書為主，為教育部確定的全國高校文科教材出版中心，是中國高校教材、學術著作出版最重要的基地之一。2007年出版圖書約2000種，產值6.3億元（9300萬美元），營業額約6億元（8800萬美元）。北京大學出版社目前年出版圖書3200餘種（新書約1400種），年產值約7億元（1.03億美元）。

## 三、中小學教育出版

　　中國大陸的中小學課本出版市場銷售額約為180億元（26.5億美元），占市場總份額的約35%。其中，中學與中專課本銷售額為110億元（約16億美元），小學課本為64億元（9億美元）。2007年出版的中小學、中專課本共計約1.45萬餘種。其中中學與中專課本9100種，小學課本5400種。

　　中國大陸目前的中小學生在校人數約2.09億，其中小學生為1.06億，中學生約為1.03億人。中學人數雖然比小學略少，但中學課本的市場份額約是小學課本的1.7倍。依據中國《義務教育法》，中國實行九年義務教育。

　　在中小學課本出版方面，國家設有全國中小學教材審定委員會，

負責對各地編制的課本進行審定。凡計畫編寫九年制義務教育中小學全套教材的單位和集體，要將編寫計畫報省級教育廳預審計畫方案的可行性，經批准後再報國家教育部中小學教材辦公室備案。人民教育出版社、重點高等院校、中央級科研單位、全國性學術團體組織編寫九年制義務教育中小學全套教材，可直接報教育部備案。通過審定的課本即可以在全國出版發行。

　　中國大陸的課本編寫主體主要有三類：第一類是一些教育研究單位，如中央教育科學研究所、江蘇省教研室、河北省教科院等。第二類是大學，主要是師範類高等院校設立的課程研究開發單位，如北京師範大學課程中心的教材編寫委員會等。第三類是出版社，如人民教育出版社、語文出版社等就自行研發教材。中國大陸開發一本教材，前期費用約需50～80萬元。國家對課本的定價及銷售利潤都有明確限制，出版社的獲利率不得超過5%，教材開發的前期投入不得計入成本。

　　隨著課本編寫制度的逐步開放，有越來越多的出版社加入到了中小學課本的編寫行列中。在諸多中小學教材出版社中，有著近六十年中小學教材編寫與出版經驗的人民教育出版社是該領域的巨頭，它直屬於中國教育部，主要承擔研究、編寫、出版、發行基礎教育教材和其他各類教材以及教育圖書的任務。中國2000年以前頒布的歷次中小學各種教學大綱均由它主持或參與草擬，先後編寫、出版了十套全國通用的中小學教材，擁有數以億計的讀者，總印數達數百億冊。人民教育出版社的出版範圍，從幼稚園、小學、中學到高等師範院校教材，還包括職業中學、特殊教育、成人中等教育、中小學教師培訓教材等。該社共有語文、數學、外語等27個學科編輯室，是中國編輯出版中小學教材學科最齊全的出版社。現有員工1500餘人，其中主要從事研究、編寫和編輯中小學教材任務的人員就達400餘人。出版社還

擁有中國教育圖書進出口公司、印刷廠等機構。目前年出版圖書3200種（新書近500種），其中教材約2600種。年營業額約15億元（2.2億美元），居中國大陸各出版社排名之前三位。

教育科學出版社是另一家著名的中小學教材出版社。該社隸屬於中央教育科學研究所，出版品種主要包括教育理論圖書、教師教育用書、職業教育與成人教育用書、中小學教材、幼稚教育用書和教輔讀物。目前年出版圖書900多種，有17科教材通過審定，品種名列全國第二，市場占有率居全國第三。2008年圖書產值與營業額均突破10億元（1.5億美元），該社現有員工200多名。

在各師範大學出版社中，北京師範大學出版社是出版中小學用書特別是中小學教材影響最大的一家。該社年出版圖書約1900種，其中教材約530種。2008年營業額達11.24億元（1.65億美元），收入達6.5億元（9600萬美元）。

此外，江蘇教育出版社、上海教育出版社、山東教育出版社、華東師範大學出版社、西南師範大學出版社等在中小學教材出版方面實力也較強。在各省級地區編寫與出版地方鄉土教材方面，主要是以本地區的各類教育出版社為主。

中國現有在園幼兒（包括學前班）兒童約2300萬人，幼兒讀物也是一個非常大的市場。


## 四、外語與工具書出版

作為廣義教育出版的組成部分之一，中國大陸的工具書及語言學習類圖書出版具有相當的規模。1949年之後的近六十年裡，中國大陸出版的各類辭書約1.1萬餘種。中國著名的語言類工具書有中國大百科全書出版社的《中國大百科全書》，上海辭書出版社的《辭海》，商

務印書館的《辭源》、《英漢大詞典》、《新華字典》、《現代漢語詞典》等。其中小型辭書《新華字典》銷售超過4億冊，中型辭書《現代漢語詞典》銷售約4400萬冊，均是中國同類辭書中銷售最多的辭書。《新華字典》更被喻為世界上除《聖經》外銷售最多的書籍。目前，中國大陸出版工具書成規模的出版社約在20家左右，年出版各類工具書約500種。

　　語言類工具書是該類別中份額最大的部分。著名的語言類工具書出版社有商務印書館、上海辭書出版社、中國大百科全書出版社、漢語大詞典出版社、四川辭書出版社等。

　　商務印書館1897年成立於上海，是中國歷史最悠久的出版公司。20世紀30年代，它曾是亞洲最大的出版公司之一，也是當時中國教育、學術的重鎮。當時擁有員工5000多人，在海內外設有分館36個，各類辦事機構1000多個，所出書刊占全國60％以上。1954年遷址北京。一百多年來，商務印書館出版各類書刊約5萬餘種。目前它的主要出版路線以翻譯介紹外國哲學、社會科學的學術著作和編纂出版語文工具書為主，兼及研究著作、教材、普及讀物等。所出版的《漢譯世界學術名著叢書》計400餘種，是中國六十年來規模最大也最有影響的外國哲學社會科學書系。近年較有影響的有包括《藍海戰略》在內的引自哈佛大學的經管類圖書，已出版150種。它還出版有《英語世界》、《漢語世界》、《中國語文》等重要學術期刊20種。2007年出版圖書近900種（新書400餘種），產值4.4億元（6500萬美元），銷售金額約4.5億元（6600萬美元），現有員工約500人。現在香港、臺北、新加坡、吉隆坡的商務印書館，在1949年前，曾都隸屬於總部在上海的商務印書館。

　　中國不僅是最大的漢語人口國家，也是英語學習人口最多的國家。目前中國大陸學習英語的人數超過3000萬。一些中小學已經開始

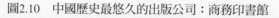

圖2.10　中國歷史最悠久的出版公司：商務印書館

（圖片提供者：商務印書館）

雙語教學。如上海市已制定計畫，在2006-2010年，雙語教師達到近萬名，實驗雙語達到500所，用雙語學習的學生達到50萬。隨著中國對外開放的全面展開，中國大陸學習外語特別是英語的人數將更快增加。

　　英語學習圖書市場是教育出版市場中快速增長的一個領域。目前，英語類學習書籍已占市場零售份額約6～8％。英語基礎學習、工具書及考試類圖書是英語學習圖書的三大部分。中國大陸540餘家出版社中，出版過英語書籍的已達80％，已擁有多個出色的外語圖書出版社。中國大陸最重要的外語類出版社有外語教學與研究出版社、上海外語教育出版社、商務印書館、世界圖書出版公司等，此外，外文出版社、上海譯文出版社、高等教育出版社、中國人民大學出版社、世界知識出版社、上海交通大學出版社、清華大學出版社等也在英語出版市場占有一定份額。

外語教學與研究出版社由北京外國語大學創辦，是中國著名的大學出版社，主要出版外語教材、工具書與教學參考書，擁有多種期刊雜誌。出版的成人教材如《新概念英語》、《康橋國際英語教程》，大學教材如《新視野大學英語》、《新編大學英語》，中小學教材如《英語》（從小學至高中系列教材），少兒教材如《新概念英語青少版》，幼兒教材如《外研社兒童英語》、《NODDY學英語》等都是中國最著名的英語學習書籍，許多發行量都在數百萬冊以上。《漢語900句》則是外國人學

圖2.11　外研社大樓
——北京的文化地標之一
（圖片提供者：外研社）

習漢語的著名教材。除總部的8個職能機構與10大分社外，目前它還擁有12個獨立法人企業，一個建築面積近10萬平方米、占地130畝、價值3.5億元（5100萬美元）的大型生產、物流基地和國際會議中心。在全國各地有16個資訊中心，總資產13.5億多元（2億美元），年出版各類出版物約5000種。2008年的發行金額超過18.5億元（2.72億美元），利潤2.1億元（約3100萬美元）。現有員工1600多名。其本部2萬多平方米的智慧化辦公大樓——外研社大廈，名列北京市20世紀90年代「十大建築」之一，也被視為中國大陸出版界的地標。

隸屬於上海外國語大學的上海外語教育出版社英語學習書出版成績也較突出。該社的代表書籍有「大學英語」系列教材、《新牛津英漢雙解大詞典》（*The New Oxford English-Chinese Dictionary*）、英文版《不列顛簡明百科全書》（*Britannica Concise Encyclopedia*）等。2007年出版圖書1000餘種，銷售金額超過6億元（8800萬美元），其在北京、北美設有分社。

# 第三章

# 中國大陸的雜誌出版業

## 第一節　雜誌業簡述

　　首先需要說明的是，本章所述內容主要是雜誌出版業，但其中也涉及到對中國的學術期刊的簡要介紹（具體參見本章第一節之四）。本書在提到雜誌出版種類總量與發行總量時，也包括了學術期刊。

### 一、基本情況

　　根據中國新聞出版總署公布的統計數字，截止到2007年底，中國大陸共有雜誌9500種。平均期印數1.67萬冊，總印數30.4億冊，人均約2冊。2007年中國大陸雜誌廣告收入約為55億元（約8億美元；官方的統計是30億多元，民間的北京慧聰媒體研究中心的監測為80.15億元，這裡取兩者的平均數）。比五年前增長了兩倍多。新聞出版總署公布的2007年中國雜誌的總定價是171億元（24億美元）。如果將此數字作為雜誌的銷售額，則2007年中國大陸的雜誌總收入約為201億元（32億美元）。

　　從規模看，中國大陸的雜誌業已很大，但實力還不強，目前還只是在發展中國家處於較前位置。與出版大國美國比較，2006年美國出版各類雜誌19400餘種，比中國多約1萬種。2006年，美國雜誌業總收入約339億美元，比中國多出140多億美元。特別是雜誌廣告收入，美國為240億美元，超過中國至少185億美元。但不可否認的是，中國是一個快速增長的市場。2002年，中國雜誌廣告收入為3.2億美元，2007年比五年前增長了2.5倍多。

圖3.1　2007年中國大陸七大類雜誌出版種數示意圖

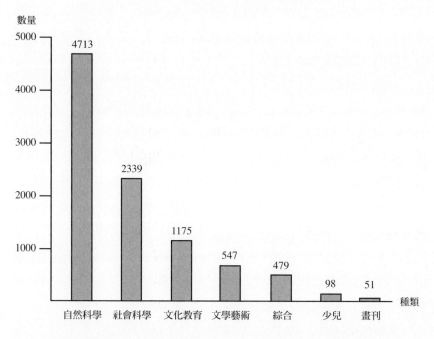

　　中國大陸的雜誌一般按內容分為七大類，即自然科學（科技）類雜誌、哲學社會科學類雜誌、文化教育類雜誌、文學藝術類雜誌、少兒類雜誌、畫報（圖片）類雜誌與綜合類雜誌。其中，自然科學類雜誌種數最多，2007年有4700餘種，占雜誌總數的一半。該年其他六類雜誌的種數排序依次為：哲學社會科學類（2300餘種，約占總數的24%）、文化教育類（1200餘種，約占總數的13%）、文學藝術類（600餘種，約占總數的6%）、綜合類（480餘種，約占總數的5%）、少兒類（100餘種，約占總數的1%）與畫刊（50種，約占總數的0.5%）。從雜誌的主辦者看，中央級出版單位出版的期刊約占總數的四分之一，其他為地方出版。

　　在這七大類刊物中，單種每期平均印數最高的是少兒類雜誌，印

數近11萬冊，超過第二位綜合類雜誌6萬多冊。其他六大類雜誌單種每期平均印數依次是綜合類為4萬冊、畫刊類約為2.8萬冊、文學藝術類為2.6萬冊、哲學社會科學類約為2.5萬冊、文化教育類為2.4萬冊、自然科學類約為0.7萬冊。

中國大陸雜誌的刊期以月刊為主。在月刊、雙月刊、半月刊、旬刊、周刊、季刊等各類雜誌中，月刊數量最多，達3094種，占總數的34.27%。其次為雙月刊與季刊，分別占期刊總數的30.9%與26.34%。但在大都市，電視、新聞類周刊已廣泛流行，而娛樂、休閒等雜誌依然以月刊為主。

中國大陸雜誌出版各地區實力有所不同。總體而言，大城市、沿海發達地區雜誌出版實力較強，在編輯、發行與印刷等諸多方面都處於領先地位。雜誌出版較發達的地區有北京、廣東、上海、湖北、遼寧、山東、河南、湖南、安徽、浙江、江西與江蘇等。其中北京、廣東與上海是實力最強的三個地區。

北京地區（含中央級期刊出版單位）作為全國政治文化中心，雜誌出版無論是種類及發行數量都居中國內地之首。北京共有雜誌2800餘種，總印數超過9.17億冊，均占中國大陸總數的約三分之一。在平均期印數超過25萬冊的97種雜誌中，北京地區就占了26種，占總數的近三分之一。

廣東、上海是北京之外大陸出版實力最強的地區。廣東、上海的雜誌種數分別為379與626種，分列中國大陸三、二位；總印數廣東約為2.6億冊，上海為1.8億冊，分列中國大陸二、三位。在平均期印數超過25萬冊的97種雜誌中，廣東、上海分別占了8種與5種，分列第二、三位；廣東更有4種期刊平均印數超過了50萬。更為重要的是，廣東、上海兩地的暢銷雜誌如《故事會》、《家庭》、《人之初》、《家庭醫生》、《上海故事》、《上海服飾》等絕大多數為市場雜誌（完全由

讀者個人訂閱或購買），而通過系統或行業發行的極少。

　　中國大陸著名的雜誌出版人有《時尚》總裁吳泓與總編輯劉江、《南風窗》主編秦朔、《財經》主編胡舒立、《三聯生活周刊》主編朱偉、《知音》總編胡勳璧、《讀者》主編彭長城、《故事會》主編何承偉、《今古傳奇》社長舒少華、《中國國家地理》雜誌社社長李銓科、《中國婦女》雜誌社社長韓湘景、《中國醫學會雜誌內科分冊》主任游蘇甯等。此外，近些年中國大陸還出現了一批民間雜誌出版人，其中的一些已具有一定的影響力。

　　除正式出版的雜誌外，中國大陸還有約 1 萬餘種內部雜誌。這些雜誌多屬於各類公司、機構內部發行或免費發放的。但有些辦得很有特色，且印刷數量也很大。像著名電子企業康佳集團的《康佳報》，月發行量就達30萬份；深圳萬科集團的《萬科周刊》，也有一定的發行量及影響。

## 二、發行與廣告

　　從發行角度看，中國大陸相當多的雜誌可以分為兩大類。一類是市場銷售，就是讀者個人自願訂閱或購買，這類雜誌也可以稱為「市場類雜誌」。另一個是行業或系統發行，屬於「非市場類雜誌」。所謂行業或系統發行，主要包括三種情況，一是教育部門要求學生為學習輔導而訂閱，二是黨團工會等組織因工作需要而訂閱，三是雜誌主辦者利用其上級主管部門的行政權力在本行業或系統進行的攤派訂閱。三種情況中，後兩種屬於典型的非市場行為（這兩部分訂閱中，有相當數量屬於公費訂閱），第一種中也一定程度上存在非市場行為。這些非市場銷售行為是計畫經濟時代的產物。從上世紀末起，政府開始加強對此類行為的限制與取締。如2003年，中國政府對違反法

表3.2　2007年中國大陸發行量百萬以上雜誌一覽表

| 排名 | 雜誌名稱 | 刊期 | 平均期印數（萬） | 雜誌類型 | 定價（元） | 對象讀者 | 總部所在地 | 主辦者 |
|---|---|---|---|---|---|---|---|---|
| 1 | 讀者 | 半月 | 420 | 文摘類 | 3.0 | 以城鎮人口為主，影響類似美國《讀者文摘》 | 甘肅省蘭州市 | 甘肅人民出版社 |
| 2 | 半月談 | 半月 | 350 | 時政類 | 2.7 | 黨政機關、個人 | 北京市 | 新華社 |
| 3 | 故事會 | 月 | 244.6248 | 通俗文學類 | 2.5 | 農村讀者，通俗文學愛好者 | 上海市 | 上海文藝出版總社 |
| 4 | 特別關注 | 月 | 233.7869 | 生活綜合類 | 5.0 | 中年男性為主 | 湖北省武漢市 | 湖北日報報業集團 |
| 5 | 知音 | 旬刊 | 225 | 生活時尚類 | 5.0 | 女性讀者略多 | 湖北省武漢市 | 湖北知音期刊出版實業集團有限責任公司 |
| 6 | 家庭醫生 | 半月 | 172 | 醫學科普類 | 5.0 | 普通家庭 | 廣東省廣州市 | 中山醫科大學 |
| 7 | 共產黨員 | 月 | 130 | 政黨類綜合性 | 4.0 | 以遼寧省黨的基層支部、黨員個人為主 | 遼寧省瀋陽市 | 遼寧省委 |
| 8 | 時事報告（中學生版） | 月 | 125 | 時政類 | 2.0 | 中學生 | 北京市 | 中宣部時事報告雜誌社 |
| 9 | 小學生導讀 | 月 | 121 | 教育類 | 2.0 | 小學生 | 安徽省合肥市 | 安徽省教育廳 |
| 10 | 求是 | 半月 | 119 | 時政類 | 5.8 | 黨政機關、領導幹部，中國大陸影響最大的政黨類雜誌 | 北京市 | |
| 11 | 人之初 | 月 | 112 | 性科學類 | 4.0 | 大眾 | 廣東省廣州市 | 廣東省計畫生育委員會 |
| 12 | 小學生時代 | 月 | 108.2772 | 教育類 | 1.8 | 小學生 | 浙江省杭州市 | 浙江教育報刊總社 |
| 13 | 中學生天地 | 月 | 104.9139 | 教育類 | 1.8 | 中學生 | 浙江省杭州市 | 浙江教育報刊總社 |
| 14 | 初中生必讀 | 月 | 101 | 教育類 | 1.4 | 初中生 | 安徽省合肥市 | 安徽省教育廳 |

律的非市場行為攤派訂閱採取了非常堅決的整肅措施，停辦了包括395種雜誌在內的677種此類報刊，另有94種報刊改為免費贈閱。總體看，非市場類雜誌的數量正越來越少。

　　大陸多數雜誌的發行主要管道是郵局。但通過郵局也有非常明顯的局限性，最主要的問題是雜誌訂戶名單在郵局手中，雜誌的主辦者不知道到底誰是自己的訂戶，也得不到資訊反饋，且郵局在服務質量與能力方面正受到越來越多的質疑。中國大陸雜誌的發行管道尚不健全，缺少全國範圍的專業第三方代理。

　　2007年，中國大陸平均期印數超過25萬冊的期刊為97種，超過100萬冊的期刊11種，比五年前分別減少了36種與13種。其中的《讀者》半月刊、《故事會》月刊、《半月談》半月刊等5種期刊的平均期印量均在200萬冊以上。

　　從20世紀90年代至今十幾年間，中國大陸雜誌的發行總量基本沒有大的變化，一直在28～30億冊。

　　在上表中，有相當一部分屬於行業或系統訂閱，即「非市場類雜誌」，如其中的小學生學習類雜誌及許多黨刊等。如果完全按照市場銷售的標準，對這些雜誌重新進行排序的話，則情況如下表。

表3.3　2007年中國大陸發行量百萬以上純商業化雜誌一覽表

| 排名 | 雜誌名稱 | 創刊時間 | 刊期 | 平均期印數（萬） | 雜誌類型 | 定價（元） | 對象讀者 | 總部所在地 | 主辦者 |
|---|---|---|---|---|---|---|---|---|---|
| 1 | 讀者 | 1981 | 半月 | 420 | 文摘類 | 3.0 | 以城鎮人口為主，影響類似美國《讀者文摘》 | 甘肅省蘭州市 | 甘肅人民出版社 |
| 2 | 故事會 | 1963 | 月 | 244.6248 | 通俗文學類 | 2.5 | 農村讀者，通俗文學愛好者 | 上海市 | 上海文藝出版總社 |
| 3 | 特別關注 | 2000 | 月 | 233.7869 | 生活綜合類 | 5.0 | 中年男性為主 | 湖北省武漢市 | 湖北日報報業集團 |
| 4 | 知音 | 1985 | 旬刊 | 225 | 生活時尚類 | 5.0 | 女性讀者略多 | 湖北省武漢市 | 湖北知音期刊出版實業集團有限責任公司 |
| 5 | 人之初 | 1989 | 月 | 112 | 性科學類 | 4.0 | 各類讀者 | 廣東省廣州市 | 廣東省計畫生育委員會 |

　　四年前，中國大陸尚沒有本土的閱讀率調查公司，但美國的BPA
（Business Publication Audit）已在此開展業務。BPA國際授權中國的泛
華東方傳媒顧問有限公司作為其業務代理，在中國大陸進行報紙發行
銷售認證。當時中國大陸採用BPA的媒體已在30餘家。2005年4月，
中國本土的出版物發行量稽核機構——國新出版物發行數據調查中心
成立。該機構是民辦的非企業單位，屬非營利機構，是國家指定的機
構，也是中國本土唯一的一家。該機構由民政部和國家新聞出版總署
雙重管理。機構理事會由中國出版工作者協會、中國報業協會、中國
期刊協會、中國書刊發行業協會、中國廣告協會、中國版權協會、中
國印刷技術協會、中國音像協會、中國互聯網協會等單位的負責人組
成。該機構已開始進行業務活動，如2007年發布了對《競報》的發行
量稽核數據。不過，也有業者擔心，該機構的董事會成員不包括廣告
主，認證的可信度無法保證。

　　中國大陸的雜誌廣告額在中國媒體總量中的份額還很小。雜誌廣
告一直沒有超過媒體廣告總量的3％，排名在電視、報紙、戶外之後
（2007年的數據，電視為79％、報紙14％、戶外4％、雜誌為2％，資
料來源：央視市場研究股份有限公司）。不過，近年來，雜誌廣告額
一直處於較快增長狀態，年平均增長25％。報紙、雜誌的廣告營業額
之比值在逐步縮小，雜誌在報刊廣告中的比例在不斷提升。大陸廣告
收入最高的雜誌依次為時尚類、財經類、IT類與生活類。

　　如果從市場角度分類，中國大陸的雜誌，還可以大致歸納為三大
類，即大眾雜誌、專業雜誌與高校學報。其中大眾雜誌是指完全在市
場發行、主要依靠讀者自己購買的消費類雜誌（即前面所謂的市場類
雜誌），主要包括原來七大類中的文藝、文化教育、少兒與畫刊等。
專業雜誌主要包括原來的社會科學、自然科學及文化教育中的部分雜
誌，這類雜誌的共同特點是具有學術性，屬於小眾讀物。高等學校學

報從內容看也屬於專業雜誌，只是因主辦者的身分非常一致，所以習慣上常常被單獨劃為一類。

## 三、雜誌出版的特點與存在的問題

中國雜誌業正處在快速發展與不斷變化時期。目前，雜誌出版比較突出的特點是分眾化、集團化、多元化與國際化。

分眾化主要是指讀者與內容。讀者定位已成為大陸雜誌是否成功的首要因素，雜誌內容必須細化才能較準確地找到讀者。過去那種不分年齡、知識結構的複合性讀者群已基本不存在。以女性雜誌為例，中國大陸的女性雜誌目前至少已分為高檔時尚類、普及類、青年娛樂類等多個檔次。其他雜誌也大體如此。讀者的分眾化正越來越明顯。

雜誌經營的集團化是另一個較明顯的趨勢。一些經營出色的雜誌，依靠原來的品牌優勢，開始不斷創辦或兼併新雜誌，以擴大市場份額，雜誌出版開始集團化經營。目前正式成立集團或具有集團規範的雜誌單位已有多家，如家庭、知音、時尚、瑞麗、今古傳奇等。許多雜誌都已成為中國雜誌界的代表。隨著市場化的深入，這一趨勢還將進一步發展。

資本的多元化越來越普遍。今天，雜誌全部為國營事業單位經營的局面已被打破，業外資金、民營資金都進入雜誌經營。如三九集團（著名的製藥企業）投資《新周刊》、復星傳媒控股（Fosun Media）投資《21世紀經濟報導》報刊等。而民營公司（個人）投資雜誌的也已不在少數，如洪晃（其母是中國知名女外交官章含之，章曾任毛澤東的英文老師，後嫁給了當時的外交部長喬冠華）就投資有《名牌世界·樂》、《i Look 世界都市》與《Seventeen青春一族》等三種雜誌。

經營的國際化。雜誌是中國大陸圖書、報紙、期刊出版各領域中

國際化程度最高的一個部分，包括外國與港、臺在內的各類資金正在通過合資、合作等方式不斷進入雜誌領域。目前，僅外國公司在中國大陸合作合資經營的期刊就有約60種。諸多國際知名品牌都已有了中文版，其中相當一部分在經營上都取得了不俗的成績。另一方面，少數中國雜誌也開始走出大陸到境外經營，如《中國國家地理》雜誌在日本推出了日文版，《中國新聞周刊》相繼在日本出版日文版、在北美出版英文版。《知音》、《女友》、《讀者》等已開始在北美、澳洲等地出版海外版等。

中國大陸雜誌出版也存在一些問題。在經營方面最突出的是發行管道不健全，缺少獨立的第三方代理發行公司。其他還包括市場競爭不規範、郵局服務水平亟待提高等。而在內容質量方面，則是一些學術雜誌、專業雜誌由於沒有建立起規範的同行評議（Peer Review）機制而缺乏權威性。

## 四、專業雜誌與學術雜誌出版

「專業雜誌」（professional magazine）與「學術雜誌」（academic journals）這兩個語詞在中國與在美國的含義是有區別的。在美國，專業雜誌一般是指刊載未經同行評審的研究報告、學術論文的期刊，而學術雜誌是指刊載經過同行評審的研究報告、學術論文的期刊。兩個概念是非此即彼的關係。在中國，這兩個概念則是包含的關係或等同的關係。即專業雜誌或者包括了學術雜誌，或者等同於學術雜誌。

在中國，與美國學術期刊有些接近的一個概念是核心期刊（core journals）。所謂核心期刊，一般是指某領域、某學科中最重要、最有權威的學術雜誌，是根據引文率、轉載率、文摘率等指標而確定的一組常用的或者重要的期刊。核心期刊又分為綜合性核心期刊與專業核

心期刊兩大類。最初是由一些大學或研究機構的圖書館為選擇訂購、閱讀而設立，後來，眾多機構又把在這些期刊特別是核心期刊上發表論文作為職稱評定、科研績效評價、學位獲取的重要指標。中國許多大學、科研機構與協會都有自己的核心期刊目錄。

這裡需要說明的是，不同機構確定的核心期刊，水平上有很大差別。有些機構選定的核心期刊都是經過嚴格的同行評議的，具有較高的權威性。但也有些核心期刊目錄，包含著沒有經過規範的同行評議的期刊。這些期刊的學術水準與權威性都存在問題。也就是說，這些核心期刊其實不是國外所謂的學術期刊，而只能屬於專業雜誌而已。

中國比較有影響的核心期刊目錄有中國科技信息研究所公布的《中國科技期刊引證報告（核心版）》（2007年版選定1723種），北京大學公布的《中文核心期刊要目總覽》（2008年版選定1800種），中國科學院公布的《中國科學引文數據庫（CSCD）》（2007-2008年共選定1083種）等幾種。

總體而言，人們對中國的核心期刊認定不算滿意，認為普遍存在選定不夠嚴格的問題。也就是說一些期刊存在沒有經過嚴格的同行評議現象。因此，筆者才說，中國的核心期刊與美國的學術期刊在概念上有些接近，但不等同。

中國大陸的專業雜誌約在7000種左右，主要包括社會科學類、自然科學類及大學學報三大部分。此類雜誌絕大多數由各類科研機構與大學主辦，由於專業限制，此類雜誌的發行量都很小，許多每期都在一、二千份左右，社會科學較自然科學相對多些。廣告也很少，所登廣告內容也主要是行業資訊。

中國大陸的社會科學類雜誌約在2300種左右，包括哲學、政治、經濟、宗教、法律、歷史與考古等各個學科。社會科學的每一領域一般都有幾種甚至幾十種同類雜誌。如歷史與考古方面就有《歷史研

究》、《中國史研究》、《近代史研究》、《世界歷史》、《西域研究》、
《敦煌研究》、《文史》、《考古》、《文物》、《尋根》等數十種。

中國大陸具有國際影響的社科類雜誌有《文物》、《考古》、《敦煌
研究》、《中國社會科學》、《哲學研究》、《孔子研究》、《中國藏
學》、《西藏研究》、《世界宗教研究》、《經濟研究》、《教育研究》、
《戰略與管理》、《中國軍事科學》、《中國法學》、《中國語文》、《文
學評論》、《外國文學評論》等。《新華文摘》與《中國社會科學文摘》
是大陸較權威的社科類文摘雜誌。

《文物》月刊創刊於1950年1月，內容涉及文物、考古、歷史、
古文字、美術史、科技史等諸多領域，是中國文物考古界的主要刊物
及核心學術期刊之一。在中國同類刊物中發行量最大，海外發行數量
也一直位居前列。《考古》月刊隸屬於中國社會科學院考古研究所，
創刊於1955年，是中國考古學核心期刊第一名，海外發行到20多個國
家和地區，海外發行量長期名列中國大陸外銷中文期刊前茅。《中國
社會科學》雜誌社是中國社會科學院直屬的期刊出版單位，成立於
1979年。該刊為雙月刊，主要發表中國哲學社會科學最新和最重要的
學術成果。該雜誌社同時還出版有《中國社會科學》（英文季刊）和中
國最具權威的歷史學專業學術期刊《歷史研究》（雙月刊），翻譯出版
有《國際社會科學雜誌》。

中國自然科學類雜誌種類極多，占了雜誌種數總量的近一半。在
各個學科比例方面，工業技術類雜誌數量最多，約占總數的40％；第
二是醫藥衛生類，約占總數的16％；第三是農業類，約占總數的13％
左右。此外，還有部分少數民族文字的科技雜誌，它們的數量約占各
類少數民族文字雜誌總數的約10～15％。

自然科學雜誌中有多種在國際上具有一定影響，較著名的有《中
國科學》、《科學通報》、《數學學報》、《中國工程科學》、《工程力學》、

《中國農業科學》、《中華醫學雜誌》、《中華外科雜誌》、《生理學報》、《植物學報》、《地球物理學報》、《金屬學報》、《地震學報》、《力學學報》、《煤炭學報》、《遺傳學報》、《中國人口環境與資源》、《稀有金屬材料與工程》等。

許多科技類雜誌出版有英文版，如《航空學報》（*Chinese Journal of Aeronautics*）、《中國化學》、《中國地球化學學報》、《中國物理快報》、《中國海洋湖沼學報》、《中國稀土學報》、《生物科學與環境科學》等。中國科學院的《中國科學引文數據庫（CSCD）》（2007-2008年）就包括了55種英文期刊。據美國科學情報所（ISI）2007年度的期刊引證報告公布，中國大陸進入世界著名檢索系統「科學引文索引」（Science Citation Index, SCI）的期刊為76種（2001年為67種）。

中國大陸的各高等學校都出版有自己的學報。目前，大陸共有各類學報約3000種（此數字與前面的社會科學和自然科學雜誌統計是交叉的）。這些學報一般分為社會科學與自然科學兩大類。比較著名的學報有《北京大學學報》、《清華大學學報》、《南京大學學報》、《高等學校化學學報》、《文史哲》等。

## 第二節　大眾雜誌出版（上）

大眾雜誌是最市場化的一類。如果從雜誌的主要收入來源看，大陸的雜誌可以分為兩大類，一類是依靠發行收入，一類是依靠廣告收入。以發行為主要收入的雜誌，主要以文摘、文藝與生活類雜誌為多。這些雜誌內容通俗，貼近普通百姓，地域色彩較淡。發行管道以郵局為主，同時自己也有較大的發行能力，發行總量很大。讀者以城鎮、中低階層收入人群、學生為主。代表性雜誌如《故事會》、《讀者》、《青年文摘》、《知音》、《環球》、《商界》等。此類雜誌多數廣

告收入不多，廣告內容多以分類小廣告數量居多，注重形象的高檔廣告較少。

依靠廣告收入的雜誌，讀者以城市白領及中等以上收入者為主，內容專業性較強，風格時尚。雜誌的設計、印製皆精益求精，定價也高。代表性雜誌如《時尚》、《瑞麗》、《財富》、《汽車雜誌》等。此類雜誌的廣告較注重形象與品位，多為整頁廣告。

如果再按內容細分，中國大陸的大眾雜誌又可以分為時尚、財經、電子資訊、生活、新聞、思想與文摘（學習）等諸類。這其中以時尚、財經與新聞類雜誌最為活躍，最受人矚目。

## 一、時尚女性雜誌

中國近年成長最快、影響也最大的就是時尚類雜誌。這類雜誌又幾乎以女性內容與讀者為主，幾乎成了女性雜誌的天下。著名的時尚女性類雜誌有《時尚》、《瑞麗》、《Elle世界時裝之苑》、《虹》、《嘉人marie claire》、《上海服飾》、《希望》、《秀》等。《中國圖書商報》曾根據對發行商的調查開列了一個發行商眼中的十大暢銷期刊，其中就有5種是女性雜誌。目前大陸最著名的時尚女性雜誌是《瑞麗》、《時尚》與《Elle世界時裝之苑》，這三份雜誌的發行量也居同類雜誌前茅，目前每期均超過了20萬份。《瑞麗》與《時尚》更已發展成為兩個雜誌集團。

時尚傳媒集團是中國著名的雜誌出版集團，總部在北京，由國家旅遊局主管、中國旅遊協會主辦。其母刊《時尚》創辦於1993年，以引導潮流、倡導高品味生活為號召，高品質、高定價，贏得了白領讀者的青睞。創刊不久開始與美國IDG和赫斯特（Hearst）合作，引進*Cosmopolitan*等雜誌的版權，並很好的完成了本土化，使雜誌快速發

圖3.4　時尚傳媒集團辦公大樓

（照片提供：時尚傳媒集團）

展壯大。目前該集團已擁有《時尚Cosmopolitan》、《時尚家居》、《時尚BAZAAR》、《嬌點CosmoGirl》、《座駕》、《華夏人文地理》等16種雜誌，合作出版有自己的品牌圖書系列，擁有兩個網站，經營影視傳媒等業務，還擁有上海、廣州兩個分公司，同時擁有自己的廣告公司、印刷廠和發行公司，它還和IDG等公司成立有其他合資公司。時尚集團的諸多雜誌都已成為中國著名高檔雜誌，它還以舉辦各類大型

時尚活動著稱。時尚雜誌創辦人吳泓與劉江均為中國雜誌界著名人物，兩人現在任集團聯合總裁。

《瑞麗》與《Elle世界時裝之苑》則是分別由中國輕工業出版社與上海譯文出版社經營的著名品牌（參見第十三章第一節之二）。

此類女性雜誌有幾個共同特點，一是讀者皆為白領與中高收入階層，即中國大陸的「小資人群」。二是都屬於高檔雜誌，製作精良，定價也是雜誌中最高的一族，每期均在20元左右。其中的《Vision青年視覺》定價為40元，為此類雜誌中最高的一本。三是多為中外合作或合資，一些還是外國名刊的中文版，如《時尚》是中美合作、《Elle世界時裝之苑》與《虹》是中法合作、《紅秀GRAZIA》為中義合作等。四是許多都有姊妹刊或屬於一個雜誌集團，如《時尚》還有《時尚家居》、《時尚BAZAAR》等，《瑞麗》還有《瑞麗伊人風尚》、《瑞麗可愛先鋒》等，《虹》還有《虹Figaro Girl》等。這裡需要說明的是，絕大多數外國著名雜誌的中國版，其內容都已經本土化。

目前，時尚雜誌這一市場新刊不斷湧現，已進入高度競爭狀態。且還不斷有外國著名雜誌再進入，繼*Vogue*之後，2009年初又有義大利時尚雜誌*GRAZIA*進入中國。另一個值得注意的地方是，新近這一領域開始出版以男性為讀者的期刊，如《時尚健康‧男士》、《名牌》等，這些男性雜誌許多也是中外合作的產物。


## 二、生活、休閒類雜誌

這裡所說的生活、休閒類包括生活、健康、運動、休閒等方面。大陸的生活、休閒類雜誌從內容看，有許多和時尚類相近。但它們較時尚雜誌更注重大眾化，在專業性、檔次與品味上往往有一定區別，雜誌的製作也不像時尚雜誌那樣豪華精製。此類雜誌讀者以城鎮普通

居民、機關職員、農村知識青年等為主。

　　大陸較著名的生活與健康類雜誌有《知音》、《家庭》、《女友》、《家庭醫生》、《現代服裝》、《都市生活》、《健康之友》、《時裝》、《都市主婦》、《CITY》、《城市畫報》、《現代生活用品》、《中外服裝》、《生活資訊》、《打工》、《媽咪寶貝》、《生活月刊》、《美容化妝造型》、《中國健康月刊》等。

　　這些雜誌絕大多數是以發行收入為主，走低定價、高發行量路線。這類雜誌的定價一般都在3.5～8元間，但發行量往往能達到幾十萬份，如《知音》、《家庭》、《人之初》、《家庭醫生》、《都市麗人》、《人生》等均超過70萬份。其中《知音》與《家庭》每期更超過100萬份，這兩個雜誌也都是中國大陸最受讀者喜歡的雜誌之一，並已衍生成為雜誌集團。這類雜誌有的廣告收入也較高，如《家庭》、《現代服裝》、《都市生活》、《健康之友》、《時裝》與《都市主婦》等都在2000萬元（300萬美元）以上。

　　知音傳媒集團是中國著名雜誌出版集團，地處中國中南部湖北武漢。現總資產達6.86億元（1億美元）、淨資產4.55億元（7600萬美元），2007年實現經營收入3.28億元（4800萬美元）、淨利7601萬元（1100萬美元）。知音傳媒集團擁有7種期刊（月發行總量達800萬份）、2份子報、4個子公司、1個網站、1所學院，業務涉及期刊出版、廣告經營、書刊發行、印刷製版、物業開發、網路媒體、動漫製作、高等職業教育等。母刊《知音》旬刊創辦於1985年（當時是月刊），目前每期發行量225萬份，位居中國大陸雜誌發行總排名前三位，世界綜合性期刊最新排名第五位。《知音》創辦人胡勛璧是中國雜誌出版界著名人物。當年他以3萬元人民幣啟動資金創辦該刊，創刊號發行了40萬冊。他現任知音傳媒集團總經理。目前，該集團正在進行上市的籌備工作。2009年3月，該集團被湖北省政府列為重點培

育的上市後備企業。

　　家庭期刊集團地處中國南部廣東省廣州市。母刊《家庭》（最初為月刊，現為旬刊）隸屬於省婦聯，創辦於1982年。目前每期發行95萬份。集團還擁有《孩子》、《風韻》與《私人理財》三個子刊、廣東女子職業技術學院及其他子公司，集團還投資圖書、網路、影視音像製作、光碟生產、房地產等領域。

　　運動休閒類雜誌是大陸近年較受歡迎的雜誌，較有影響的此類雜誌有《運動休閒》、《新體育》、《足球世界》、《體育博覽》、《圍棋天地》、《搏》、《運動精品》、《高爾夫Golf》月刊、《中華武術》、《乒乓世界》、《健與美》、《八小時以外》、《風景名勝》、《旅行家》、《中國國家地理》、《中國科學探險》、《人與自然》、《時尚·中國旅遊》、《直通VIP》、《旅遊天地》、《旅遊時代》、《華夏人文地理》、《文明》、《中國航空旅遊指南》、《西部旅遊》、《西藏旅遊》等。

　　這類雜誌也大致可分為高低兩檔。《搏》、《運動精品》、《高爾夫Golf》、《運動休閒》、《中國國家地理》、《直通VIP》等屬於較高檔雜誌，每期定價在15元左右，其中《高爾夫》最貴，每期定價40元。另一類為普通型雜誌，定價約在6元左右。

　　《中國國家地理》雜誌（CNG）創刊於1949年9月。最初叫《地理知識》，1998年改為現名，現位於北京，由中國科學院地理研究所和中國地理學會主辦。擁有中文簡體字、繁體字、日文與英文版，其中中文繁體版在臺灣、香港等大陸以外地區發行，日文版在日本。目前中國大陸簡體字版定價10元，每期發行量達80萬份，日文版每期發行53萬冊。目前，該雜誌正在籌備德語與法語版。此外，該雜誌還出版有《中國國家地理》影視版與《中國國家地理少年版》、《中華遺產》等雜誌，設立有中國國家地理中文網、中國國家地理青少網兩個網站，並開始通過手機、網路、電視等新媒體方式經營內容產業。該雜

誌組織成立有「世界華人地理學會」與中國國家地理基金會，目前正在建設中國國家地理博物館。《中國國家地理》雜誌的創辦人、現任社長李栓科是位優秀的科學家，曾經到過南極、北極與青藏高原。他現在還有兩個大心願，一個是把雜誌辦成和《美國國家地理》雜誌一樣大的規模與影響，另一個是登上珠穆朗瑪峰，成為到過世界「三極」的人。

## 三、財經類雜誌

　　財經雜誌是中國大陸另一個市場化程度較高的雜誌。如果說時尚雜誌主要以女性為主，則財經雜誌主要是男性讀者。目前著名的財經類雜誌有《財經》、《商界》、《IT經理世界》、《世界經理人文摘》、《證券市場周刊》、《環球企業家》、《中國企業家》、《銷售與市場》、《經理人》、《當代經理人》、《新財富》等。外國財經雜誌的中文版也頗受矚目，進入中國大陸的此類雜誌有《商業周刊》（*Business Week*）、《財富》（*Fortune*）、《哈佛商業評論》（*Harvard Business Review*, HBR）月刊、《福布斯》（*Forbes*）等。

　　財經雜誌多為月刊，也有部分是半月刊與周刊。每期定價一般為10～15元。發行量較好的一般在6萬份左右，優秀的在10萬左右。

　　創刊於1998年的《財經》雙周刊雜誌隸屬於在香港上市的財訊傳媒集團（股票編號0205.HK，該集團隸屬於中國證券市場研究設計中心），是目前中國大陸最著名且富於新意的財經新聞刊物。它擁有一批新聞界資深財經記者及青年新銳，並獲得中國著名經濟學家如吳敬璉、汪丁丁等的大力支持。雜誌堅持獨立與獨到的風格，反應敏銳、筆鋒犀利、觀點鮮明，在財經界乃至新聞界都具有較大影響。《華爾街日報》評價《財經》為「中國領先的金融出版物」，《南華早報》視其

為「深受尊重的刊物」。《財經》與世界許多著名同類媒體有合作關係，從2002年開始每年與英國《經濟學家》合作，出版其《世界》（年份）的中文版。自2007年起，《財經》連續兩年面向海外發行以「預測與戰略」為主題的英文年刊，邀請各國政府高層、一流經濟學家和企業高級主管發表文章。同時，《財經》已連續兩年在華盛頓舉辦《財經》年會海外專場，並在達沃斯和倫敦舉行中國經濟主題研討會。《財經》主編胡舒立女士為中國著名記者，2006年被《金融時報》和《華爾街日報》分別列入「中國最具影響力的專欄作家」和「亞洲最值得關注的十位女性」。除《財經》雜誌之外，財訊傳媒集團還擁有十幾種媒體，如《體育畫報》、《中國汽車畫報》、《動感駕馭》、《電腦時空》、《CIO》、《證券市場紅周刊》、《新地產》、《新旅行》等。該集團與多家國際公司有業務合作，包括Meredith Corporation、Ziff Davis Media、Mondadori等，集團的雜誌許多都是與這些公司合作的產物。該集團還與義大利Mondadori出版集團各投資1000萬合作成立了一家廣告公司。

《IT經理世界》性質與《財經》大體相同，但讀者主要以IT界人士為主，目前每期發行13萬份，由中美合資的中國計算機世界出版服務公司出版（參見第十三章第二節之一）。

在大眾類財經讀物中，發行量與影響力較大的要算《商界》。《商界》每期發行約35～40萬份，定價8元，由重慶市政府體改辦主辦，2006年，《商界》雜誌社移師北京。讀者從企業經營管理者、中小私營業主到機關幹部、普通職員、大中專學生、現役軍人等，非常廣泛。另一本《銷售市場》半月刊，讀者以經銷人員為多，也有一定發行量。

目前，已有多種外國著名財經雜誌進入中國大陸，創辦中文版。最早的是《商業周刊》，雜誌的製作與中國本土刊物基本相同，大16

開，以銅版紙彩色印刷，每期70餘頁，定價10元。新近比較引人矚目的是《哈佛商業評論》與《福布斯》。《哈佛商業評論》中文版正式創刊於2002年，與中國社會科學院文獻出版社合作出版，內容中文本土占30%，中文版跟英文版幾乎同步出版。每期定價為70元，是中國大陸所有同類雜誌中定價最高的一種，高出其他雜誌約七倍。即使這樣，依然受到歡迎，據BPA監測，2003年的月發行量已達6萬（無最新數據）。該刊還設有中文網站www.hbrchina.com，內容非常豐富。

　　《福布斯》中文版於2003年在香港創辦，具體代理經營者是香港十大富豪之一、恒隆集團主席陳啟宗所屬的智睿媒體集團。但讀者定位在大陸，定價是人民幣15元，完全比照大陸行情，目前主要是贈送。福布斯於2002年11月就已正式在上海設立新聞中心，協助《福布斯》中文版的編輯出版，其在中國大陸的訂閱和零售則通過中國圖書進出口總公司進行。福布斯還專門設立了中文網站（www.forbeschina.com），需要《福布斯》中文版的讀者，可以通過網路來申請贈閱。2009年1月，福布斯宣布，終止與原合作夥伴智睿集團合作，改與中國大陸的復星傳媒控股合作繼續出版《福布斯》雜誌中文版。復星傳媒控股為一家民營公司，是中國著名商業報紙《21世紀經濟報導》的投資者。而陳啟宗的智睿媒體集團代理經營有《福布斯》中文版、《哈佛商業評論》中文版、《信息周刊》中文版等多個國際知名媒體。

## 第三節　大眾雜誌出版（下）

### 一、新聞類與思想類雜誌

　　新聞類雜誌主要以各種新聞周刊為主。中國大陸最早的新聞類周刊是《瞭望》，由新華通訊社主辦。目前中國著名的新聞雜誌有《三

聯生活周刊》、《新周刊》、《新聞周刊》、《南風窗》、《新民周刊》、《瞭望》、《南方人物周刊》、《社會觀察》、《青年時訊》、《瞭望東方周刊》、《深圳周刊》與《鳳凰周刊》、《半月談》、《中國青年半月刊》等，這其中絕大多數是周刊。

這類雜誌主要集中在北京、廣東與上海三地，主辦者以新聞機構為多。如《半月談》、《瞭望》、《瞭望東方周刊》屬於新華社，《新聞周刊》屬於中新社，《青年時訊》與《中國青年半月刊》屬於中國青年報，《新民周刊》屬於文匯新民報業集團，《鳳凰周刊》屬於香港鳳凰衛視等。

從發行方面看，少數完全以郵局訂閱為主，多數是訂閱與市場銷售並重。《半月談》、《瞭望》是以郵局發行為主的雜誌，且以單位訂戶為多。其中，《半月談》的發行量達350萬份，居2007年中國大陸雜誌發行總排名的第二位。但該雜誌以國營機構訂閱為多。走市場發行、注重零售的雜誌有《三聯生活周刊》、《新周刊》、《新聞周刊》、《南方人物周刊》、《南風窗》、《新民周刊》、《青年時訊》等。從廣告收入看，走市場零售的雜誌廣告收入相對要好些。

《三聯生活周刊》、《新周刊》與《南風窗》是新聞雜誌中的佼佼者。《三聯生活周刊》的前身是中國著名新聞記者、出版家鄒韜奮在上世紀20年代創辦的《生活周刊》。目前的《三聯生活周刊》以文章視覺敏銳、評論個性鮮明為特徵，不喧囂，不低沉，不肆喜，不悲憤。既不迴避社會矛盾，同時也鼓勵讀者發現生活的樂趣，由此贏得極大的影響力與廣泛的讀者群。《三聯生活周刊》穩坐中國新聞類期刊的頭把交椅，無論廣告收入還是實銷率都在新聞類期刊中居於前列。該雜誌定價10元，自己對外公布的發行數量為36.5萬份。主編朱偉是中國傳媒界的著名人物。《新周刊》由廣東省出版集團、三九企業集團合辦。該刊以做讀者眼中暢快淋漓的「觀點供應商」自詡，以新銳和

不羈為特色，每年發布諸如「中國年度新銳榜」、「中國電視節目榜」和「中國城市魅力榜」等，引起讀者無數爭議與樂趣。《南風窗》為雙周刊，由中共廣州市委宣傳部主辦，創辦於1985年。雜誌以其大膽、客觀、權威的風格贏得讀者讚譽，被譽為「時代座標」、一份有責任感的雜誌。

中國大陸還出版有多種外文版新聞類雜誌。著名的如《北京周報》（*Beijing Review*）（英）、《今日中國》（*China Today*）（英）與《人民中國》（*People's China*）（日）等，它們都隸屬於中國國際出版集團。該集團出版包括英、法、德、西班牙、日、中等文版的五種紙質雜誌——《北京周報》、《今日中國》、《中國畫報》、《人民中國》、《中國報導》，同時辦有多個文版的網站（參見第二章第一節）。

中國的思想類雜誌約在10幾種，其中許多也是讀書類雜誌。著名的有《讀書》、《隨筆》、《萬象》、《書屋》與《炎黃春秋》等，這些雜誌文章體裁以論說、雜談、回憶為主，內容則以社會科學為主，也兼及其他領域，有些文章具政論性質。其中以《讀書》影響最大。《讀書》與《三聯生活周刊》同出一門，由三聯書店主辦，以「自由思想，人文關懷」為主旨，刊發之文彰顯著當代中國知識分子的理想與目光，代表著中國知識界的所想所思。《讀書》為32開，定價6元，發行量在10萬左右，為同類雜誌之最。由於其在中國知識界的廣泛影響力，它也因此成為眾多社會科學類圖書、特別是學術思想類書籍廣告的首選地之一。

## 二、學習與文摘類雜誌

在大眾類雜誌中，學習類、文摘類雜誌也是擁有較多讀者的刊物。大陸的學習類雜誌可以包括知識、青年讀物與科普等內容，這類

圖3.5　《讀書》創刊號
（圖片提供：沈昌文先生）

雜誌包括《世界博覽》、《世界知識》、《環球》、《演講與口才》、《艦船知識》、《無線電》、《兵器知識》、《Newton科學世界》、《科學》（*Scientific American*）中文版、《科幻世界》、《農村百事通》、《中國青年》、《深圳青年》、《遼寧青年》、《英語世界》、《英語學習》、《大學英語》、《空中英語教室》、《英語廣場》、《英語通》等。此類雜誌中，許多以定位獨特、文章針對性強而受到讀者喜愛。像位於中國東北吉林省長春市的《演講與口才》半月刊，發行量達44萬份；北京的《世界博覽》，發行量28.6萬份。《英語學習》與《英語世界》都是中國大陸創辦較早、影響一直很大的英語學習雜誌，《空中英語教室》則是在臺灣擁有悠久歷史、近幾年進入大陸的、目前非常活躍的一個新成員。另一個後起之秀《英語通》，發行量一躍為英語學習類雜誌之首，達45萬份。

中國大陸的著作權法規定，在報紙、雜誌上發表的作品，如果作者不同時聲明「未經授權不得轉載」，則其他報刊就不必先取得授權即可轉載，但必須支付報酬（注意：這種轉載只限報刊間）。因此，中國大陸的文摘類雜誌較多，這類雜誌也一直有非常多的讀者。影響較大的此類雜誌有《讀者》、《青年文摘》、《特別關注》、《閱讀文摘》、《東南西北》、《青年博覽》、《海外星雲》、《黨員文摘》等。其中《讀者》、《特別關注》、《青年文摘》發行量均在100萬以上。

中國大陸最著名的文摘雜誌是《讀者》，該雜誌編輯部地處中國西北甘肅蘭州。它的發行量位居中國雜誌發行總排名的第一，亞洲期刊排名第一，世界綜合性期刊排名第四。2007年每期發行量為420萬份。《讀者》為半月刊，每期定價4元。除了母刊外，它還擁有《讀者‧原創版》（發行量45萬份）、《讀者‧鄉村版》、《讀者欣賞》、《讀者‧維文版》、《讀者‧盲文版》等子刊。《讀者》創辦人彭長城，是中國雜誌出版界的著名人物。2006年1月，《讀者》雜誌社與甘肅人民出版社聯合成立了讀者出版集團有限公司。另一暢銷文摘雜誌《青年文摘》半月刊由位於北京的中國青年出版社出版，每期定價4元，2007年每期發行量近130萬份。《特別關注》創刊於2000年，由湖北日報報業集團主辦，以中年男性為主要讀者。為文摘類雜誌後起之秀，2007年的發行量為233.7萬份。

2008年1月，美國讀者文摘雜誌與中國上海的普知雜誌社合作，推出了《普知Reader's Digest》月刊。該刊採用版權合作方式，約60%的內容取自美國*Reader's Digest*，其餘為中國本土。內容既有文摘，也包括原創，雜誌定價8元。這是這家國際著名雜誌正式進入中國大陸，此前，該雜誌已在香港出版有《讀者文摘》中文版。而普知雜誌社隸屬於上海新聞出版發展公司。

## 三、文藝、少兒類雜誌與畫刊

　　隨著人們生活形態日益多元化，文學藝術及諸多文化類雜誌——這些昔日的雜誌寵兒、現在的生存空間普遍被大大地壓縮，無論是影響還是發行量，都越來越小。按照過去的傳統習慣，中國大陸每個省分的作家協會、文聯一般都辦有一種甚至多種文學雜誌，目前此類雜誌仍有數百種之多。在市場化的衝擊下，少數質量較高、讀者認可的雜誌經營較好，多數雜誌則是處在維持生存狀態，企業贊助成為許多雜誌存在的唯一因素，一些質量平平的雜誌或改變了辦刊路線，或停刊。

　　中國大陸的文學雜誌習慣上分為嚴肅與通俗兩大類。目前具有一定影響的嚴肅文學雜誌有《收穫》、《當代》、《人民文學》、《中國作家》、《詩刊》、《星星詩刊》、《劇本》、《中華詩詞》、《十月》、《鍾山》、《大家》、《解放軍文藝》、《台港文學選刊》、《譯林》、《國外文學》、《散文》、《小說月報》、《小說選刊》、《中篇小說選刊》、《小小說選刊》、《雜文選刊》等，這些雜誌多是月刊或雙月刊。

　　中國大陸目前發行量最大、也最具影響力的文學雜誌是《收穫》雙月刊。該雜誌以刊登各類小說為主，由上海作家協會主辦，每期發行量超過10萬份，定價12元。該刊還有一個特點，從不刊登廣告。此外，由中國作家協會主辦、隸屬於中國作家出版集團的《人民文學》、《中國作家》、《詩刊》、《小說選刊》等也都有較大影響。《譯林》雙月刊與《國外文學》季刊是翻譯介紹外國文學作品的雜誌，其中《譯林》是翻譯當代外國文學作品最多、影響最大的一種，由位於江蘇南京的譯林出版社出版。

　　中國大陸的各類通俗文學雜誌目前約數10種，代表性的有《故事會》、《今古傳奇》、《山海經》、《民間故事》、《上海故事》、《故事大

王》、《龍門陣》、《佛山文藝》、《章回小說》、《武俠故事》、《通俗文學選刊》等。這類雜誌主要以刊登古今中外的各類故事、傳說、傳奇、笑話為主，讀者是普通大眾，特別是鄉鎮讀者與學生，雜誌的定價也較低，一般在3元左右。一些雜誌因內容生動有趣、雅俗共賞，而廣受歡迎，發行數量也非常大。這其中又以《故事會》、《今古傳奇》最引人矚目。

《故事會》半月刊由上海故事會文化傳媒有限公司主辦，2007年每期發行量達245萬份，居當年中國大陸雜誌發行總排名第三，為中國通俗文學雜誌發行量最大的雜誌。雜誌開本為32開，每期定價3元。上海故事會文化傳媒有限公司擁有包括《故事會》在內的4種雜誌及「故事中國」網站（www.storychina.cn），並從事圖書出版、新媒體、圖文設計、廣告營銷等業務，年收入近1億元（1500萬美元）。

《今古傳奇》隸屬於今古傳奇報刊集團，地處湖北武漢。其母刊《今古傳奇》是一份暢銷的通俗雜誌，目前集團已擁有《今古傳奇》單月刊、雙月刊、故事版、言情時代版、武俠版（半月刊）、文摘版、《湖北畫報》、《戲劇之家》等8種雜誌及1種報紙，各類期刊月發行總量近360萬冊。集團並擁有自己的發行公司、廣告公司、印務公司與文化發展公司等子公司，集團總經理兼總編輯舒少華是中國著名的雜誌出版人。

中國大陸的藝術雜誌約在140種左右，涉及到藝術的各個門類。代表性的有《看電影》、《大眾電影》、《世界電影》、《電影文學》、《電視劇》、《中國京劇》、《戲劇藝術》、《曲藝》、《舞蹈》、《愛樂》、《歌曲》、《歌劇》、《輕音樂》、《甲殼蟲》、《喜劇世界》、《中國音像》、《美術》、《美術大觀》、《世界美術》、《雕塑》、《中國油畫》、《書法》、《中國攝影》、《人像攝影》、《棋藝》、《收藏家》、《藝術世界》、《外國文藝》等等。

這些雜誌許多都曾經或依然是各藝術領域最權威的雜誌。如《大眾電影》曾是中國最受歡迎的電影雜誌，由它主辦的「大眾電影百花獎」今天仍是中國最重要的電影獎項之一。但現在影響最大的電影雜誌卻是後起之秀《看電影》。其他如《美術》是最權威的美術類雜誌，《曲藝》是曲藝領域最主要的雜誌等。

中國大陸的各類少兒類雜誌有數百種之多。發行量較大的有《小學生導讀》、《小學生時代》、《小學生天地》、《當代小學生》、《第二課堂》、《中學生天地》、《中學生》、《故事大王》、《小朋友》、《新少年》、《中學時代》等。不過，這些雜誌中，有許多是由省級教育部門主辦，由學校組織訂閱，發行範圍也都是本省內，多數屬於非市場發行，這也是《小學生時代》、《小學生導讀》等雜誌發行過百萬的主要因素。

中國大陸有50種畫刊，它們可分為新聞、文化娛樂與漫畫三大類。新聞類有《人民畫報》、《上海畫報》、《民族畫報》、《解放軍畫報》等，文化娛樂類有《城市畫報》、《環球銀幕畫刊》、《世界知識畫報》等，漫畫類有《漫畫派對》、《幽默大師》、《米老鼠》、《漫畫大王》、《漫友》、《連環畫報》、《漫畫月刊》、《中國卡通》、《幼兒畫報》等。三類雜誌中，市場化程度較高的是文化娛樂與漫畫雜誌。編輯部位於雲南的《漫畫派對》與位於浙江杭州的《幽默大師》，發行量分別為60萬與近40萬份，是銷售量最高的兩本漫畫雜誌。編輯部位於北京、由中美合資出版的《米老鼠》發行量為35萬份，居少兒漫畫雜誌發行量之首位（參見第十三章第三節之二）。而《幼兒畫報》的發行量為38萬份。近年較引人矚目的還有《漫友》雜誌，其隸屬於漫友文化，漫友文化擁有近10種漫畫雜誌，並出版有多種漫畫系列圖書，還擁有漫友網（www.comicfans.net）、OACC華語動漫盛典（金龍獎）、中國原創漫畫排行榜等。

## 四、電子資訊類雜誌

由於讀者的日益廣泛，電子資訊類雜誌已被人們習慣視為大眾讀物，而非專業雜誌。中國大陸目前的各種電子資訊類雜誌達上百種，發行量較大的有《微型計算機》、《中國計算機用戶》、《互聯網周刊》、《微電腦世界》、《個人電腦》、《電腦愛好者》、《新電腦》、《數字世界》、《電子商務世界》、《電腦》、《大眾軟件》、《軟件世界》、《電腦採購周刊》、《家用電腦與遊戲》、《軟件與光盤》、《中國金融電腦》、《網絡通信世界》、《數字商業時代》、《INTERNET信息世界》、《世界寬帶網絡》、《數碼精品世界》、《計算機》、《電腦高手》等。

由於電腦的普及、產業發展的遠大前景等因素，使得這一類雜誌的廣告收入也較高，目前位於時尚、財經、行業雜誌之後。此類雜誌多由科研機構、電子公司主辦，發行出色的一般可以在10萬份以上。像《微型計算機》目前的期發行量達30萬份，《電腦》雜誌達15萬份。此類雜誌還有一個特點，就是許多雜誌都隸屬於一個大型IT報刊集團。如《數字世界》、《電子商務世界》屬於《電腦報》集團，《中國計算機用戶》、《軟件世界》屬於賽迪媒體集團。這些大型IT媒體集團都在中國電子資訊期刊中占有重要位置。

《電腦報》集團位於中國西南部的重慶，擁有4報20餘刊。品牌期刊《電腦報》連續十年保持全國電子和電腦類報紙發行量第一，2007年的發行量達75萬份。而《電腦報合訂本》每年發行量更是超過125萬套。賽迪媒體集團旗下擁有《中國計算機報》、《中國計算機用戶》等16種報刊，另有賽迪網（www.ccidnet.com）等多個知名專業網站，為中國IT界最有影響的媒體集團之一。賽迪媒體集團隸屬於國營的賽迪集團（即中國電子信息產業發展研究院），該集團擁有賽迪傳媒、賽迪顧問二個上市公司及賽迪時代等多個IT類高新技術企業。

# 第四章

# 中國大陸的音像、數位出版與
# 行業媒體、出版研究

# 第一節　音像出版業

## 一、基本情況

本書所說的音像製品主要指CD、DVD、VCD、錄音帶、錄影帶等出版物。其所呈現的內容主要為錄音與錄影作品，主要通過音頻與視頻方式感知（參見本章第二節所述數位出版業的相關概念）。根據新聞出版總署《中國新聞出版統計資料彙編2008》統計，截止到2007年底，中國大陸共有音像出版單位363家，其中獨立的專業音像出版單位（只出版音像製品的）約250家，其餘100多家為圖書出版社設立的音像部。共出版錄音製品1.53萬種，發行了2億盒（張）。出版錄影製品1.66萬種，發行了2.36億盒（張）。近年的銷售額約在30～35億元（4～5億美元）。

中國大陸的音像出版機構多數規模不大。從總資產看，以資產在1000萬以下的數量最多，約占總數的60%。其次是1000～5000萬的數量為80家左右，占總數的約30%。資產超過5000萬的有近30家，占總數的10%。

從出版產品的內容分類，大陸音像出版社以出版文藝產品的公司數量最多，約占總數的近50%；其他依次為教育、社科與科技類。從產品的市場商業需要看，文藝音像製品是最市場化的一類，屬於大眾產品。近些年，教育類產品的市場需求大幅增多，此類產品的份額已占到市場的1/3。中國大陸音像製品的價格較低。一張CD的銷售價約在20元，卡帶約8～18元，VCD為10～28元，DVD為15～30元。總體

看，價格約是美國的1/5～1/8。

在產品規模與結構方面，大陸音像產品載體形態目前主要有四種，即卡帶AT、CD、VCD與DVD。2006年它們所占的市場份額是：VCD與卡帶AT所占份額最大，分別占總量的36%與33%，占了絕大部分市場；第三是DVD，約占市場的20%，CD為11%。

圖4.1　2007年中國大陸音像市場產品結構示意圖

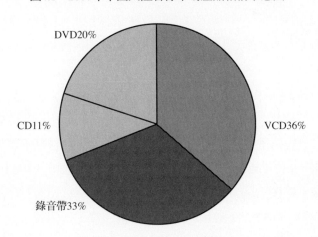

中國大陸音像產品結構之所以與歐美國家有一些區別，主要是與大陸民眾的消費水平及電子產品硬體的發展程度有關。中國在還沒有進入錄影機普及階段，就遇到了VCD這一產品，它雖在歐美國家不是錄影帶的換代產品，但在中國卻得天獨厚。因為VCD播放機的價格比錄影機低很多，且很快就進入到成千上萬個家庭；而另一個在中國迅速普及的產品——電腦，也可以播放VCD，這些都為VCD的大量生產奠定了基礎。不過，近幾年，隨著DVD播放機的全面普及，VCD的數量正大幅減少，DVD將很快取代VCD的位置。至於盒帶的份額大於CD，一是因為卡帶的價格低於CD，二是人們擁有的各類攜

帶型答錄機的數量遠遠大於攜帶型CD播放機；目前，錄音帶的購買人群以鄉鎮顧客、學生為主，數量龐大；而CD的消費者主要是城市青年，數量比前者少得多。但近幾年來，CD的銷售數量也在大幅攀升。

近十幾年來，中國大陸音像出版業的發展呈波浪形狀。這可以20世紀90年代中期為線，之前，中國的音像出版業一直存在大幅上升階段。之後則開始走下坡路，到2000年進入了最低靡時期。目前，景氣勢頭又開始回升。2005年，音像業發行量達到近5億張（盤），銷售額達36億元（5億美元），為近十年來的最高峰（王炬：《音像產業發展報告》）。

從音像製作、出版的總體實力看，國營機構顯現出弱勢，民營機構則正迅速崛起。如原創製作，據王炬統計，目前中國大陸簽約歌手中，有70%是與民營製作公司簽約，而當紅歌手更是幾乎都與民營公司簽了約。在製作發行方面，也是民營實力大於國營。和圖書、報刊出版比較，中國大陸音像出版在行業規範、人員專業素質等方面都有一定的不足。如缺乏高級管理人才與策劃人才，行業運行尚不夠規範等，此外，盜版對音像出版的衝擊也極為嚴重。

為鼓勵出版優秀音像製品，中國大陸設立有多種出版獎項，最權威的是新聞出版總署設立的中國政府出版獎。為提供較完整的資訊服務與產業紀錄，中國音像協會還不定期編輯出版《中國音像年鑒》。

## 二、出版公司與發行公司

中國大陸的音像出版按業務流程也可大致分為上、中、下游三部分，上游為製作與出版、中游為複製、下游為批發與零售。這三大領域基本上是由四類機構在運作，這四類機構是製作公司、出版公司、

複製公司與製作發行公司。上游的製作與出版多是由不同的兩類公司獨立進行的。製作部分絕大多數為民營公司包辦，出版社運作的很少。這些製作公司多是各類音樂工作室，它們與歌手、作曲家簽約，將各類原創作品製作成型（多為母版）後，再交給出版公司出版。這些公司一般不參與出版、複製與發行工作，但會參加發行中的宣傳促銷活動。目前大陸歌手特別是著名歌手幾乎都是與民營公司簽約。

　　上游中的出版業務，理論上都是由正式的國營音像出版社進行，這些出版社同時還對所出版的產品進行總批發。但事實上，目前一些下游的發行公司，不僅從事總發行業務，也已進入到上游的出版業務領域。但由於它們不能獨立從事出版業務，於是就與有出版業務許可的國營出版公司合作出版，取得版號。這些公司絕大多數為民營，實力都很強大，只是它們在名義上還不能冠上「出版公司」字樣。這些公司在音像行業一般被籠統地稱為「製作發行公司」，也就是本書第五章第一節之二中提到的民營文化公司，其業務也被籠統地稱為製作發行業務。但實際上這些公司多數並不進行原創作品的最初製作。音像業的中游複製業務主要由複製公司承擔，不過許多大出版公司及複製發行公司也擁有自己的複製公司。下游的發行公司，具有一定規模與實力的都已成為製作發行公司，純粹從事發行的大型公司幾乎沒有。

　　在上述四類公司中，每個領域都已有一批較有影響的機構。製作公司方面，名聲較大的有麥田音樂製作公司、摩登天空唱片、星工場音樂製作公司、麒麟童文化傳播有限公司、大地唱片、竹書文化、京文音像、金輪唱片、上海新星座音樂製作有限公司、正大國際音樂製作中心、北京傲旗音樂、天星文化娛樂有限公司、新蜂蜜音樂製作有限公司、華友世紀、華誼兄弟等。這些公司人數多在10位左右，最主要的業務就是發掘歌手與推出原創作品。

在出版公司方面，近年營業額超過1000萬元以上公司約在20家左右，其中以教育類產品為主的出版單位占了50％。目前較有影響的出版公司有中國唱片總公司、太平洋影音公司、上海聲像出版社、江蘇電子音像出版社、中國錄音錄影出版總社、中國國際電視總公司、中國音樂家音像出版社、北京文化藝術音像出版社、中影音像出版社、九州音像出版公司等。

中國唱片總公司是中國規模最大、歷史最悠久的國家級音像出版機構，成立於1949年，總部設在北京，擁有上海、成都、深圳、廣州分公司，並有北京唱片廠、中唱音像製作中心、中唱華夏演出有限公司、《音像世界》雜誌社、中唱音像公司、中唱音樂網台公司、上海聯合光盤有限公司等眾多下屬企業，全公司有員工3500人。中唱擁有實力強大的專業製作隊伍及先進、完備的技術設備，近六十年來，總計出版各類音像製品品種約6萬個片（盒）號，總發行量高達10億多張（盒），包括藝術的各個門類。中唱目前存有珍貴的母版（原版母帶）共12萬塊（條），其中五十年前的民樂等孤品與珍品節目母版4萬餘塊，是中國保存音響資料品種最全、數量最多、也最具權威的音像出版公司。

太平洋影音公司與上海聲像出版社分別位於廣州與上海。太平洋是新中國第一家擁有整套國際先進水平、全新錄音錄影設備和音像製品生產線的綜合音像出版企業。在廣州流花湖畔擁有一座1萬多平方米的影音綜合大樓，出版有中國第一盒身歷聲錄音帶、第一張CD、第一套中國錄影集等，擁有許多中國音像出版的第一。上海聲像也是集音像製作、出版、複製和發行於一體的綜合性大型音像出版單位，在中國音像市場享有盛譽。此外，隸屬於中央電視臺的中國國際電視總公司，因為有豐富的節目資源而成為近年發展較快的公司。

在製作發行公司方面，近年已產生許多實力較強的大型公司，如

廣東中凱文化發展有限公司、廣州俏佳人公司、廣東飛仕、孔雀廊唱片公司、廣東偉佳音像製品有限公司、廣州衝擊波音像實業有限公司、廣州藝洲人文化傳播有限公司、廣東飛樂影視製品有限公司、廣州鴻翔音像製作有限公司、天津泰達音像發行中心、東莞市東方紅影視製作有限公司、惠州東田音像有限公司、三辰影庫卡通、星文文化傳播有限公司、天藝音像公司等。這些公司絕大多數為民營，它們通過與國營音像出版社結盟而開展出版業務。許多公司在全國都有密布的發行網絡，擁有多個分支機構、多家複製公司等。除發行與出版外，業務還包括音像影視等領域。這些公司多數總部設在廣東。其中廣東中凱、俏佳人、廣東飛仕、三辰影庫卡通、廣州衝擊波等都已成為中國大陸音像界的著名企業。

廣東中凱在全國各大省市均設有分公司或辦事處，在北京與九洲音像出版公司合營成立有北京九洲中凱文化發展有限公司，開展出版與版權業務；在香港也設立有分公司。公司擁有包括電影電視劇兒童百科戲曲音樂等近5000小時的節目，發行的代表作品包括《無極》、《亮劍》、《孔雀》、《漢武大帝》、《笑傲江湖》、《大宅門》、《康熙王朝》、《情深深雨濛濛》、《河東獅吼》、《青澀戀愛》、《周漁的火車》、《無間道》、《黑俠Ⅱ》等數百部影視劇VCD與DVD，成為中國音像市場的領先者。

俏佳人、廣東飛仕等的經營方式與規模都與廣東中凱類似，俏佳人目前每年推出影視作品700多部，約6000餘小時；廣東飛仕擁有各類音像產品2000多種，曾以中國有紀錄以來的音像版權最高價1780萬元在拍賣會上買下電影《英雄》VCD與DVD的國內音像版權。三辰影庫卡通集團以開發本土卡通著名，它隸屬於三辰影庫音像電子連鎖租賃有限責任公司。該公司的業務則跨越音像出版、電子出版、文化娛樂和教育業。三辰影庫卡通集團製作的卡通節目目前已占到中國大陸

同類產品的一半以上，代表作《藍貓淘氣3000問》在包括中央電視臺及臺灣的東森電視臺等數十家電視臺播放，相關圖書發行量也極大。三辰公司為卡通創作等的投資已達數億元。

## 第二節　數位出版業

本書所講的數位（電子）出版主要包括兩個方面：一是通過閱讀器向讀者提供數位作品，既包括通過電子書閱讀器提供，也包括通過讀取固體電子出版物（如唯讀光碟 CD-ROM、互動式光碟 CD-I、DVD-ROM等）提供；第二是通過網路向讀者提供數位作品，即通過互聯網傳播數位內容的過程。但這裡主要限於網路電子書刊的提供，不包括新聞性質的內容（如報紙的網路版）。換言之，本文涉及的範圍主要是電子書與網路書刊出版產業，不包括音像製品（參見本章第一節）。

據新聞出版總署公布的數據，2007年，中國大陸有電子出版物出版單位228家，出版電子出版物約8700種，複製產品1.36億張。這些數位產品的一個重要特徵是相當多數都是由上述公司直接開發的，作品原創比率高。但事實上，從事數位出版的單位，早已跨越傳統出版機構範圍，所以，實際數量要比官方公布的多些。而且，就產品的數量與生產規模看，主要供應商反而不是傳統的出版者，而是行業以外的新面孔──數位出版產品運營商。

中國大陸目前的數位出版的運行模式是，數位出版運營公司（多數為IT公司）從傳統圖書、報刊出版公司或其他著作權人手裡取得作品版權，然後將所得到的作品數位化（有些直接得到數位化作品），再提供給讀者（終端用戶）。在這一模式中，傳統的出版公司只是一個作品的原始提供者。數位出版運營公司與傳統出版公司在數位出

領域的最大區別有兩點，第一，前者所提供的產品皆來自後者，前者
多數不直接組織原創作品。而後者要先組織原創作品通過紙介質出
版，同時又可提供這些作品的數位作品。第二，前者提供的數位作品
來自眾多傳統出版公司，而後者所提供的數位作品除自己擁有的外，
幾乎不涉及其他傳統出版公司。

　　據《中國數字出版年度報告》，2006年，中國大陸的數位出版產
業整體收入規模為213億元，2007年為362.42億元，2007年比2006年
整體收入增長了70.15%。其中，電子圖書的收入達2億元，互聯網期
刊和多媒體網路互動期刊的收入達7.6億元。其他還包括了數位報紙
（含網路報和手機報）收入10億元，博客9.75億元，在線音樂1.52億
元，手機出版（含來電答鈴、手機鈴聲、手機遊戲、手機動漫）150
億元，網路遊戲105.7億元，互聯網廣告75.6億元。該報告還預測，
2008年底，中國數位出版產業的收入規模將達到530億元。

## 一、電子書產業

　　目前，中國大陸從事電子書營運的數位出版公司有數十家，但規
模大的主要是北大方正（方正阿帕比）、中文在線、超星公司、書生
公司等幾家。中國544家傳統圖書出版公司約有90%開展了電子圖書
出版業務，出版的電子圖書總量累計達到了50萬種。2007年，中國電
子圖書出版了40萬冊，比2006年增長60%；產業規模達到2億元，比
2006年增長33%。

　　在幾大公司中，目前影響較大的是北大方正（方正阿帕比），該
公司於2000年開始涉足此業務，並通過利用自己的技術幫助傳統出版
公司實現數位出版來取得這些公司的數位作品版權。依該公司對外發
布的數據，它已得到版權的電子圖書達50萬種、數位報500種，並通

圖4.2　中國總理溫家寶向劍橋大學贈送方正阿帕比電子書

過數位出版發行平臺向全球超過3800家的圖書館、中小學等機構提供
數位書報刊服務，並提供手機移動閱讀服務。中文在線公司 2000 年
成立於清華大學，每年取得數位圖書 2 至 4 萬種。客戶主要為國內中
小學圖書館，中文在線還通過與 SP 、移動運營商和手機廠商的合
作，向手機等手持終端用戶提供數位內容。超星公司（www.ssreader.
com）起步最早，成立於1993年，2000年公司推出品牌產品──「超
星數字圖書館」。根據該公司公布的數據，目前他們已取得近30萬作
者的圖書作品授權。北京書生公司（www.du8.com）以自己研製的sep
格式提供電子圖書產品，該公司也從事電子業務。

表4.3　中國大陸四大電子書公司一覽表

| 公司名稱 | 業務範圍 | 主要用戶 | 產品特性 |
|---|---|---|---|
| 方正阿帕比 | 電子圖書、數位報刊、手機業務、年鑑、工具書、在線業務等 | 圖書館和企業等機構、個人、手機用戶、海外用戶等 | 由排版文件直接轉換，顯示效果好，二次開發性強 |
| 中文在線 | 電子圖書、在線業務、手機業務等 | 中小學圖書館、個人與手機用戶等 | 掃描圖書、文本轉換均有 |
| 超星公司 | 電子圖書、傳統圖書等 | 圖書館、大學等機構為主，個人 | 以掃描圖書為主 |
| 書生公司 | 電子圖書 | 圖書館、大學等機構為主 | 以掃描圖書為主 |

圖表來源：鄭偉

## 二、互聯網期刊出版業

據李廣宇執筆的《2007-2008中國互聯網期刊出版產業報告》推算，2006年中國大陸傳統期刊互聯網出版收入約4億元，年增長率約為33.3%；2007年收入超過6億元，年增長率為50%，預計2008年將增至7億元左右。目前，中國大陸多媒體期刊的經營模式多為免費發放（只有為數幾家實行有償收費下載），主要盈利模式以廣告為主。

中國大陸傳統期刊的互聯網出版始於20世紀90年代中期。目前相關業務主要集中在幾家大型數位出版商，其中又以清華大學中國學術期刊（光碟版）電子雜誌社和中國知網（北京）技術有限公司（以下簡稱中國知網）、萬方數據科技有限公司（以下簡稱萬方數據）、重慶維普資訊有限公司（以下簡稱維普資訊）及龍源期刊網（以下簡稱龍源期刊）四家最為著名。這「四大」占據了市場的絕大部分份額，其生產能力、規模都超出尋常。

中國知網（www.cnki.net）由清華大學、清華同方公司發起建立，以國家知識基礎設施（National Knowledge Infrastructure, CNKI）的概

念為號召。世界上全文資訊量規模最大的「CNKI數字圖書館」，中國知網目前收錄的自然科學類期刊超過4400種，社會科學類期刊2500種，非學術類期刊收錄1530種，總計約8500種。依據該網對外公布的數據，它目前擁有機構用戶逾6000家，擁有個人用戶143萬，通過機構使用的最終用戶超過2000萬。即時在線人數超過3萬，年下載文獻15億篇。萬方數據網（www.wanfangdata.com.cn）由萬方數據公司營運，主要收錄以有CN號的國家正式出版物為基礎，以科技類期刊為主，科技類核心期刊為重點。目前可提供的文獻量超過1000萬篇。重慶維普資訊有限公司的主導產品是《中文科技期刊數據庫》，收錄中文期刊12000餘種，全文2300萬篇，引文3000萬條，分三個版本（全文版、文摘版、引文版）和8個專輯。公司中心網站為「維普資訊網」（www.cqvip.com），註冊用戶數300餘萬，目前年度下載量約為800萬篇。龍源期刊網（www.qikan.com.cn）的期刊類別幾乎涵蓋了綜合性社科人文大眾類期刊的所有類別，共分18大類，3000餘種期刊。依據該公司公布的數據，2007年度網站的總閱讀流量1.9億頁面，日均訪問人數100萬以上。

　　四家出版商中，中國知網市場規模最大，銷售收入高速穩定增長，實現了比較強的創收能力。萬方數據、維普資訊的增長速度較為平穩，龍源期刊發展速度很快。

　　在使用作品收入方面，上述公司的收費方式主要包括鏡像站版、網上包庫、按流量計費三種。其中，鏡像站版收入最多。中國知網2007年鏡像站版收入為1.7億元，占年度銷售收入的比例為67％，維普資訊2007年鏡像站版收入為3150萬元，占年度營業額的90％。網上包庫居次，中國知網2007年包庫收入為8000餘萬元，網上包庫收入占年度銷售收入的比例保持在30％左右；維普資訊2007年包庫收入為175萬元，占年度營業額的5％；龍源期刊2007年包庫收入3100萬元，

表4.4　中國大陸四大互聯網期刊公司年度銷售收入一覽表

單位：億人民幣

| 出版單位<br>銷售收入<br>年度 | 中國知網 | 萬方數據 | 維普資訊 | 龍源期刊 |
|---|---|---|---|---|
| 2006年 | >2 | 2 | >0.3 | 0.18 |
| 2007年 | 3 | 2.2 | 0.35 | 0.39 |

資料來源：《2007-2008年中國數字出版產業年度報告》

占銷售收入的80％。按流量計費，各家均不超過6％。

## 第三節　行業媒體與組織

### 一、出版行業媒體

　　中國大陸出版行業的專業媒體很多，形態以報紙、專業雜誌及網路為主。目前出版的各類出版專業報刊約50種，其中影響最大的是一報（《中國圖書商報》）一刊（《出版人》）。大陸較有影響的出版類報紙有《中國圖書商報》、《中國新聞出版報》、《中華讀書報》、《文匯讀書周報》、《出版商務周報》、《新書報》與《中國書報刊博覽》等，其中以《中國圖書商報》最知名。該報隸屬於中國出版集團，為周二刊，是目前全球華文出版業中資訊最全備、最快捷的專業報紙，以出版、發行業為主，也是出版業廣告的首選媒體。它每周還出版有《書評周刊》等專刊。該報的創辦人為大陸知名媒體人程三國先生（2004年離開），是他把該報推向中國出版領域最有影響的行業資訊媒體位置。該報目前的總編輯孫月沐也是出版媒體資深人士。《中國新聞出版報》是新聞出版總署主管的行業報紙，《中華讀書報》與《文匯讀書

周報》屬於讀書類資訊報紙，以學界與出版界為主，這三份報紙在出版業也都有一定知名度。《出版商務周報》由中國多家出版、發行集團共同投資主辦。該報以國際出版資訊見長。總編輯歐紅小姐為出版領域知名媒體人。該報設立的網站（www.cptoday.com.cn）還以中文、英文雙語提供出版資訊。

　　大陸出版類雜誌種類很多，圖書、報刊、電子與網路等都有各自的專業雜誌。其中較有影響的有《出版人》、《出版參考》、《出版發行研究》、《中國出版》、《中國編輯》、《出版廣角》、《中國音像》、《出版科學》、《科技與出版》、《編輯之友》、《中國圖書評論》、《出版業》、《全國新書目》、《中國圖書在版編目快報》等。《出版人》、《出版參考》與《出版廣角》屬於新聞資訊類雜誌，前兩種為半月刊，後者為月刊。其中，以《出版人》影響最大。該刊由湖南出版投資控股集團主管，湖南教育出版社主辦，中廣報刊出版發展中心協辦，於

表4.5　中國大陸重要出版類媒體一覽表

| 名稱 | 主辦者 | 刊期 | 特點 |
|---|---|---|---|
| 《中國圖書商報》 | 中國出版集團 | 周二 | 中國出版界最權威的行業報紙，另設子報《書評周刊》單獨發行 |
| 《中國新聞出版報》 | 中國新聞出版總署 | 周五 | 以宣導政令，報導新聞出版全行業資訊為主，每月隔周出版《書情》、《印務》彩色周刊 |
| 《中華讀書報》 | 光明日報報業集團、中國出版工作者協會 | 周 | 以讀書界與出版界為主要對象 |
| 《文匯讀書周報》 | 上海文匯新聞聯合報業集團 | 周 | 以讀書界、出版界為主要對象，側重於人文科學，4開32版 |
| 《出版商務周報》 | 四川新華文軒集團等 | 周 | 側重出版產業經濟報導 |
| 《出版人》 | 湖南教育出版社 | 旬刊 | 報導出版資訊為主，與美國《出版商周刊》有合作 |
| 《出版參考》 | 中國版協國際合作出版促進會、中國出版科學研究所 | 半月 | 以資訊豐富為特色，面向整個華文出版業 |

注：前五種為報紙，後兩種為雜誌。

2004年9月創刊，出生雖晚，卻後來居上。《出版發行研究》與《出版科學》以理論研究見長；《傳媒》、《中國音像》分別側重於報刊、音像出版資訊報導。《全國新書目》與《中國圖書在版編目快報》都是純書目類資訊，均為新聞出版總署信息中心主辦。《出版業》由中國人民大學書報資料中心出版，屬於出版類文章選刊。

　　除上述專業資訊外，中國大陸還有許多與出版關係密切的讀書類雜誌。較知名的有《讀書》、《萬象》、《書屋》、《書城》、《書與人》、《書緣》、《書摘》、《中外書摘》等。這些雜誌也經常刊登出版資訊與廣告，特別是《讀書》，因在中國知識界具有廣泛影響，所以，也成為眾多社會科學類圖書、特別是學術思想類書籍廣告的首選地之一。此外，一些連鎖書店、圖書俱樂部、出版集團等也辦有自己的雜誌，有一定知名度的如上海世紀出版集團的《文景》、中圖讀者俱樂部的《中圖讀者俱樂部》等。

　　1949年以來的六十年裡，中國大陸出版的各種出版類書籍約在1800種左右。除眾多專著譯著外，還包括《中國大百科全書·新聞出版卷》、《中國當代出版史料》、《中華人民共和國出版史料》、《高等院校圖書發行專業使用教材》、《中國出版通史》等多部大型教育、工具與研究類叢書。從1980年起，中國出版工作者協會每年編輯出版《中國出版年鑒》。此外，有關單位還出版有《中國期刊年鑒》、《中國新聞年鑒》、《中國音像出版年鑒》等。

　　除平面媒體外，大陸還有多家出版類資訊的網站，較有影響的如中國出版網（www.chuban.cc）、中華讀書網（www.booktide.com）、中國圖書商報網（www.cbbr.com.cn/index.asp）、中國高校教材圖書網（sinobook.com.cn）、新浪讀書（www.book.sina.com）、人民書城（www.books.com.cn）等。中國新聞出版總署、國家版權局也都設立有網站（www.gppa.gov.cn與www.ncac.gov.cn）。

表4.6　中國大陸其他出版類媒體一覽表

| 名稱 | 主辦者 | 刊期 | 特點 |
|---|---|---|---|
| 《新書報》（報紙） | 四川省新聞出版局 | 周 | 介紹新書為主 |
| 《中國書報刊博覽》（報紙） | 中國郵政總局 | 周 | 介紹書報刊出版資訊 |
| 《中國出版》 | 中國新聞出版總署 | 月 | 融政策宣導、訊息交流、業務研究於一體 |
| 《中國編輯》 | 中國編輯協會 | 雙月 | 以書刊出版編輯理論研究為主要內容 |
| 《出版發行研究》 | 中國出版科學研究所 | 月 | 中國最權威的出版類學術雜誌 |
| 《中國圖書評論》 | | 月 | 以圖書評論為主，兼及對國內圖書市場的報導分析 |
| 《出版廣角》 | 廣西新聞出版局、廣西出版總社 | 月 | 具有新銳之氣的出版資訊與研究刊物 |
| 《科技與出版》 | 中國出版工作者協會主辦 | 雙月 | 側重關注科學技術對出版的影響及其應用 |
| 《傳媒》 | 中國出版科學研究所 | 月 | 以報刊媒體行業的管理政策和業務探討為主 |
| 《編輯之友》 | 山西人民出版社 | 雙月 | 中國創辦最早的編輯類雜誌，以書刊編輯工作為主要內容 |
| 《編輯學刊》 | 上海市編輯學會，學林出版社 | 雙月 | 探討編輯工作的理論與實踐，致力於建立中國現代的編輯學 |
| 《大學出版》 | 中國大學出版社協會 | 季 | 以大學出版社的經營、管理以及相關的理論建設為主 |
| 《編輯學報》 | 中國科學技術期刊編輯學會、科學出版社 | 雙月 | 著重科技期刊的編輯工作研究 |
| 《出版科學》 | 湖北省編輯學會 | 雙月 | 著重於編輯學、出版學的理論建設與研究 |
| 《出版與印刷》 | 上海出版印刷高等專科學校 | 季 | 著眼於出版與印刷工程的理論研討與技術開發應用 |
| 《中國音像》 | 中國音像協會 | 月 | 以音像出版資訊為主 |
| 《中國電子出版》 | 中國出版工作者協會 | 雙月 | 以電子出版資訊與研究為主 |
| 《電子出版》 | 中國印刷及設備器材工業協會電子出版分會 | 月 | 是集行業訊息、技術、應用於一體的專業性刊物 |
| 《中國圖書在版編目快報》 | 中國新聞出版總署信息中心 | 周 | 每周發布千餘條在版編目訊息 |
| 《全國新書目》 | 中國新聞出版總署信息中心 | 月 | 以刊登最新出版的新書目為主體，也有一些重點圖書的簡單介紹和書評 |
| 《中國版權》 | 中國版權保護中心 | 雙月 | 中國最重要的著作權雜誌 |
| 《中國人民大學複印報刊工作——出版業》 | 中國人民大學書報資料中心 | 月刊 | 較權威的出版類文摘雜誌 |
| 《書摘》 | 光明日報 | 月 | 選摘各類圖書精彩內容 |
| 《讀書》 | 三聯書店 | 月 | 中國最有影響力的讀書雜誌，讀者以知識界為主，亦影響出版界 |
| 《書與人》 | 江蘇省新聞出版總社 | 雙月 | 以書話為主要內容，兼及出版市場的分析與研究 |
| 《書城》 | 上海三聯書店，上海市出版工作者雜誌社 | 月 | 以談論圖書及文學、音樂、電影、網路為主 |
| 《博覽群書》 | | 月 | 介紹中外圖書，側重人文關懷，讀者以知識分子為主 |
| 《中國科技期刊研究》 | 中國科學院自然科學期刊編輯研究會 | 雙月 | 以科技期刊管理與改革，新技術應用內容為重點 |

## 二、出版行業組織

中國大陸的出版類社團很多，涉及圖書、報刊、音像、電子出版及版權等各個領域。這些社團一般分為全國與地方兩類。較有影響的全國性社團有中國出版工作者協會、中國期刊協會、中華全國新聞工作者協會、中國音像協會、中國書刊發行協會、中國編輯協會、中國印刷技術協會、中國版權協會、中國大學出版社協會、中國青年報刊協會等。地方出版社團主要設立在省級地區及一些地市級地區，如北京市出版工作者協會、遼寧省出版工作者協會等。

出版社團的主要工作包括組織書展、交易會、研討會、專業培訓與維護會員權益等。中國三大書業會展之一的北京圖書訂貨會即由中國書刊發行業協會與中國出版工作者協會聯合主辦。中國出版工作者協會是大陸最大的出版類社團，協會會員以出版單位為主，下設有科技、文藝、青年、婦女、版權、校對等30多個工作委員會，其設立的韜奮出版獎等在出版界都具有一定影響。中華全國新聞工作者協會是中國最大的記者組織，中國期刊協會、中國音像協會與中國書刊發行協會等則都是各自領域中最有影響的社團。

表4.7　中國大陸主要出版類社團一覽表

| 名稱 | 成立時間 | 負責人 |
|---|---|---|
| 中國出版工作者協會 | 1979 | 于友先 |
| 中國期刊協會 | 1992 | 石峰 |
| 中國音像協會 | 1994 | 於永湛 |
| 中國編輯協會 | 1992 | 桂曉風 |
| 中國書刊發行協會 | 1991 | 楊牧之 |
| 中國大學出版社協會 | 1987 | 王明舟 |
| 中國版權保護協會 | 1990 | 沈仁幹 |
| 中國音樂著作權協會 | 1993 | 王立平 |
| 中國印刷技術協會 | 1980 | 武文祥 |
| 中國造紙協會 | 1964 | 錢桂敬 |
| 中國印刷及設備器材工業協會 | 1985 | 於珍 |

## 第四節　出版研究與教育

中國大陸的出版研究與出版教育都已具備一定規模，在整個華文出版地區也最為完備。

### 一、出版研究

中國大陸的出版研究主要由專業研究機構及大專院校進行。目前，中國大陸有各類出版研究所10幾個，涉及編輯、市場、出版歷史等諸多方面，創辦者既有公營，也有民營。影響較大的有中國出版科學研究所、北京開卷圖書市場研究所、北京慧聰媒體研究中心、北京印刷學院期刊研究所、泛華東方傳媒顧問有限公司等，其中規模最大的是中國出版科學研究所。

中國出版科學研究所設立於1985年，是中國新聞出版總署主辦的綜合性出版研究機構，有員工100餘人。該研究所設有多個研究室、三個雜誌編輯部、一個出版社、一個資料信息中心及網站。編輯出版有《出版發行研究》、《出版參考》及《傳媒》等雜誌，所屬的中國書籍出版社以出版各類出版專業書籍而著稱，其出版的《中國出版藍皮書》、《國際出版藍皮書》、《中國數字出版年度報告》、《全國國民閱讀調查報告》等都具有一定影響。北京印刷學院期刊研究所由中國期刊協會與北京印刷學院聯合設立，主要從事中外期刊研究，以雜誌研究引人矚目，曾承擔完成多項政府、協會委託研究專案。

北京開卷圖書市場研究所和北京慧聰媒體研究中心都是民營，屬於商業資訊服務機構。開卷圖書現有員工40餘人，專門從事圖書市場數據與資訊服務。它通過對零售市場的監控，撰寫相關報告，出售給出版社。據該公司公布的資料，它的調查參照全國圖書市場的分布和

結構以及零售POS系統的使用情況，抽樣選取350個縣級市以上城市1500家書店，每月定時向開卷發送書店當月全部零售資訊，這些參與書店的零售總金額每月達到約4億元（約6000萬美元）。北京慧聰媒體研究中心隸屬於慧聰國際資訊（集團），以提供期刊市場資訊服務為主。據該公司發布的資料，它擁有頗具規模的報刊媒體資料庫及完備的報刊資料庫，監測報刊1100多種，覆蓋全國72個城市。監測內容包括廣告監測和軟文監測兩大部分，監測的報刊廣告總額占全國報刊廣告市場總量的90%以上，覆蓋23個行業、312大類、14萬個品牌、100萬家廣告主的分類資料庫。除接受各類委託研究外，還和中國人民大學輿論研究所合作出版有《中國媒體廣告市場研究》等資訊。這兩家公司都擁自己的網站（www.openbook.com.cn與www.media.hc360.com）。

　　此外，一些大學、期刊社也設立有專門的出版研究機構。如河南大學的編輯學研究室、北京師範大學的出版研究所、《女友》雜誌社的期刊研究室。

## 二、出版教育

　　中國大陸的出版專業教育已具相當規模。大陸的出版專業教育涉及初、中、高級各層次，編輯、印刷、發行、經營等各領域。據統計，已有51所大學或獨立學院設置了編輯出版學本科專業，29個編輯出版學方向碩士學位授予點，7個博士學位授予點。較有影響的有武漢大學、南京大學、北京大學、清華大學、河南大學、北京師範大學、復旦大學、南開大學、北京印刷學院等。1978年成立的北京印刷學院是中國大陸第一所高等專業印刷院校，除印刷外還設立有出版系等與出版相關專業。

　　中國的出版行政管理部門、行業協會與研究機構等經常舉行各類出版培訓活動。新聞出版總署及許多省級新聞出版局都設有新聞出版培訓中心，開展出版專業培訓工作。這些機構還經常與外國的出版教育、研究機構或大型出版公司聯合開展業務培訓工作。美國紐約大學（New York University）、佩斯大學（Pace University）、史丹福大學（Stanford University），英國牛津布魯克斯大學（Oxford Brookes University）、斯特林大學（University of Stirling）等，都與中國有密切的合作。其中尤以紐約大學與中國新聞出版總署培訓中心的合作最為突出，紐約大學出版研究中心（Publishing Research Centre in University of New York）前主任Robert Baensch先生是這一合作的主要推動者。而英國出版商協會、日本講談社、法國樺樹集團等也都為培養中國專業出版人才做出了諸多貢獻。日本講談社從1984年起，就與中國出版工作者協會簽訂了接受與資助中國編輯到該公司進修的協定，現在依然在實施。為了提高出版從業人員的專業素質和職業水準，從2002年起，中國大陸開始實施出版專業技術人員資格考試制度，從業人員要通過由新聞出版總署組織的相關考試。

表4.8 中國大陸設立（本科以上）編輯出版專業院校一覽表

| 學校 | 科別 | 地點 |
|---|---|---|
| 北京大學 | 本科、碩士、博士 | 北京 |
| 北京師範大學 | 本科、碩士、博士 | 北京 |
| 北京印刷學院 | 本科、碩士 | 北京 |
| 清華大學 | 本科、碩士 | 北京 |
| 中國人民大學 | 本科、碩士、博士 | 北京 |
| 中國傳媒大學 | 本科及以上 | 北京 |
| 南開大學 | 本科、碩士 | 天津 |
| 南京大學 | 本科及以上 | 南京 |
| 武漢大學 | 雙學位、碩士、博士 | 武漢 |
| 浙江大學 | 本科、碩士 | 杭州 |
| 中國科學技術大學 | 本科、碩士 | 合肥 |
| 復旦大學 | 本科、碩士 | 上海 |
| 上海大學 | 本科、碩士 | 上海 |
| 西安交通大學 | 碩士 | 西安 |
| 長安大學 | 本科 | 西安 |
| 四川社會科學院 | 碩士 | 成都 |
| 河北大學 | 本科 | 保定 |
| 河北經貿大學 | 本科 | 石家莊 |
| 內蒙古大學 | 本科 | 呼和浩特 |
| 內蒙古民族大學 | 本科 | 通遼 |
| 東北師範大學 | 本科 | 長春 |
| 吉林師範大學 | 本科 | 四平 |
| 杭州商學院 | 本科 | 杭州 |
| 安徽大學 | 本科 | 合肥 |
| 河南大學 | 本科 | 開封 |
| 四川大學 | 本科 | 成都 |
| 西北大學 | 本科 | 西安 |
| 陝西師範大學 | 本科 | 西安 |
| 廣西師範大學 | 本科 | 南寧 |
| 廣西民族學院 | 本科 | 南寧 |
| 青島海洋大學 | 本科 | 青島 |
| 昆明理工大學 | 本科 | 昆明 |
| 南京師範大學 | 本科、碩士 | 南京 |
| 武漢理工大學 | 本科 | 武漢 |
| 華中科技大學 | 碩士 | 武漢 |
| 上海師範大學 | 本科 | 上海 |
| 上海理工大學 | 專科、本科、碩士 | 上海 |
| 華東師範大學 | 碩士 | 上海 |
| 湖南師範大學 | 本科、碩士 | 長沙 |
| 東北師範大學 | 本科、碩士 | 長春 |
| 西川師範大學 | 專科 | 成都 |
| 華南師範大學 | 本科 | 廣州 |
| 山西師範大學 | 本科 | 臨汾 |
| 蘇州大學 | 碩士 | 蘇州 |
| 黑龍江大學 | 本科 | 哈爾濱 |
| 深圳大學 | 本科 | 深圳 |
| 青島科技大學 | 專科 | 青島 |
| 蘭州大學 | 碩士 | 蘭州 |

注：部分資料源於魏玉山〈構築現代化出版的職業化平臺〉一文，截至2007年12月。

# 第五章

# 中國大陸的發行業

## 第一節　概述

中國大陸出版物銷售市場主要由圖書、雜誌、報紙、音像與數位（電子）出版物四部分組成。本章主要介紹圖書、雜誌與音像的發行，關於數位出版物市場參見第四章第二節。如果不計算報紙，2007年，中國大陸圖書、雜誌與音像的市場總份額約為747億元（約110億美元）。其中圖書市場約510億元（73億美元），雜誌市場（總定價與廣告之和）約為201億元（32億美元），音像市場約為30～35億元（4～5億美元），電子圖書與互聯網期刊收入9.6億元（1.4億美元）。

目前，中國大陸出版物發行商業化程度還不高，主要是缺少全國性的發行網絡。大陸出版物發行主要還是以省為界的區域性的，銷售市場主要依靠大城市。無論圖書、報刊與音像發行，都缺少遍布全國的、健全的、現代化的發行網絡，這在相當大程度上制約了出版物的發行量。而從銷售方式與發行管道看，圖書、報刊、音像之間也都有許多差別。

在中國大陸，出版物銷售在城鄉間、地區間差別較大。城市居民是出版物的消費主體，這在書刊方面更加明顯。北京、上海、廣州、深圳等大城市的出版物人均消費數額要遠遠高於其他地區，近5億城鎮居民消費的書刊約占了書刊銷售總數的80%。從地區看，目前中國大陸的出版物銷售市場還主要集中在東部及沿海發達地區，中西部地區的銷售份額與前述地區有較大差別。北京、廣東、江蘇、上海等省級地區是中國圖書銷售數量最多的地區。書刊銷售網站分布密度也是一樣，東部省市最密集，中部次之，西部最少。北京、上海、江蘇、

表5.1　2007年中國大陸圖書銷售額前十名地區

| 排名 | 地區 | 銷售額（億人民幣） | 人口（萬） | 人口數排名 | 人均排名 |
|------|------|------------------|-----------|-----------|-----------|
| 1 | 北京 | 82.62 | 1382 | 27 | 1 |
| 2 | 江蘇 | 42.51 | 7438 | 5 | 5 |
| 3 | 廣東 | 30.82 | 8642 | 3 | 12 |
| 4 | 山東 | 30.19 | 9079 | 2 | 15 |
| 5 | 浙江 | 29.77 | 4677 | 10 | 3 |
| 6 | 河南 | 24.58 | 9256 | 1 | 22 |
| 7 | 四川 | 23.60 | 8329 | 4 | 20 |
| 8 | 湖南 | 22.74 | 6440 | 7 | 13 |
| 9 | 上海 | 18.94 | 1674 | 26 | 2 |
| 10 | 安徽 | 18.91 | 5986 | 9 | 17 |

注：北京地區的銷售額包括北京當地的出版商及總部在北京的全國性出版商。

資料來源：《中國新聞出版統計資料彙編》

浙江、福建、湖南、山東、陝西、河北、安徽等是書店網點密度最高的省級地區。

　　中國大陸出版物市場的經營者主要由國營與民營兩部分組成。過去，國營單位一直占居發行業市場的絕大部分份額，民營只占極少一部分，處於無足輕重地位。但近十年來，民營發行成長迅速，如今民營已處於與國營平分秋色的狀態。目前，中國大陸共有出版物發行網點16.7萬處，其中國有約4.3萬個，占總數的約1/4，其餘12萬個網點，基本都是民營。從事出版物發行的人員約為77萬人。其中國營企業員工22.6萬，占總數的30%，民營人數54.4萬，占總數的70%。但從發行量與經營額看，國營依然略占上風。因為教科書的發行目前全部由國營承擔，而教科書又幾乎占了圖書市場的近50%。如果不包括教科書，則民營發行份額已超過國營。

## 一、新華書店與國營發行集團

　　中國大陸的國營書店主要以新華書店系統為主。眾多隸屬於不同

法人單位的國營書店，名字卻都叫「新華書店」。也有一些書店的名字採取了「地名＋新華書店」的方式，如遼寧新華書店、深圳新華書店等。「新華書店」之名源於1937年中國共產黨創辦的「陝西延安新華書局」。1949年後，中國大陸的國營書店多數以毛澤東題寫的「新華書店」命名。現在的新華書店並不是一個全國統一的大型連鎖書店。但在省級地區，各省的新華書店已成為真正意義上的連鎖書店，對所轄市縣的新華書店擁有一定的掌控權。但設在北京的新華書店總店，與各省級新華書店並不存在隸屬關係。過去，它只起協調、聯合作用。2002年併入了中國出版集團旗下。現在，它則只是和各省的新華書店並列的一個發行公司而已。2003年1月，3000多家以新華書店為店名的法人單位聯合成立了非營利行業社團組織——中國新華書店協會。

近幾年，發行業體制改革十分迅速，比較突出的特徵是集團化（連鎖經營）、企業化、股份制與上市四個方面。所謂集團化（連鎖經營），就是各省的新華書店總店，將本省下屬的書店全部合併成為一個發行集團。原來的各個書店均成為集團的下屬連鎖店。所謂企業化，就是將書店的身分由過去的靠國家出資養起來的事業單位，改為純粹的企業。目前，除了西藏外，中國省級地區的新華書店都已改為企業。轉為企業後，一些公司又開始實施股份制。2006年起，又先後有上海新華發行集團有限公司、四川新華文軒連鎖股份有限公司步入上市的軌道，兩家集團也由此而格外令人矚目。

上海新華傳媒股份有限公司是中國出版發行行業第一家上市公司（SHA: 600825，上市地點為上海），母公司是上海新華發行集團有限公司，但其上市是通過股權置換的方式進行的（也叫「借殼上市」）。2006年9月，上海新華發行集團通過受讓股份的方式，取得上市公司華聯超市股份有限公司的股份，成為第一大股東（控股45.06%），經

表5.2　中國大陸主要發行集團一覽表

| 名稱 | 年銷售額（億元） | 年利潤（億元） | 員工數量（人） | 成立時間 | 備註 |
|---|---|---|---|---|---|
| 江蘇新華發行集團 | 86.3 | 2.45 | 8670 | 1999/4 | |
| 山東新華傳媒股份公司 | 64.89 | 0.77 | | 1999 | |
| 新華書店集團公司 | 60 | | | | |
| 湖南新華書店集團公司 | 50 | 1 | | 2000 | 2008年數據 |
| 安徽新華書店發行集團 | 45.4 | 2.25 | 4810 | 2002 | |
| 河北省新華書店集團 | 29 | 1 | 5427 | 2002 | 2005年數據 |
| 福建發行集團 | 25.55 | 0.53 | 3100 | 2002 | 2004年數據 |
| 北京發行集團有限責任公司 | 25 | | | 2004/2 | |
| 四川新華文軒連鎖股份公司 | 23 | 3.87 | 1680 | 2000/3 | 該公司為上市公司 |
| 陝西新華書店集團 | 17 | 0.31 | | | |
| 上海新華傳媒股份公司 | 16.78 | 7.1 | 2950 | 2002 | 該公司為上市公司 |
| 吉林省新華書店集團有限責任公司 | 11.48 | | | 2000/7 | |
| 廣東新華發行集團 | | 0.9 | 1110 | 1999/9 | 中國大陸發行領域第一家股份制集團 |
| 遼寧發行集團 | | | | 2000 | |
| 北京國鐵傳媒投資有限公司 | | | | 2004/3 | 以出版物發行、物流、資訊服務為核心的三大業務，在全國40個多城市設立了分公司 |

注：1. 本表按銷售額排名。　2. 未注明者均為2007年數據。

過資產置換，公司主營業務由原來的經營連鎖超市業務變更為經營文化傳媒業務，公司名稱也變更為「上海新華傳媒股份有限公司」。目前，該公司的其他股東還包括解放日報報業集團、上海中潤廣告有限公司。該公司目前主要經營圖書發行、報刊出版、廣告代理與物流配送等四大業務，現有職工近4000人。公司擁有上海最大的書店——上海書城及連鎖書店、中小型書店近200家，並擁有中小學教材的發行權。該公司的圖書零售總量占上海零售總量的65%以上。該公司還擁有《申江服務導報》、《房地產時報》、《人才市場報》、《I時代報》、《上海學生英文報》以及《晨刊》等多家知名報刊；公司下屬的廣告公

司分別是上海著名報紙《新民晚報》、《文匯報》、《解放日報》等報刊的廣告總代理商。公司還擁有一個物流公司，由此形成了「發行＋物流」配送模式。

中國第一家以本行業名義上市的是四川新華文軒連鎖股份有限公司，於2007年5月在港上市（SHA: 00811）。該公司由四川新華發行集團控股（52.22%），發行價為每股5.80港元，集資金額為21.4億港元（約2.75億美元），發行3.694億股。該上市公司的其他股東除一家外，也全部為中國內地的新聞出版企業，如四川出版集團、四川日報報業集團。公司主營業務為出版物零售門市經營、教材教輔發行和向圖書出版商提供輔助支援及服務三大塊。公司擁有四川省最大的圖書零售網絡，現有零售門市193家，其中191家在四川，其餘兩家門市分別位於西安及重慶。此外，該公司擁有安徽新華發行集團有限公司7.79%的股權，另投入2700萬元資金，與貴州省新華發行集團合作在貴州成立了「貴州新華文軒」書店。該公司還擁有四川新華商紙業有限公司（控股51%）。2007年，該公司營業收入約23.09億元（3.3億美元），獲利3.87億元（5500萬美元）。

在兩家上市公司之外，中國出版物發行業實力最強的發行集團是江蘇新華發行集團，該集團隸屬於鳳凰出版傳媒集團，於1999年4月成立。集團曾列2005年「中國1000家最大企業集團」第392位，列出版企業第一位。集團下屬江蘇省內82家全資子公司和省外3家控股子公司，擁有圖書銷售網站近1700多個。2007年銷售金額86億元（12億美元），銷售淨收入達62.5億元（約9億美元）。圖書銷售規模和主要經濟指標已連續十六年位列同行業前列。2008年5月，該集團以51%控股的方式，收購並重組了中國最南端省分海南省新華書店集團（新公司名為海南鳳凰新華發行有限公司）。這是中國第一起跨省國有發行集團資產重組案，該集團董事長張佩清女士也是中國出版發行行業的

資深人士與著名人物。

## 二、民營書店與民營文化公司

　　民營發行業，過去也被俗稱為「二渠道」（相對於國營發行這一「主渠道」而言，近幾年這一稱呼已不太常用），它是中國改革開放的產物。過去二十年裡，民營書店的發展經歷了規模由小到大、經營由混亂到逐漸規範、人員由普遍素質較低到已擁有一批高學歷高素質人才、資格由「地下」到得到認可的過程。今天，民營發行業已占中國大陸發行業的半壁江山。

　　上世紀末，隨著一批高學歷高素質人才的進入，一批著名書店的出現，民營書店形象得以大幅提升，人們對民營發行刮目相看。目前中國大陸已擁有一批著名的民營書店，如北京的國林風、風入松、萬聖書園、三味書屋、龍之媒，上海的企鵝書店、季風書屋，廈門的光合作用書城，陝西的萬邦圖書城，貴陽的西南風、西西佛，佛山的凌宇書屋，溫州的藍登圖書廣場等。自2002年起，中國大陸還陸續出現了多家民營超級書店。如北京的第三極書局、廣東東莞的永正購書中心與南京書城等。

　　在中國大陸，私人開辦的與出版、影視、文學、藝術、演出、廣告等策劃與銷售相關的公司，一般也都統稱為民營文化公司。在民營出版物發行領域，除民營書店之外，還有眾多既從事發行、也從事出版策劃與製作的民營文化公司。由於目前還不允許私人開辦出版公司，所以，這些民營文化公司採取了與國營出版公司合作出版（取得書號）的方式開展出版活動。據業界人士分析，目前中國大陸與圖書策劃出版相關的大小民營文化公司、工作室約有1萬家左右，年策劃圖書約2萬種，占年出版新書的近20％。

這些公司近一半設在北京。而據民營書業研究者鮑紅小姐分析，北京地區從事圖書策劃與出版業務穩定、經營時間較長的公司約在2000家左右。中國的這些民營文化公司從規模上又可以分為三類。第一類是大型公司，一般有員工百人以上，年合作出版圖書百種以上，年銷售金額（按圖書表面定價銷售的數額，而非實際銷售數額）超過億元。其銷售額相當於一家大型國營出版公司，這樣的民營公司約在幾十家左右。第二類是中型公司，這類公司一般有員工幾十人，年合作出版圖書幾十種到上百種，銷售金額約有幾千萬元，相當於一家中小型出版社的規模。第三類是小型公司，年策劃圖書約十種，年銷售金額約幾百萬元，人數三、五個，辦公地點並不固定，有的就在家中辦公。

民營文化公司涉足教育出版、大眾出版和專業出版的都有，但多數是在前兩個領域，涉及專業出版的較少。而大型公司則幾乎都集中在教育出版領域。它們的一個共同特點是長期經營教科書學習輔導書籍的合作出版與發行，並都擁有自己的系列品牌，也由此在今天中國的教育出版領域占有了一席之地。志鴻教育集團、金星國際教育集團、榮德興業發行有限公司、萬向思維國際圖書有限公司、星火教育集團九州英才圖書有限公司等是這類公司的代表。

北京志鴻教育集團，由中學語文老師出身的任志鴻於1993年創辦。他當年在山東一個縣上教書，以編寫銷售學生參考書起家，由此成為山東著名的民營文化公司，2002年集團將總部遷到了北京。目前已擁有山東世紀天鴻書業有限公司等8家全資子公司，1000餘員工，年策劃發行圖書600餘種。據媒體報導，自2005年至今，集團每年的銷售金額均超過10億元（1.4億美元）。集團業務目前已開始擴大到策劃發行社會科學圖書、從事教育培訓、推廣教育資訊化等方面。2004年，該集團旗下的山東世紀天鴻書業有限公司獲得出版物總發行權和

表5.3　中國大型民營書業公司一覽表（教育出版領域）

| 名稱 | 總部地址 | 年銷售額（億元RMB） | 主要業務 | 員工數量 | 品牌產品 |
|---|---|---|---|---|---|
| 金星國際教育集團 | 北京 | 10多億 | 教輔，期刊 | 800 | 「教材全解」系列，「知識手冊」系列 |
| 志鴻教育集團 | 北京 | 10 | 教輔，數位出版，培訓 | 1000 | 「優化設計」系列 |
| 萬向思維國際圖書（北京）有限公司 | 北京 | 10 | 教輔 | 60多人＋家族經銷商 | 「倍速學習法」系列 |
| 榮德教育科技集團 | 北京 | 8 | 教輔 | | 「點撥」系列 |
| 星火教育集團 | 山東濟南 | 7 | 英語教輔 | | 星火詞彙 |
| 北京市仁愛教育研究所 | 北京 | 7 | 教材，教輔 | | 英語、地理教材 |
| 山東世紀金榜書業有限公司 | 山東濟南 | 5.7 | 教輔 | 600 | 「導與練」系列 |
| 江蘇可一出版物發行集團 | 江蘇南京 | 5.2 | 教輔，社科 | 500 | 「啟東名師」 |
| 江蘇春雨文化教育傳播有限公司 | 江蘇南京 | 5 | 教輔 | 300 | 「一課三練」系列 |
| 武漢小熊文化公司 | 湖北武漢 | 5 | 教輔 | | |
| 北京曲一線文化傳播有限責任公司 | 北京 | 5 | 教輔 | 300 | 「五年高考三年模擬」系列 |
| 江西金太陽集團 | 江西南昌 | 5 | 試卷 | | 考試試卷 |

資料截止時間：2007年　　　　　　　　　　　　資料來源與製表：鮑紅

全國連鎖經營權，成為中國首家同時獲得「雙許可」的民營書業企業。另一家銷售額過10億元（1.4億美元）的金星國際教育集團，也擁有多家子公司，其在北京、山東、四川等地都有頗具規模的辦公場所，在中國絕大多數省設有辦事處，並擁有出版物總發行權資格，現有員工近千名。其開發從幼兒、小學到大學、研究生考試的各類學習輔導圖書，並以質量好著稱。創辦人薛金星畢業於吉林師大，是中國民營書業的代表人物之一。

　　涉足大眾出版類圖書的民營公司多數為中型，它們經營都較規

圖5.4　世紀天鴻公司園區　　　　　　　（照片提供：《出版參考》雜誌）

範，一般都有知名的產品品牌或自己的標誌。代表公司有讀書人、光明書架、海豚傳媒公司、同源文化、華文天下圖書發行有限公司等。其中的海豚傳媒公司位於中國中部的湖北武漢，原名湖北海豚卡通有限公司，以出版少兒圖書為主。由於經營出色，吸引了總部位於武漢的湖北長江出版集團等國營出版公司的投資，最後雙方共同投資3600萬（500萬美元）成立了現在的公司。目前年合作出版圖書約300種，2007年銷售額達2億元（2900萬美元），擁有員工200多人。海豚傳媒不僅有自己的品牌，還有一支20多人的出色的卡通創作隊伍，為培育員工，公司每年都安排他們參加法蘭克福與波隆納國際書展。公司創辦人夏順華畢業於軍醫大學，後來又就讀了清華大學MBA，是中國民營書業的著名人物。

　　發行、出版以外，在裝幀設計、出版諮詢服務、市場宣傳推廣等領域，民營業者更多。許多民營公司已成為本領域的名牌，如裝幀設

計公司中的康笑宇工作室、人手工作室、敬人工作室，諮詢服務公司
中的北京開卷圖書市場研究所、北京慧聰媒體研究中心，市場推廣公
司中的北京圖書傳播研究所等。

　　民營書業的蓬勃發展，不僅極大地豐富了民眾的文化生活，也極
大地促進了中國出版業的發展。一些民營書業的代表人物也由此成為
中國書業的著名人物，除前面提到的任志鴻、薛金星、夏順華外，還
有如萬聖書園創辦人劉蘇里、季風書店創辦人嚴博非、學而優書店創
辦人陳定方小姐、國林風創辦人歐陽旭、西西佛創辦人薛野、精典書
店創辦人楊一、風入松創辦人章雨芹、光合作用書房創辦人孫池、江
蘇春雨教育創辦人嚴軍、江蘇可一創辦人毛文鳳、讀書人創辦人湯小
明、榕樹下文化公司創辦人路金波、唐碼書業創辦人曲波、北京華文
天下公司創辦人辛繼平、北京弘文館創辦人楊文軒、龍之媒創辦人徐
智明、天林華翰圖書創辦人李嶠、人天書店創辦人鄒進、博愛天使文
化創辦人賀雄飛、弘道文化創辦人龍挺、江蘇大眾書局創辦人吳俊
樂、全品創辦人蕭忠遠、翰文書城創辦人武奎鬥、先鋒書店創辦人錢
曉華及網路書店的代表——當當網聯合總裁李國慶與俞渝，等等。

　　目前，民營業者在少數領域的經營還受到一些限制，與國營尚未
完全平等。如民營業者尚不具有教科書、個別圖書（主要是黨政文件
彙編圖書）的批發資格等。但2007年10月中共十七大召開後，政府對
民營文化公司扶持力度全面加大。民營文化公司進入了全面快速發展
時期。2009年1月，由江蘇春雨教育集團投資興建的「春雨文化產業
園」在南京市棲霞區邁皋橋創業園隆重奠基。該產業園包括研發、結
算與培訓中心，圖書物流中心，水上餐廳，公寓樓和體育運動場等專
案，總建築面積約4.3萬平方米，目標是成為中國民營書業的物流、
研發、培訓基地。該集團是位於江蘇南京的著名民營文化公司，年銷
售額約5億元（7400萬美元）。

表5.5　中國大陸中型民營書業公司一覽表（大眾出版領域）

| 名稱 | 總部地址 | 年銷售額（億元RMB） | 主要業務 | 員工數量 | 品牌產品 |
|---|---|---|---|---|---|
| 漫友文化傳播機構 | 廣東廣州 | 4 | 少兒，動漫 | 150 | 漫友雜誌、烏龍院 |
| 湖北海豚傳媒有限責任公司 | 湖北武漢 | 2.2 | 少兒 | 160 | 海豚花園繪本，名著青少年版 |
| 天域北斗圖書有限公司 | 北京 | 2 | 地圖，教輔 | 70 | 地圖 |
| 北京華章圖文有限公司 | 北京 | 2 | 經管，計算機，生活 | 100 | 基業長青，執行 |
| 唐碼書業（北京）有限公司 | 北京 | 2 | 生活，文史 | 40 | |
| 磨鐵（北京）文化發展有限公司 | 北京 | 2 | 文藝 | 60 | 北京娃娃，誅仙，明朝那些事兒 |
| 萬榕文化公司（原榕樹下） | 上海 | 2 | 文藝 | | 擁有安妮寶貝、王朔、韓寒等暢銷作家的作品 |
| 黑龍江同源文化發展有限公司 | 黑龍江哈爾濱 | 2 | 少兒 | | |
| 北京瑞雅文化傳播有限公司 | 北京 | 1.5 | 生活 | | |
| 日知經遠圖書有限責任公司 | 北京 | 1.5 | 生活，文史 | 80 | |

資料截止時間：2007年　　　　　　　　　　　　　　資料來源與製表：鮑紅

## 三、圖書市場

　　依據官方公布的最新數據，2007年，中國新華書店系統（國營）與出版社自營書店的出版物最終銷售額約為510億元（不包括出口的36億元）。這裡特別需要說明兩點。第一，過去官方都是將此數據作為「全國圖書」的最終銷售額，但這一次，卻注明了這一數據只是「新華書店系統」與「出版社自營書店」兩大部門的銷售額。也就是說，該數據至少沒有包括出版社不經過自營書店而直接向民營書店銷售的數字。換言之，該數據不包括部分民營書店的銷售額。第二，過去是將此數據作為「圖書」的銷售額，這次卻將「圖書」改為了「出版物」，也就是說，這次的數據除了圖書以外，還包括一些音像製品、

雜誌等，數量約占總數的４％左右。當然，圖書應該還是占了絕大部分。

　　由於無法補充部分民營書店的銷售數據，所以，這裡姑且以這個低於實際數量的510億作為中國大陸的圖書銷售額。

　　從各類圖書所占的份額看，教材所占比例最高。業界人士推算，在圖書銷售總額中，各類教科書的銷售額約占一半。而據官方統計，2007年，各類教科書的定價總金額為254億元（36億美元）。其中，中學與中專課本銷售額為110億元（約16億美元），占總數的43%；小學課本為64億元（９億美元），占總數的25%；大專及以上課本為69億元（9.86億美元），占總數的27%；老師教學用書為７億元（約１億美元），占總數的3%；業餘教育課本約５億元（7100萬美元），占總數的2%。除教材外，銷售最多的是文化教育類圖書，包括教學輔助圖書在內，約占總數的1/4，其他份額較多的依次為自然科學類、社會科學類、文學藝術類與少兒類圖書，數量分別約占總數的8%、7%、5%與3%。

　　大陸圖書消費以城市居民為主，而且城鄉差距較大。在圖書零售中，城鄉消費之比為79：21，近5.9億城市人口購買了79%的圖書，而7.3億農村人口購買了21%的圖書。城市人均購書數額是農村的4.6倍。從人均消費看，如果以510億除以13.2億人口（不包括臺港澳），則2007年中國大陸人均購書費用約為39元。而如果再按照城鄉消費之比79：21計算，則城市人口人均年消費圖書約為68元，農村人均僅為15元。

　　在圖書的發行方式上，店銷、校銷、郵銷、網銷與行業系統銷售都有，但直銷極少。在前述這些類型中，店銷依然是最主要的銷售形式。而最常見的圖書發行流程依然是通過中盤到店銷，即出版社將圖書交由地區批發商，由地區批發商再批發給各類書店去零售。中國大

陸目前還沒有全國範圍的大型中盤，區域中盤絕大多數也是以省級地區為主。而對於大型書店，特別是超級書店，出版社多會直接向其供貨。

學校銷售在大陸也占有較大份額，除普通中小學學習用書外，大專書籍大多數也都是依靠校銷。教育類出版社多採用這一方式。而對於大中專教材，出版社主要是通過全國80家左右的高校圖書代辦站銷售。郵購與網路銷售，也占一定比例，其中，網路銷售的數量正逐步上升。行業系統銷售多數是公費購買的圖書。

大陸的圖書直銷還處在起步探索階段。少數民營、合資公司開展了相關業務，但進展不大。20世紀90年代末，又有少數企業如錦繡前程文化發展有限公司等開始涉足該領域。

在大陸，出版社與批發商之間的銷售方式，習慣上根據退貨、回款等方式的不同而分為「代銷」、「包銷」與「經銷」。所謂代銷，是指出版社主動將圖書交給批發商，批發商銷售多少付多少款，銷不掉的一律退貨。所謂包銷，一般是指出版社按與批發商商定的數量供貨，批發商依據合約規定的日期向出版社付款，剩餘圖書不許退貨。在多數情況下，包銷是對某一種圖書的總發行（也稱「一級批發」或總經銷）。所謂經銷，大體介於包銷與代銷兩者之間，一般是由批發商提出銷售數量申請，出版社在按需供貨的同時，又多提供一定數量的圖書；對於批發商主動申請的圖書，在付款與退貨等方面要遵守出版社的約定；而對於出版社額外增加的圖書，則按照代銷原則處理。

目前，出版社與批發商之間的交易多數都是採取代銷與經銷的方式。當然，不同性質的出版社及不同的圖書，代銷、經銷與包銷的份額都會有所不同。在發行折扣方面，多數出版社給批發商的折扣一般在5.5到6.5折，但低到3.0～4.5折高到7.0折的也有。

在經營風險方面，在出版者與發行者（包括零售）間，風險主要

是在出版社一邊。這是因為在絕大多數情況下，書商都是先取貨銷售後付款。且目前發行市場尚未規範，結帳時間不統一，一些書商不按時付款、惡意拖欠甚至賴帳，由此產生的風險都要由出版社承擔。出版社方面有時也有違反規範的行為，主要是當遇到好銷的圖書（俗稱「快書」）時，會出現不顧與地區總代理的約定，同時向該地區的其他銷售商供貨的問題。

## 四、雜誌市場

2007年，中國大陸的雜誌市場約為201億元。其中，廣告收入約為55億，雜誌銷售收入約為171億（參見第三章第一節）。

在中國大陸，雜誌的發行與圖書有很大的不同。

雜誌的一級批發（總發行）有三種形式，即委託中國郵政（一般稱郵局）、出版單位自辦發行（多數是交自己的發行公司）與交專業發行公司。目前，中國大陸的絕大多數雜誌發行還是採取前兩種方式。大陸的專業發行公司數量有限，且發行範圍均限於某一地區。

委託郵局發行，過去幾乎為絕大多數雜誌採用，今天它依然是多數雜誌的選擇。中國目前只有一家郵局，即中國郵政，過去是一個政企結合的機構，2007年起該機構一分為二。一是組建了中國郵政集團公司，使中國郵政完全成為一個企業，過去遍布全國的所有郵局全部劃歸到該集團。同時，另設立了國家郵政局，作為政府機構，隸屬於信息產業部。中國郵政接受雜誌的委託後，即通過遍布全國的郵局進行徵訂發行。它直接收取讀者的訂閱費，在一定時間後，再將訂閱費轉交雜誌社，同時扣下代理費（一般為雜誌定價的40%）。中國國家郵政局每年出版有年度《報刊簡明目錄》，設立有中國郵政網（www.chinapost.com.cn），讀者可以借助他們訂閱報刊。為方便訂閱，郵局

將每種委託其發行的報刊都進行編號（稱為「郵發代號」）。此外，中國郵政還出版有《中國書報刊博覽》周報，向讀者提供書報刊訊息。

目前，中國郵政發行網絡覆蓋全國，既承擔物流，又掌握資金流、資訊流與商流（分銷與零售）。中國郵政擁有郵電局所約7萬餘個，擁有專用郵政運輸飛機9架、郵船5艘、火車郵廂406輛、各類郵政汽車5萬輛。此外，中國郵政集團公司還擁有中國速遞服務公司、中郵物流有限責任公司、中國郵政儲蓄銀行與中國集郵總公司等機構。其中，中國速遞服務公司主要經營國際、國內EMS特快專遞業務，是目前中國快遞行業最大運營商，擁有員工2萬多人，EMS業務通達全球200多個國家和地區以及國內近2000個城市。中郵物流有限責任公司主要經營物流、區域配送、貨運代理、分銷與郵購等四大板塊業務。中國郵政儲蓄銀行，網點多設在郵局，自稱規模居中國第四位。中國郵政目前還正在組建中郵人壽保險股份有限公司。

中國雖然只有一家郵局，但快遞市場發展很快。目前有多家民營快遞公司在從事相關業務。一些國際大型快遞公司如UPS、DHL等都已進入中國。

雜誌的二級批發商主要有三類，即各地郵局的零售公司、各地報刊社組建的發行公司與個體書商。目前，中國的中等及以上城市都有書刊批發市場，批發商在此與零售商交易。採用這種方式的雜誌已經占到總數的約50%。零售商與批發商之間是現金交易，但這也導致銷量小，零售商不敢多進。這對新刊發行尤為不利。

雜誌的零售與報紙一樣，主要是依靠書報亭、超市、便利商店、賓館與酒店，一些書店也銷售雜誌。此外，絕大多數郵局也都開展報刊零售業務。在賓館與酒店銷售的多為高檔雜誌與進口雜誌，這些雜誌主要由中國圖書進出口總公司與外文書店供應。

目前，在許多大城市，都有擁有一定數量報刊連鎖銷售點（亭）

的報刊銷售公司。較著名的如上海東方書報刊服務有限公司、上海地鐵書刊服務有限公司、北京紙老虎圖書有限公司等。這些公司都掌控上百家以上的報刊銷售點，實行統一管理，統一供貨。像上海東方書報刊服務有限公司，由上海市郵政局、解放日報社、文匯新民聯合報業和上海市新聞出版局共同出資組建，擁有員工2600多人，銷售書報刊達600餘種，員工人均月收入1500元（210美元）。

除上述銷售形式外，近些年，自辦發行的雜誌數量逐步增多。這類雜誌多是市場銷路好、廣告量大的高檔雜誌，如《瑞麗》、《時尚》等。自辦發行的一個主要方式是通過省級代理發行。像《嘉人marie claire》創刊不久就制定出了省級代理計畫，同時在全國招聘27家省級代理。

## 五、音像製品市場

本書所說的音像主要指CD、DVD、VCD、卡帶、錄影帶等出版物。中國大陸音像市場規模不如圖書與雜誌那樣確定。依據中國音像協會秘書長王炬先生的推算，中國音像市場銷售總額在30～35億元。《中國新聞出版統計資料彙編》的統計顯示，2007年大陸出版各類音像製品約3.2萬種，發行的各類音像製品約為4.36億盒（張）。

中國大陸的音像發行與書刊發行既有相同的地方，又有自己的特點。中國的音像銷售市場主要由五個部分構成，即民營連鎖企業、新華書店系統、大型音像超市、郵政系統及網路書店構成。在一些大型書店、綜合超市都設有音像製品銷售區，音像製品與圖書同時經營。一些郵局在銷售報刊的同時也經營音像製品。同時，音像製品又有自己獨立的發行管道與銷售場所，這包括專業音像連鎖店、大型音像超市與個體音像店。

音像連鎖店是音像經營中最具特色的地方。在中國大陸書報刊音像與電子等各類出版物的連鎖經營中，音像是發展最快的一個領域。到2002年，中國大陸有各類音像連鎖店超過80家，有音像連鎖門市3000個。一度湧現了多家具有影響力的公司，如京文音像連鎖有限公司、上海美亞音像連鎖經營有限公司、深圳博恩凱音像連鎖有限公司、東方音像連鎖有限公司等。這些公司中有多家屬於民營，但近年民營連鎖公司開始走入低谷，一些公司或萎縮、或停業。如京文音像與上海美亞音像經營都出現了較大問題。與民營公司相反，國營公司發展依然較快。隸屬於上海新華發行集團的東方音像，目前已擁有連鎖店近200家。

在中國大陸，如果要在全國範圍內開展連鎖業務，要經政府批准。目前取得全國經營資格的音像連鎖店有上海美亞音像連鎖經營有限公司、京文音像連鎖有限公司、新華驛站、三辰影庫、中唱總公司、廣東精彩無限文化有限公司、北京歌華與華人傳媒等。

大型音像超市（也稱音像城）是大陸音像市場的另一個特色。目前，具有500平方米以上的大型音像城有50多個。最具知名度且規模最大的是廣東音像城。該音像城批發與零售並舉，年發行額15億，被視為中國音像市場的晴雨表。在北方較著名的是建築面積達12000平方米的北京音像大廈。

近些年，網路銷售的音像份額增長極快。卓越亞馬遜網、當當網是網路銷售的主力。當初卓越網能快速發展，一個重要因素就是靠音像銷售的拉動。

音像市場也是發行領域中對外開放最早的一塊。2002年，由美國索尼音樂娛樂（國際）公司與上海新匯光碟集團、上海精文投資有限公司合作設立的新索音樂有限公司，獲得中國市場音像製品分銷權，成為中國第一家中外合作音像分銷企業。三家合作方共向該公司投資

3000萬美元，目前該公司已與60多家批發或零售企業結合，初步建立起了自己的分銷網絡。

在音像市場，過去一直是民營企業處於主導地位。2002年中國音像協會曾舉辦音像發行領域「明星品牌」評比推廣活動，評選出的前15家最大音像發行企業中，民營的就達14家。而這15家企業2002年的銷售總額超過10億元，常年發行的品種超過3萬個，並擁有其中三分之一節目的版權。但近幾年，包括音像連鎖公司在內的民營公司普遍萎縮，國營公司正越來越成為該市場的主導。

## 第二節　各類銷售形態

中國大陸目前的書店類型主要包括獨立書店、連鎖店、網路書店、圖書俱樂部與大型批發市場等。中國大陸的書店以獨立書店數量最多，近兩年連鎖書店發展較快，但主要還是區域連鎖店，跨省的極少。網路書店與圖書俱樂部自上世紀末起步但發展較快。獨立書店包括小門市、一般書店、超級書店與專業書店。其中銷售額較高、發行量較大、影響力較強的是超級書店。而隨著中國加入WTO，各類合資經營的書店開始逐步增多。

大型批發市場、書市、書展與各類出版物訂貨會也是中國大陸圖書銷售的重要組成部分。出版物物流建設也是近些年開始建設起步的工作。中國大陸出版物進出口總額目前還不大，但進口數量每年都在增加。

## 一、超級書店與專業書店

超級書店在中國大陸一般也稱「書城」，是指經營場所面積很

大、經營品種極多的大型書店。目前，中國大陸營業面積超過1萬平方米的書店已近30家。著名的超級書店有北京圖書大廈、北京王府井書店、第三極書局、上海書城、深圳書城、北方圖書城、廣州書城、湖北出版文化城購書中心、南京書城、重慶書城等。

這些超級書店絕大多數是由省或市級新華書店或其他國營書店經營。不僅面積超大，且設備現代化，購物環境較好，出版物品種繁多，銷售額也非常可觀。如北京圖書大廈，面積1.6萬平方米，職工700人，圖書品種達30萬，中國大陸出版的新書80%可在此呈現。目前年銷售額約4億人民幣（5700萬美元），銷售額居全國之首。2009年1月中國新年的七日長假中，該大廈讀者客流量達到30萬人次，銷售金額超過1300萬元。除傳統國營書店外，近兩年其他行業的資金也開始涉足出版物發行。比較引人矚目的是中國廣東核電集團在重慶投資建設的兩個大型超級書店——重慶臨江門現代書城與重慶沙坪壩現代書城，前者營業面積達2.4萬平方米，號稱中國大陸營業面積最大之書店；後者營業面積也在1萬平方米左右。但由於經營策略、對出版業的瞭解度、行業壁壘與人脈等因素，目前中國廣東核電集團已退出，而將書店轉給了民營公司。

近兩年中國大陸還出現了多家民營的超級書店。著名的民營超級書店有東莞永正購書中心、南京書城及北京的第三極書局等，這三家書店面積均在1萬平方米以上，銷售品種均在10萬種以上。其中第三極書局位於北京著名的高等教育區海淀區中心，與北京大學隔路相望，總面積近2萬平方米，圖書品種超過30萬、音像5萬種。第三極書局由1991年畢業於北京大學中文系的歐陽旭創辦，他是中國民營書業的著名人物，為《西藏人文地理》、《網球》雜誌的創辦者，還是北京正源圖書公司、國風集團、西藏聖地股份有限公司等多家公司的董事長，中關村文化發展股份有限公司總裁。

## 表5.6　中國大陸超級書店一覽表

| 名　稱 | 營業面積（萬㎡） | 銷售品種（萬） | 年營業額（億元） | 日最高營業額（萬） | 主要投資者 |
|---|---|---|---|---|---|
| 北京國際圖書城 | 8 | | | | 北京發行集團 |
| 重慶臨江門現代書城 | 2.4 | 17 | 3 | 29.3 | 民營 |
| 湖北出版文化城購書中心 | 2.4 | 19 | | | 湖北圖書發行集團 |
| 第三極書局 | 2.0 | 30 | | | 民營 |
| 天津圖書大廈 | 2.0 | 18 | | 48 | 天津出版署 |
| 北方圖書城 | 1.8 | 30 | 1.2 | 100 | 遼寧出版集團 |
| 廣州購書中心 | 1.8 | 14.5 | 2.5 | 190 | 廣州市新華書店集團 |
| 北京王府井新華書店 | 1.75 | 21.7 | 2 | 102 | 北京新華外文圖書集團 |
| 北京圖書大廈 | 1.6 | 23 | 3.2 | 307.2 | 北京市新華書店 |
| 重慶書城 | 1.4 | 15 | | 55 | 重慶新華書店集團 |
| 深圳書城 | 1.3 | 14.9 | 2.2 | 105 | 深圳市新華書店 |
| 南京書城 | 1.2 | 15 | 0.5 | 60 | 民營 |
| 長春書城 | 1.2 | 15 | | 25 | 吉林省新華書店集團、長春市融光物業有限公司 |
| 東莞永正購書中心 | 1.2 | 10 | | 18.85 | 大陸最大規模民營書店 |
| 重慶沙坪壩現代書城 | 1.05 | 10 | | | 民營 |
| 上海書城 | 1.0 | 20 | 1.99 | 128 | 上海市新聞出版局 |
| 長春聯合圖書城 | 1.0 | 18 | | | 長春聯合圖書城有限公司 |
| 浙江圖書大廈 | 1.0 | 17 | 1.8 | | 浙江省新華發行集團 |
| 知道圖書廣場 | 1.0 | 16 | | | 新華同盟與北京修正文化發展有限公司 |
| 西安圖書大廈 | 1.0 | 13 | | 44 | 西安市新華書店 |
| 深圳友誼書城寶安旗艦店 | 1.0 | | | | 國營 |

注：1. 此表只列營業面積 1 萬平方米以上之書店。
　　2. 此表按營業面積大小順序排列。

　　此外，大陸還有若干超級書城正在建設中。而2004年開業的深圳書城南山城（深圳書城共有三個大型書店），其營業面積為2.5萬平方米，一時為中國大陸營業面積最大的書城。但到2007年底，其冠軍位置被位於北京通州郊區的北京國際圖書城取代，該書城營業面積達8萬平方米。

　　專業書店是另一類較具特色的獨立書店。中國大陸目前尚無確切的專業書店統計數字。專業書店中以社會科學類數量最多，影響也較大。此外，大陸還有醫藥、電子科技、法律、建築等專業店。著名的社會科學書店有北京的韜奮圖書中心、國林風、風入松、萬聖書園，廣州的學而優書店，南京的先鋒書店，長春的學人書店，福建的曉風書店，貴州的西西弗書店，上海的季風書店，成都的弘文書局等。

　　醫學與電子科技專業書店數量也較多。據業者估算，目前的醫學專業書店數量超過100家。較著名的有長沙科源圖書公司、杭州科興圖書公司、北京金駱駝等。著名的電子科技書店有新疆華順書店、成都都樂書店、哈爾濱金北方書店、長沙彙聚書店。中國法律圖書公司是著名的法律書店。此外，許多專業出版社都設立有自己的專業書店，如中國建築工業出版社就設立有多家建築書店。

　　在上述專業書店中，有相當數量是民營書店。一些民營書店還以其獨特的經營理念、獨到的選書眼光、幽雅的購書環境、貼心的服務而成為城市的文化風景。如北京的萬聖書園、風入松、國林風、華寶齋、三味書屋，上海的季風書店等。其中的華寶齋是目前中國最具特色的線裝書書店，它位於北京中國人民政治協商會議禮堂的一角，面積330多平方米，中式設計，古色古香。除了書籍銷售外，還常有筆會、沙龍、民樂演奏、京劇清唱等文化活動。讀者可以在古箏聲中選書，在茶香中閱讀，華寶齋也由此成為北京領略中國文化的一個獨特去處。

在中國，外文圖書一般都由專門的外文書店經營。中國許多大城市還都設立有專門的外文書店，這些書店經營的圖書以英文書籍為主，兼及日文、德文、法文、俄文等其他語種，影響較大的有北京外文書店、上海外文書店等。不過，近幾年，一些大型書店也開始銷售外文圖書，如北京圖書大廈、北京國際圖書城等就都如此，後者銷售的外文原版書品種為1.6萬種。

## 二、連鎖書店與圖書俱樂部

如果不包括音像連鎖店，中國大陸的圖書連鎖店有數十家。這些書店多數是區域連鎖，跨地區經營的數量還較少，全國範圍的連鎖店還沒有出現。大陸的連鎖店也分為直營、加盟與混合型三大類。區域連鎖店中，許多是由原來的省級新華書店與其下屬的各類書店組合而成，這類連鎖店多數為直營。此外，還有一些民營連鎖店，如光合作用書城、季風書店、曉風書屋、凌宇書屋等。

大陸也曾出現了幾家加盟連鎖書店，但或經營狀態平平，或已停止營業。既有直營也有加盟的混合型連鎖書店有三聯商務書店、外文書店及廣州日報、南方日報等大型報業組建的一些連鎖店。其中廣州日報的連鎖書店，不僅在廣州建立了兩個上千平方米的中型書城，還在全國建立了100多家圖書連鎖店。這些連鎖店30%為獨立經營，70%為加盟店。

2002年起，中國大陸開始出現中外合資或合作經營的連鎖書店。2002年2月，美國索尼音樂有限公司與中國公司在上海成立了新索音樂有限公司，這是中國加入WTO後第一個獲得批准的中外合作音像分銷企業。之後，貝塔斯曼入股北京二十一世紀圖書連鎖公司，雙方設立的新合資公司正在組建中，新公司是中國第一家中外合資全國性

表5.7　中國大陸連鎖書店一覽表

| 名稱 | 經營者 | 書店數量 | 備註 |
|---|---|---|---|
| 現代書店 | 中國出版對外貿易總公司 | 90餘家 | 既有直營店，也有加盟店；在東南亞設有多家分店 |
| 中國建築書店 | 中國建築工業出版社 | 300多家 | 連鎖網絡由發行代理站、連鎖店、連鎖店員點三個層次組成 |
| 清華書店 | 清華大學出版社 | 4家 | 直營 |
| 中國軍事書店 | 解放軍出版社 | 不詳 | 在全國多個省市設有書店 |
| 商務三聯書店 | 商務印書館與三聯書店 | 13家 | 既有直營店，也有加盟店 |
| 全國美術圖書百家專銷店 | 美聯集團 | 116家 | 成員店 |
| 北京儒仕源精品書店 | | 6家 | 建在北京的大型商場，在北京有連鎖店10餘家，加盟店20餘家 |
| 季風書店 | 上海季風圖書有限公司 | 5家 | 均建在地鐵站 |
| 長春學人書店 | | 4家 | 均建在高校區 |
| 雲南昆明新知書店 | | 33家 | 以加盟為主 |
| 廣西南國書店 | | 3家 | 1家3000平方米的總店和2家專業圖書分店 |
| 湖南弘道文化傳播有限公司 | | 13家 | |
| 瀋陽匯文書店 | | 200多家 | 包括10家直營店和200多家加盟店 |
| 龍之媒廣告書店 | | 5家 | 3家直營，2家加盟 |
| 福建曉風書屋 | | 9家 | |
| 光合作用書坊 | | 約20家 | 均為社區連鎖書店 |
| 大洋書城 | 廣州日報集團 | 100多家連鎖店、兩個大中型書城 | 三成為自營連鎖店，七成為加盟店 |
| 南方日報連鎖書店 | 南方日報報業集團 | 40多家 | 既有直營店，也有加盟店 |
| 新華驛站連鎖總部 | 新華書店總店和誠成文化股份有限公司組建 | 87 | 特許加盟 |
| 凌宇書屋 | 四川佛山市凌宇圖書有限公司 | 9家 | 6家直營，3家加盟 |
| 江蘇大眾書局 | 江蘇大眾書局圖書連鎖有限公司 | 10餘家 | |

圖書連鎖企業。但2008年7月隨著貝塔斯曼終止在中國的圖書發行業務，二十一世紀圖書連鎖公司的業務似乎也處於停滯狀態。

　　就總體論，中國大陸連鎖書店經營尚處於起步狀態，類似美國巴諾、鮑德斯或日本紀伊國屋一類的全國性的現代化大型連鎖書店依然

空缺。而以省級區域為經營範圍成立的國營連鎖書店（主要是各省的新華書店發行集團），由於每省就一家，缺少競爭對手，呈現一家獨大局面，往往導致區域壟斷現象出現。

中國大陸出現圖書俱樂部至今尚不過十年。較早出現的圖書俱樂部有廣州七星讀書會、鄭州讀來讀去讀書社、廣州讀書俱樂部等。1998年下半年起，圖書俱樂部數量逐步增多，目前已達幾十家，具一定規模或影響的俱樂部約在10家左右。

中國大陸圖書俱樂部的經營者主要包括出版單位、國營書店、圖書進出口公司及民營書店等。德國貝塔斯曼在中國設立圖書俱樂部，使中國眾多讀者對此耳目一新，眾多讀者紛紛加入其中。貝塔斯曼極大地帶動了中國圖書俱樂部事業的發展。貝塔斯曼在中國活躍的那些年，也正是中國圖書俱樂部方興未艾時期。一時，中國曾產生了約30多家以全國為範圍的圖書俱樂部。當然，它們沒有哪一家能與貝塔斯曼相提並論，大多數只是勉力維持而已。運行良好、做大做強的幾乎沒有，倒是一些出版社或地區組織的小型俱樂部一直在活動。而自貝塔斯曼退出中國後，圖書俱樂部的聲音似乎更平靜了許多，雖然如中圖、愛書人等幾家還在運作。

## 三、網路書店

中國網路書店的發展十分迅速，目前有各類網路書店數百家，其中具有一定影響與特色的在幾十家左右。一些大城市都有具本地特色的網站。目前較活躍的網路書店有：當當（www.dangdang.com）、卓越亞馬遜（www.amazon.cn）、北京圖書大廈（www.bkbb.com）、上海書城（www.bookmall.com.cn）、99網上書城（www.99read.com）、易文網（www.ewen.cc）、北發圖書網（beifabook.com）、孔夫子舊書網

表5.8　中國大陸主要圖書俱樂部一覽表

| 名稱 | 成立時間 | 主辦者 | 會員數 | 備註 |
|---|---|---|---|---|
| 中國讀者俱樂部 | 1999 | 中國圖書進出口總公司 | 35萬 | |
| 河南省新華書店讀者俱樂部 | 2000 | 河南省新華書店 | 50多萬 | 有400多個網點遍布河南省內 |
| 領導者讀書俱樂部 | 2000 | 《半月談》雜誌社 | | 依託《半月談》特有讀者資源，以全國黨政機關、企事業單位的領導者為主 |
| 中華青少年新世紀讀書俱樂部 | 1998 | 共青團中央 | | 各省市逐級建立的遍布全國的1000多個青少年新世紀讀書俱樂部、新世紀書屋 |
| 外研社讀者俱樂部 | 1998 | 外語教學與研究出版社 | 5萬多 | 大陸較大的一家專業圖書俱樂部 |
| 地圖世界讀者俱樂部 | 1998 | 中國地圖出版社 | | |
| 世圖醫學讀者俱樂部 | 1999 | 世界圖書出版集團公司 | | 中國首家由出版機構創辦的大型醫學專業讀者俱樂部 |
| 金駱駝醫學圖書俱樂部 | | 北京金駱駝書店有限公司 | | |
| 「寶葫蘆」小讀者俱樂部 | | 少年兒童出版社 | | |
| 江蘇書緣讀者俱樂部 | | 江蘇省新華書店集團有限公司 | | |
| 東方書林俱樂部 | 1998 | 全國人民出版社工作委員會和《文匯讀書周報》聯合組建 | | 上海人民出版社控股 |
| 遼寧愛書人俱樂部 | 1995 | 遼寧教育出版社 | 3萬餘 | |
| 三聯韜奮書店讀者俱樂部 | | 三聯出版社 | | |
| 國林風書店讀者俱樂部 | | 國風集團 | | |
| 青年文摘讀者俱樂部 | | 中國青年出版社 | | 不以營利為目的，以公益和服務為特色 |
| 時尚讀者俱樂部 | 1997 | 《時尚》雜誌社 | 5萬多 | |
| 中法圖讀者俱樂部 | 2003 | 法律出版社所屬中國法律圖書公司 | | 以法律圖書讀者為主 |

注：此表只供參考，數據目前也已無法核實。表中所例機構，有的近年已沒有訊息。

（kongfuzi.com）、新華遊書網（www.eobook.com）、蔚藍書店（wl.cn）、華北書城（beijingbook.com.cn）、BOOK321（book321.com）、中國圖書網（bookschina.com）、800圖書網（book800.com）、熱訊網上書店（www.book.yesite.com）、豆瓣（www.douban.com）、紅泥巴（www.hongniba.com.cn）、世雲書店（www.sybook.com）等。

中國大陸的網路書店主要由民營公司、IT企業、書店與出版社經營，幾家大型網路書店則由外資投入或獨資經營。它們多數都設在北京、上海、廣州、成都、深圳、瀋陽、南京等大城市。總體看，中國大陸的一些網路書店有三個共同特點：一是銷售方式多以送貨上門服務為主，這也是目前大陸網路書店最有特色的一點。二是結算方式多樣化，既可以網上支付，也可以當面現金結算，還可以通過郵局匯款購買。三是多數網路書店都設立了自己的倉儲。

有媒體報導，目前網路書店的銷售額占中國圖書市場總銷售額約5%的份額。

在眾多網路書店中，名氣最大、占市場份額最大的是當當與卓越亞馬遜。兩家也都自稱是全球最大的中文網路書店。有媒體報導，兩家的銷售額占了整個網上書店市場的80%。

按最初成立的時間排序，當當網早於卓越亞馬遜（最初的卓越網Joyo）半年成立。當當網設立於1999年11月，由中國的科文公司、美國老虎基金、美國IDG集團、盧森堡康橋集團、亞洲創業投資基金（原名軟銀中國創業基金）共同投資。線上銷售的商品包括家居百貨、化妝品、數位、圖書、音像等幾十個大類，近百萬種商品。據該公司網站公布的消息，網站擁有在庫圖書超過40萬種，有超過4000萬的註冊用戶（含國外），2008年圖書銷售金額超過12億元（1.8億美元）。每天有上萬人在當當網購物，當當曾公布其2004年的銷售額超過1.6億元（1950萬美元）。

　　卓越亞馬遜的前身是卓越網，成立於2000年，總部位於北京。由中國著名IT企業金山公司及聯想投資公司共同投資組建，後又引入國際著名投資機構老虎基金成為第三大股東。銷售的產品包括書籍、音樂、音像和DVD、軟體、無線產品和數位相機、玩具和禮物、健康及個人護理等。2004年8月，該書店被美國亞馬遜公司以7500萬美元全資收購，並於2007年5月，改名為卓越亞馬遜（亞馬遜中國）。目前無法看到卓越亞馬遜自己公布的銷售數據，而據2008年7月的《出版商務周報》報導，卓越亞馬遜2007年的營業額已逾5億元（7000萬美元）。

　　在卓越被亞馬遜收購之前（2004年），作為消費者，筆者感覺卓越的銷售似乎要好於當當。而近兩年，當當給人以後來居上的感覺。到處都能聽到當當的聲音，而卓越亞馬遜的聲音似乎小了許多。這兩家網路書店一直處於激烈的競爭之中。而自卓越網被亞馬遜收購後，兩家的競爭更是愈演愈烈。現在媒體在提到兩家的競爭時，經常使用的一個辭彙是「肉搏戰」。

　　人們在關注兩大網路書店競爭的同時，還更關心兩個問題。第一是網路的低價進貨。這是許多出版社都已面臨的一個棘手問題。第二是網路書店對實體書店的衝擊。這是許多民營書店最頭痛的問題，一些民營中小書店在網路書店的低價策略衝擊下，紛紛倒閉。這兩個問題都是中國出版發行界必須認真思考並設法解決的問題。

## 四、批發市場與物流中心

　　在中國大陸，出版物批發市場與物流中心是支援各類書店銷售的基礎。中國大陸的出版物批發市場發展較快，規模也較大。大型批發市場是出版物的集散地，它主要設在交通便利的大型城市。中國大陸

具備出版物集散功能的城市主要有北部的北京、東北的瀋陽、西北的西安、中部的南京、長沙與武漢、東部的上海、西南的成都、南部的廣州等。

著名的大型書刊批發市場有北京的甜水園圖書批發市場、南京的長三角圖書批發市場、武漢圖書大世界、長沙定王台圖書批發市場、上海的文廟、廣州的海印圖書市場、西安的尚勤路圖書市場等。其中北京甜水園圖書批發市場是中國大陸輻射範圍最廣、影響最大的書刊批發市場。其經營面積達1.3萬平方米，經營戶在400家左右，年批發吞吐量約20億元（2.41億美元）。

與大型批發市場、超級書店的規模相比，中國大陸的出版物物流建設在過去一直則顯得相對滯後，但近幾年面貌大為改觀。為適應發行新形勢的需要，從20世紀90年代起，北京、江蘇、浙江、遼寧等地區開始進行現代物流建設，多家大型現代化出版物配送中心也已開始投入運行。目前已投入使用的大型出版物物流中心有北京出版發行物流中心、江蘇新華書店集團公司物流配送中心、浙江新華書店集團公司物流中心、新華書店總店北京出版物物流配送中心、四川新華文軒西部出版物物流配送中心、遼寧北方出版物配送有限公司、吉林新華書店集團公司物流中心等。其中，北京出版發行物流中心規模最大、品種最全。它由8萬平方米的北京國際圖書城、12.5萬平方米的倉儲物流配送中心和4.5萬平方米的配套服務中心組成，每天為讀者開通免費班車，也是中國最大的圖書交易場所。

除大陸業者經營外，臺灣及外國業者也開始通過合資等方式進入大陸的物流建設。上海世紀出版集團與臺灣秋雨物流行銷公司合資成立的世紀秋雨物流有限公司已開始運作，秋雨是由臺灣與日本公司合資設立的企業。

表5.9　中國大陸大型出版物物流中心一覽表（部分）

| 名　稱 | 總部地址 | 作業面積（萬㎡） | 現　狀 |
|---|---|---|---|
| 北京出版發行物流中心 | 北京 | 25 | 2007年底啟動使用 |
| 江蘇新華發行集團公司物流配送公司 | 南京 | 8 | 已建成使用2.26萬㎡ |
| 浙江新華書店集團公司物流中心 | 杭州 | 7.4 | 已使用2.6萬㎡，在庫周轉品種14.53萬種 |
| 新華書店總店北京出版物物流配送中心 | 北京 | 5.7 | |
| 吉林新華書店集團公司物流中心 | 長春 | 4.7 | |
| 廣東新華書店集團物流配送基地 | 廣州 | 4.5 | 2001年使用，常備書12萬種，年吞吐能力10萬噸 |
| 江西新華書店聯合有限公司物流中心 | 南昌 | 4 | 2002年6月使用，占地54畝 |
| 四川新華書店集團公司西部出版物物流配送中心 | 成都 | 4.552 | 占地110畝 |
| 遼寧北方出版物配送有限公司 | 瀋陽 | 3.6 | 2000年4月使用，保有出版物30萬種 |
| 河南省店物流中心 | 鄭州 | 9.64 | 2007年啟動使用 |
| 湖北武漢市店物流中心 | 武漢 | 2 | |

注：本表只是國營的物流中心，沒有包括民營的，實際數量要多於本表。

## 五、書展與書市

　　中國大陸每年都舉辦有諸多書展、書市或訂貨會。在大陸，書展、書市與訂貨會在功能上有些區別。書展多以展示為主，銷售為輔；國際書展則主要以洽談版權貿易為主。書市則主要是零售，也兼及批發。訂貨會則主要是批發，也兼及展示功能。但近年，它們之間的區別有逐漸縮小的趨勢。書展也加入了零售內容，書市也加入了版權交易內容。

　　目前，中國大陸最重要的書展、書市及訂貨會，分別是北京國際

書展、全國書市與北京圖書訂貨會，構成了中國大陸每年最重要的三個書業活動。北京國際書展全稱是「北京國際圖書博覽會」（BIBF），主要功能是中外版權貿易洽談，每年8月底9月初在北京舉行。主辦者為中國新聞出版總署、國務院新聞辦及北京市政府等部門，由隸屬於中國出版集團的中國圖書國際會展中心承辦，它是中國大陸出版人與外國出版人間最重要的版權貿易洽談會。BIBF的展覽面積一般在26400平方米，展臺數量在930～990個，參展國家、地區和國際組織約40個，參展圖書約10萬餘種，音像製品近萬種。2004年的第11屆北京國際圖書博覽會於9月2日至9月6日在北京展覽館舉辦。由於北京奧運會的緣故，2008年的第15屆BIBF改在了天津舉辦。該屆BIBF展場面積35000平方米，設展臺1370個，有51個國家與地區的1300個機構參展。

全國書市全稱為「全國圖書交易博覽會」，是中國大陸最大的圖書零售活動，每年一次，時間為5月，輪流在中國的不同省分舉辦，一般為期10天。該書市以銷售為主，成交額極大，至2009年已舉辦了19屆。第19屆書市在山東濟南舉辦。

北京圖書訂貨會在每年1月初舉行，它的最主要功能是出版者與圖書批發商間簽訂訂貨協定，類似於美國書展（Book Exposition of American），會期一般為4天。2009年的訂貨會共有761家機構參展，推出新書15萬種，共設展位2011個，訂貨金額達25億元（3.68億美元）。

除了上述三大全國性書業活動外，中國大陸每年還都舉辦其他書市、訂貨會等，這些活動多為行業或地區性書業活動。其中自2002年起舉辦的上海書展是較有影響的一個，目前，上海書展每年8月初舉行，參展面積21800平方米。2008年的書展展出圖書10萬餘種，其中新書6萬餘種。

## 六、出版物進出口

　　中國大陸從事出版物進出口業務需取得許可。目前，大陸共有約40家圖書進出口公司（參見附錄五「中國大陸各圖書進出口公司名錄」），它們均為國營，多隸屬於省級新聞出版局或大型出版公司，如中國國際圖書貿易總公司隸屬中國國際出版集團、天津圖書進出口總公司隸屬天津市新聞出版局、北京中科進出口公司隸屬中國科學出版集團。大陸實力較強的出版物進出口公司有中國圖書進出口總公司、中國國際圖書貿易總公司、北京圖書進出口公司與上海圖書進出口公司等，後兩者分別經營有北京外文書店與上海外文書店。中國出版對外貿易總公司自2009年起，原圖書進出口業務全部併入到中國圖書進出口總公司，該公司今後將主要經營印刷機械進出口、紙張裝幀材料進出口、IBM進口等三大產業服務專案。

　　中國圖書進出口總公司（簡稱「中圖」）隸屬於中國出版集團，是中國大陸最大的出版物進出口公司，其業務以進口為主。在中國北京、上海、西安、廣州等6個城市設有分公司，還另設有4個出版公司，中國以外在美國（新澤西）、英國（倫敦）、德國（法蘭克福）、俄羅斯（莫斯科）、日本（東京）及新加坡都設有分公司，占有中國大陸60％的出版物進口市場份額。2009年中圖和中國出版對外貿易總公司重組後，中圖公司現有總資產達30多億元（4.41億美元），年銷售額達22億元（3.24億美元），擁有員工約2400人。

　　中國國際圖書貿易總公司（簡稱「國圖」）隸屬中國外文出版發行事業局（即中國國際出版集團，參見第二章第一節），是中國第二大書刊進出口公司。其業務以出口為主，其出口額占中國大陸各公司之首位。國圖在上海、深圳、廣州等地設有分公司，在美國、英國、德國、日本、比利時、香港等國家和地區設有分公司和辦事處。在洛杉

礬與布魯塞爾開設有長城書店，在倫敦開設（收購）有光華書店。2004年，國圖出口貿易額突破1000萬美元。目前公司業務網絡遍及180多個國家和地區。國圖的前身是國際書店，成立於1949年12月1日，是新中國設立的第一家圖書進出口機構。

中國出版物進出口額與發達國家相比數量還較小。各類出版物的進口額都大於出口，且一直處於貿易逆差。這主要是由於中國大陸目前的購買力尚不強，加之近年購買外國翻譯版權數量大幅增多，購買外文原版複製權的數量也在大幅增加。

2007年，中國大陸出版物進出口貿易總額近3億美元。其中進口2.54億美元，出口4000萬美元，逆差約2.2億美元。其中圖書出口700餘萬冊，約3300萬美元；進口約370萬餘冊，7800萬美元，逆差4500萬美元。雜誌出口約240萬冊，金額350萬美元；進口約420萬冊，金額1.1億美元，逆差約1億美元。

# 第六章
# 臺灣的華文出版業

## 第一節　簡述

臺灣擁有2300萬人口，陸地面積近3.62萬平方公里。2007年的人均GDP為17250美元，人均年購書約43美元。臺灣是華文出版業相當發達的一個地區，總體出版實力在華文三大出版基地中居第二位。

成規模的臺灣華文出版業起步於20世紀40年代末。時間雖短但成長較快。60年代中期以前，臺灣圖書出版社數量在1000家以內，到1967年突破1000大關。進入80年代，出版社數量開始超過2000餘家，1988年突破3000家。目前，臺灣登記在案的圖書出版社約8400家；影音（有聲）出版社約6100家，雜誌社約4800家，報社約2400家，通訊社約1100家。

臺灣每年出版新書約4萬種。2005、2006年，臺灣申請ISBN的圖書都在近43000種。20世紀90年代後期起，臺灣的年圖書銷售額平均約為17億美元（570億新臺幣）左右。據臺灣業者推算，2004年臺灣圖書市場約為17.9億美元（580億新臺幣）；《2007臺灣圖書出版及行銷通路業經營概況調查》顯示，2006年，臺灣圖書出版市場（不含發行業收入）為8億美元（250億新臺幣）。

臺灣的各種出版機構主要集中在北部。其次分布在台中、高雄與台南。大臺北地區（臺北市與臺北縣之和）各類出版機構占全臺灣總數的一半以上。大臺北地區的圖書出版社占臺灣出版社總數的70%多，有聲出版社占總數的約80%，雜誌社占總數的60%多，報社占總數的50%左右，通訊社占總數的55%左右。臺灣的出版機構絕大多數是民營，此外，還有少數的公營、黨營、軍營等。2006年，全臺灣共

有各類圖書館近520家。

從20世紀80年代起，臺灣出版業就進入了高度競爭狀態。進入新世紀，隨著外資的大規模進入、加入WTO等因素，出版市場競爭更加激烈。伴隨著全球對文化創意產業的重視，臺灣也把目光轉到此點。知識產權與創新成為當今出版界最重視的問題。2003年底，臺灣產、官、學界共同組成了「文化創意產業指導委員會」，以期規劃整合媒體、設計與藝術三大文化創意產業。隨後舉辦了第一屆臺灣創意設計博覽會，邁出了包括出版業在內的文化創意產業大整合的第一步。有遠見的臺灣出版業者積極躋身於文化創意產業。2007年11月，由臺灣出版界風雲人物王榮文領軍的臺灣文創發展股份有限公司通過競標取得臺北「華山創意園區」十五年經營權，計畫將這一以老舊建築為主的園區打造成臺灣文化創意產業的旗艦基地。

## 第二節　圖書出版

### 一、宏觀

臺灣登記的圖書出版社雖有7、8000家，但每年出版圖書在2種以上的，僅約1500家左右，出版圖書超過10種的約在500家左右。據《2007臺灣圖書出版及行銷通路業經營概況調查》，2006年，臺灣年出版圖書4種及以上的出版社為840餘家，這800餘家出版社構成了臺灣圖書出版業的主體。

臺灣圖書出版社的成立時間多數不長，成立不足5年的出版社數量最多，占總數的約50%。10～20年的約占20%，20～30年的約占14%左右，30年以上的僅占0.03%。歷史最悠久的出版社有東方出版社、三民書局、皇冠出版社、遠東圖書公司及早年從中國大陸遷臺的

臺灣商務印書館、臺灣中華書局、世界書局與正中書局等。而在800餘家主體出版社中，成立時間在10～15年的出版社比例最高，占到了總數的一半。

臺灣主體圖書出版社的經營、規模狀況代表了臺灣圖書出版業的現狀。800餘家圖書出版社中，年度營業額在30萬美元（約1000萬新臺幣）以下的數量最多，約為60%，30萬至180萬美元的約為33%，180萬至300萬美元的約為3％，300萬美元以上的約為5％。圖書出版社的年度平均營業額約為90萬美元（3000萬元新臺幣），整體平均獲利率約為13%。

在登記資本額方面，以15萬美元（500萬新臺幣）以下的出版社數量最多，占了總數的60%，15萬至150萬美元的約占總數的30%，150萬到300萬美元及300萬至3000萬美元的均各占總數的3％，3000萬美元以上的共4家，約占總數的0.5%。在出版社的組織形態方面，以有限公司數量最多，為43%，其次是股份有限公司，約為37%，獨資出版社約占19%，以財團法人或其他組織形態從事出版的不到1％。

在人力資源方面，人數在10人以下的最多，占70%；11～20人的為10%，21～50人的為13%，51～100人的約為4％，101人以上的為2％。臺灣的多數出版社屬於中小企業，出版業從業人員中女性比例很高，達到64%，大學以上學歷者占68%。

目前，臺灣綜合實力較強或較具競爭力的出版社（出版集團）有城邦出版控股集團、時報文化出版公司、遠流出版公司、聯經出版事業公司、皇冠文化集團、天下文化出版公司、五南出版公司、三民書局、正中書局、希代書版集團、圓神出版社、全華科技出版公司、松崗出版公司、信誼出版社、張老師出版社、大塊文化出版公司、康軒文教出版公司、臺灣商務印書館、東立出版社、三采文化公司、鼎文書局等。

　　近些年，隨著競爭的不斷加劇，為求生存與壯大，臺灣出版業也出現了相互結盟或集團化趨勢。近年臺灣出版人結盟合作的事例很多，如資深出版人蘇拾平創辦大雁出版社後，又先後與大是出版社、東方出版社結盟；大樹文化出版公司則與天下文化結為策略聯盟。臺灣出版集團的產生主要有三種形態，一是單一出版公司自身裂變，如皇冠出版社轉變為皇冠文化集團。二是若干家出版社合組，如臺灣廣廈、財經傳訊、人生MENU、國際學村、BMG愛閱社、暢銷書房、視覺文化等聯合組成臺灣廣廈出版集團。三是通過購買股份重組，臺灣最大的出版集團城邦出版集團即是由此產生。

　　城邦出版控股集團由香港Tom集團控股，為臺灣最大的出版集團。Tom集團為香港首富李嘉誠的和記黃埔有限公司所屬，為大中華地區首屈一指的中文媒體企業。城邦旗下主要有電腦家庭、城邦文化、尖端出版、商業周刊媒體及儂儂國際媒體五個出版集團組成。整個集團擁有圖書出版社近40家、雜誌50餘種，整體集團年出版圖書約

圖6.1　城邦出版控股集團機構示意圖

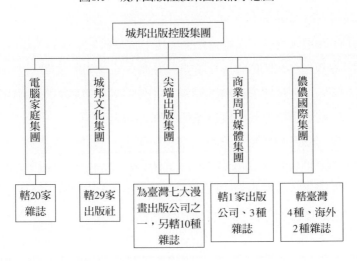

1000種。集團旗下的尖端出版公司、麥田出版公司、貓頭鷹出版社、格林出版社及商周出版公司均是臺灣著名出版公司，《儂儂》、《商業周刊》、《PCHome》等是臺灣著名雜誌。2008年上半年，城邦集團總收入約7000萬美元（5億港元）。

臺灣出版社的出版路線以文學類數量最多，其次是宗教類，心理勵志、醫學家政、藝術、青少年兒童類圖書出版社也都占有一定比例。除以中文出版外，臺灣每年也有約17%與3%的書以英文與日文出版，此外，還有少量的以德、法及西班牙語出版的書籍。在每年出版的各類圖書中，以文學圖書數量最多，據二、三位的分別是財經工商企業管理類及漫畫圖書。

臺灣圖書的定價是華文市場中最高的。依據《2007臺灣圖書出版及行銷通路業經營概況調查》，臺灣平裝書的平均定價為9美元（275元新臺幣），精裝書的平均定價為16美元（510元新臺幣）。各類圖書中，以電子資訊類書籍定價最高，平均約為21美元（680元新臺幣），其次為商業類圖書，平均定價為19.5美元（624元新臺幣），以漫畫類圖書定價最低，平均價格為4.2美元（135元新臺幣）。

臺灣有許多圖書獎評選，當局的獎項叫「金鼎獎」。民間最有影響的是臺灣兩大報——《聯合報》與《中國時報》設立的「讀書人獎」與「開卷獎」。兩個獎項均分設非文學書、文學書與童書三類，每年評選一次，每年年初公布評選結果。此外，臺灣著名的連鎖書店如金石堂、誠品每年舉辦的年度評選活動也具一定影響。

臺灣出版界的代表人物有王榮文（遠流出版公司董事長）、詹宏志（城邦出版控股集團前總裁）、郝明義（大塊文化出版公司董事長）、何飛鵬（城邦出版控股集團總裁）、劉振強（三民書局董事長）、楊榮川（五南文化出版公司董事長）、高希均（天下文化出版公司發行人）、莫昭平（時報文化出版公司總經理）、林載爵（聯經出版

事業公司發行人）、平鑫濤（皇冠文化集團董事長）、簡志忠（圓神出版公司董事長）、詹儀正（全華科技圖書股份有限公司董事長）、林天來（天下文化出版公司總經理）、李萬吉（康軒文教集團董事長）、郭重興（共和國出版社發行人）、蘇拾平（大雁出版基地發行人）、范萬楠（東立出版公司發行人）、張杏如（信誼出版社發行人）、郝廣才（格林出版社社長）、李錫東（紅螞蟻圖書公司總經理）等。

　　臺灣圖書出版業的產業變異水準值為6.9%，顯示這一行業屬於中度變異性產業。這意味著臺灣圖書出版業經營的風險略高。

## 二、分類敘述

　　目前臺灣出版界在諸多領域都有若干具一定影響力的出版公司。在綜合類特別是社科類圖書出版方面出書較具特色的有遠流、時報文化、聯經、五南、天下文化、正中、三民、幼獅、黎明文化、臺灣商務、桂冠、書林、文史哲、傳記文學等出版社。其中又以遠流、時報文化、聯經、五南、天下文化、三民等影響較大。

　　遠流出版公司成立於1975年，是臺灣最大的出版公司之一，有員工170餘人，年出版圖書約300種，年銷售額約1800萬美元（6億新臺幣）。其出版路線包括心理、文學、企管、生活、兒童、工具書等，所出版的涉及外國題材的圖書有「歐洲百科文庫」、「西方文化叢書」、「世界不朽傳家經典系列」等。它還出版有期刊多種，包括美國的科普雜誌《科學人》中文繁體字版。

　　時報文化出版公司與聯經出版事業公司分別隸屬於臺灣兩大報系——中國時報與聯合報系。時報文化出版公司擁有員工百人左右，年出版圖書300餘種，年銷售收入約1200萬美元（約4億新臺幣）。它既秉持人文精神，又兼容並蓄、大膽前衛，勇於呈現流行浪潮的新人

圖6.2　遠流出版公司邀請蘋果電腦創辦人來臺北演講

2007年9月，遠流出版公司邀請美國蘋果電腦創辦人Steve Wozniak（中）到臺北演講。
圖為與會嘉賓合影，右一為王榮文、左二為馬英九總統、左一為著名雜誌人金惟純。
（照片提供：遠流出版公司）

類姿態，是臺灣大眾化閱讀的品牌。時報文化出版有著名漫畫家蔡志
忠、作家哈金、余秋雨等諸多名家作品，在出版外國作品方面，時報
文化使米蘭·昆德拉、艾文·托佛勒、卡爾維諾、葛拉斯、大江健三
郎和村上春樹等成為臺灣家喻戶曉的作家，並擁有時報悅讀網站，它
還是臺灣第一家股票上市的出版公司。

　　聯經出版事業公司是臺灣人文社會科學出版領域水準最高的出版
公司，年出版新書百餘種，出版物包括明清內閣大庫檔案，中國學術
大師錢穆、屈萬里、蕭公權、牟宗三等人全集，黃仁宇、高陽等的系
列作品，在外國文學方面出版有《追憶逝水年華》、《魔戒》等。它也

是臺灣獲得「金鼎獎」數量最多的出版公司。

天下文化出版公司隸屬於天下遠見出版股份有限公司，有員工約80人，年出版圖書約120種。公司以「理想支配我的工作選擇，良知裁判我的工作方法」期許，出版了諸多優秀社會科學圖書。其母公司天下遠見出版股份有限公司同時還擁有《遠見》雜誌、天下遠見讀書俱樂部，及天下文化書坊（www.bookzone.com.tw）、遠見雜誌（www.gvm.com.tw）與哈佛商業評論中文版（www.hbrtaiwan.com）等多個網站，還有著名的門市書店「93巷人文空間」等。創辦人高希均是國際知名經濟學家，另兩位創辦人股允芃與王力行也都是臺灣著名人物（參見第三節「雜誌出版」）。

五南出版公司以出版教科書、法律、考試及工具類圖書聞名，年出版圖書200餘種，在臺灣擁有多家直營書店。三民書局是臺灣本土歷史悠久的出版社，以出版工具書和人文科學書籍為主，在大專教科書市場占有較大份額。

文學出版一直是臺灣出版界的熱鬧領地。臺灣較有影響的文學類出版社有皇冠、聯合文學、圓神、麥田、希代、九歌、爾雅、洪範、大地、志文、晨星、漢藝色研、水雲齋、遠景、前衛、林白等，而近些年新出現的大塊、寶瓶文化、印刻等也備受矚目。

皇冠、圓神、希代是文學出版中規模較大的出版公司，都在流行文學市場占有一定份額。皇冠文化集團是一個擁有文字出版、影音出版、電影、電視、畫廊、劇場、舞團等多元化經營形態的藝文集團。在出版領域擁有皇冠雜誌社、皇冠文化出版有限公司、平安文化有限公司、平安有聲出版品有限公司和平裝本出版有限公司等多家子公司，在香港設有分公司，目前年出版新書250餘種。圓神擁有圓神、方智、究竟、先覺等多個出版社，曾在文學出版領域創造多項紀錄，如出版的龍應台《野火集》，持續再版164次，出版的林清玄有聲書銷

售近20萬套，9個月內銷售額達3億多元。希代書版集團擁有130位員工，年出版新書百餘種。成立三十多年裡所出版的「世界文學典藏版」、「勵志心理典藏版」、「法國文學勳章」、《富爸爸窮爸爸》等文學與非文學書都具有一定市場。

在純文學圖書出版方面，聯合文學出版社是臺灣首屈一指的純文學出版社，它與聯經出版事業公司一樣同屬聯合報系，年出版新書約30餘種。出版圖書絕大多數以當代華人作家為主，除出版大量深具影響力的文藝圖書外，還主辦有臺灣最重要的文學雜誌《聯合文學》。臺灣的文學出版還有著名的「五小」出版社──九歌出版社、爾雅出版社、洪範出版社、大地出版社與已經停業的純文學出版社。文學「五小」曾是臺灣著名的文學出版園地，它們的共同特點是創辦者都是作家、詩人等文化人，都鍾情於純文學出版。目前臺灣的年度小說選、年度詩歌選、年度散文選等即分別由爾雅、九歌出版，九歌還出版有被稱為世界文壇最難翻譯也最有爭議的巨著──喬伊斯的《尤利西斯》，設立有「九歌文教基金會」。臺灣近年新成立且令人矚目的文學出版社是寶瓶文化公司。

臺灣的專業藝術圖書出版社數量不多，目前較有影響的出版社是雄獅美術、藝術家與藝術圖書等。雄獅美術企業擁有近四十年歷史，是臺灣著名藝術類圖書出版公司。出版的藝術叢書超過300種，其創辦的《雄獅美術月刊》曾一直為臺灣美術界的標誌性刊物。

臺灣的青少年兒童類出版社很多，每年出版圖書的數量也很大。具一定規模或影響的有格林、信誼、牛頓、小魯、漢聲、台英社、東方、青林、童年、富春文化等。格林文化出版公司是臺灣年輕而著名的童書出版社，七年中出版的300餘種圖書獲得廣泛讚許。其圖書經常結合國際上眾多一流插畫家共同製作，曾多次入選「波隆納國際兒童書插畫展」，代表圖書有「現代版不朽童話」、「大師名著繪本」、

圖6.3　天下書坊書店獨具創意的閱讀廊　　　　（照片提供：天下文化出版公司）

「莎士比亞名作全集」等。格林出版社曾在「布拉迪斯國際插畫雙年展」上被評為世界最佳童書出版社，總編輯郝廣才也曾被邀擔任波隆納國際兒童書插畫展評審。

　　信誼基金出版社由臺灣唯一專業研發學前教育的基金會──信誼基金會設立，信誼基金出版社是臺灣第一家專業出版幼兒圖畫書及玩具的出版社，以「守護孩子唯一的童年」為宗旨，主要針對0～12歲的孩子及其父母、老師開發多條出版路線。除圖書外，還辦有《學前教

育》等多種雜誌。該出版社也是在整個華文出版界非常受肯定的幼兒圖書出版社之一。

漫畫出版一直在臺灣出版界占有非常重要位置。由於市場很大，出版各類漫畫的出版社也極多。這其中以東立、尖端、臺灣東販、青文、尚登、時報、長鴻及大然等8家最為著名，被合稱為「八大」。東立出版社是臺灣最大的漫畫出版公司，擁有員工百餘人，年出版各類圖書約1400種。它擁有漫畫雜誌5種、影視傳播公司1個，在香港設有分公司。東立擁有自己獨立而健全的發行網絡，在全島擁有8個直銷中心。香港分公司每月出書40種。東立的漫畫在國際上亦有一定影響，其《小和尚》、《天使傳說》等先後授權西班牙、義大利的出版公司出版。但臺灣漫畫出版競爭也極為激烈，損兵折將者也不在少數，「八大」中就已有多家已陷於困境。

在科技出版方面，全華科技、松崗、儒林、曉園、建宏等是歷史較久的重要出版社。而隨著近年電子資訊技術的快速發展，臺灣又出現了一批電子類圖書出版社，較有影響的有第三波、立威、立得、旗標、天充文化、博碩文化、和碩科技文化、碁峰資訊、資訊人文化事業、電腦人等。

全華科技圖書股份有限公司是臺灣最大的科技出版公司，成立三十年來已出版圖書5000餘種，涉及電子資訊、機械製造、工程管理、土木設計、化工、商業管理等諸多領域。同時還經營西文圖書、軟體的進口銷售業務。擁有員工100餘人，年銷售收入近3億元，在臺灣科技、教育方面貢獻良多。公司旗下擁有全友書局、松根出版社、華立出版社、電子書局、機械技術雜誌社、電子技術雜誌社、永華製版廠等多家子公司。

臺灣的教育出版競爭也十分激烈。自1989年教科書出版開放給民營後，這一現象就更加突出。目前出版教科書、考試輔導書籍較具規

模的出版公司有康軒文教、鼎文文化、五南文化、千華文化、三民書局等公司。康軒文教事業公司是臺灣最大的教科書、考試書出版社，隸屬於康軒文教集團。該公司以國民小學教科書及雙語學校為市場，臺灣五成以上的國小學生使用其出版的教材，每年維持市場占有率達60%，公司還擁有雙語學校及6個學習網站。康軒文教集團擁有員工近千人，年銷售收入近1億美元，集團在中國大陸設有分公司。鼎文文化集團擁有鼎文書局、大華傳真2家出版社，還有考試類周刊、網站、印刷廠及補習班等多個子公司。

在其他方面，臺灣較有影響的財經法律類出版社有天下文化、財訊、卓越、哈佛企管、中華徵信所、長河、五南、蔚理法律等，較有影響的語言類出版社有遠東、經典傳訊、吉的堡（Kid Castle）、何嘉仁（Hess Press）、書林、敦煌、鴻儒堂、旺文等，較有影響的生活類出版社有戶外生活、方智、臺灣東販、禾馬文化、張老師、世茂、漢光、益群等。

臺灣的宗教出版社數量較多，其中主要是出版基督教、佛教書籍的出版社，一些出版社還頗具規模。出版基督教圖書的出版社有道聲、光啟、宇宙光、天華、基督教文藝等，出版佛教圖書的出版社有法鼓文化、香海文化、佛光、佛教、佛光大學、東初、慧炬等。

## 第三節　雜誌出版

2008年10月，臺灣的行政院新聞局發布了委託專業公司完成的《2007年臺灣雜誌出版產業調查研究》報告。報告顯示，臺灣的雜誌出版業既延續著過去的諸多態勢，也呈現著一些新特徵。

和圖書出版一樣，臺灣的雜誌出版競爭也非常激烈。臺灣在行政院新聞局註冊的雜誌達5、6000家，但在市場上流通的約在1500種左

右。如果扣除年刊、季刊及雜誌書Mook，則經常在市場上銷售的約在600種左右。

2007年，臺灣雜誌業的廣告收入約2億美元（72億新臺幣），較上年減少10%，占臺灣廣告總量的6.5%。雜誌廣告減少的一個重要原因是網路廣告的衝擊。回顧過去幾年，2002年，雜誌出版者有納稅的為835家，納稅額近6億美元（184億新臺幣）。2000年，據葉君超《2000臺灣商業性雜誌市場報告》，臺灣雜誌市場的銷售規模約在300～350億元新臺幣。其中廣告約為3億美元（100億新臺幣），占臺灣媒體廣告總量25億美元（800億新臺幣）的約12%；雜誌零售與訂戶數額分別為3億美元與4.7億美元（150億元新臺幣）。

《2007年臺灣雜誌出版產業調查研究》共調查了304家雜誌社出版的近500種雜誌，這些雜誌也構成了臺灣市場銷售的雜誌的主體。調查顯示：這些主體雜誌中，30%是在1987年臺灣解嚴前創辦的，70%是解嚴後創辦的。有一半的雜誌出版者同時經營圖書出版。2007年304家雜誌社年收入約5億美元（166億新臺幣）。

在資本額方面，依據《2007年臺灣雜誌出版產業調查研究》，臺灣主體雜誌社的資本額在3萬美元（100萬新臺幣）以下的數量最多，占總數的30%；3～15萬美元（約500萬元新臺幣）的占14%，15～30萬美元（1000萬元新臺幣）的占18%，30～150萬美元（5000萬新臺幣）的占24%，150～300萬美元（1億新臺幣）的占7%，300～1500萬美元（5億新臺幣）的占6%，1500萬美元以上的占1.4%。人力資源方面，雜誌社員工20人以下的最多，約占總數的67%，20～50人的約占總數的20%，50～100人的約占5%，100～500人的約7%，500人以上的占總數的1.1%。雜誌從業人員中74%有大學與研究生學歷，有66%為女性。在雜誌社的組織形態方面，採取股份有限公司形式的最多，約為總數的42%，有限公司約為26%，獨資經營的約為16%，非營利

組織的為9%，公營機構的7%。競爭激烈導致進入市場的成本在不斷提高，目前在臺灣創辦月刊約需2、3000萬元，創辦周刊約需5000萬元左右。

在營業收入方面，雜誌社年營業額在15萬美元（500萬新臺幣）以下者數量最多，占總數的約36%，15～30萬美元（1000萬新臺幣）的占17%，30～150萬美元（5000萬新臺幣）的占34%，150～300萬美元（1億新臺幣）的占5%，300萬美元以上的占8%。

在銷售方面，臺灣雜誌零售高於訂閱，出售的雜誌約有57%為零售，43%為訂購。在零售用戶中，以便利商店銷售比例最高，約占到總數的一半；其次是連鎖書店與傳統書店，分別占25%與21%；網路書店約占5%。在訂購用戶中，又以郵購訂購比例最高，占到36%；其次是直銷訂購，占24%；再次是網路訂購與電話訂購，分別占15%和13%。在銷售冊數方面，據以往的統計，臺灣雜誌的平均發行數量為32300冊。數量在4000冊以下的約9%，4000～1萬冊的約15%，1～2萬冊的約為15%，2～5萬冊的約為24%，5～10萬冊的約為19%，10萬冊以上的約為5%。在發行方式方面，雜誌社既自售又委託代售者最多，占總數的約41%，完全委託代售者占38%，完全自售者約占15%。在雜誌訂價方面，近些年臺灣雜誌的價格有愈來愈低的傾向，價格在6美元（200元新臺幣）左右的雜誌占了約78%。而據知名雜誌人陳素蘭推斷，有超過60%的雜誌訂價在5美元（160元新臺幣）以下。

臺灣雜誌的刊期以月刊最多，占雜誌總數的40%左右；其他依次是季刊、雙月刊、周刊、雙周刊與旬刊。據AC Nelsen的調查，臺灣讀者閱讀率最高的是月刊，約為28%，其次是周刊，約為16%。由於人們對閱讀資訊需求周期越來越短，使得臺灣雜誌刊期變化也較大，主要是刊期在縮短，月刊改為半月刊、雙周刊的現象非常普遍。雜誌

種類方面以財經工商類數量最多，占總數的1/5；其他種類數量較多的雜誌依次為教育文化、宗教、社會、通訊、醫藥衛生、工程技術、農林水產、地方報導等，數量均在200種以上。臺灣雜誌除中文外，也有少量雙語、英語、日語等外語雜誌。

臺灣發行量較大的雜誌以時事、娛樂生活時尚、外語學習及財經類為主。而臺灣四大便利商店公司的統計顯示，最暢銷的四類雜誌分別為綜合類（包括新聞、八卦雜誌）、財經企管類、流行時尚類及第四類動漫、小說與電玩。在娛樂生活時尚類雜誌中，發行量較大的首先是多本進入臺灣的國際知名品牌，如《Vogue》、《GQ》、《美麗佳人》（*Marie Clarie*）、《ELLE》等。有人大體根據版權來源的不同，將國際知名雜誌中文版分為歐美中文版與日系中文版兩大類，日系中文版雜誌在臺灣有相當大的市場。臺灣本土發行量大的有《儂儂》、《美人誌》、《LOOK》、《漂亮寶貝》、《談星》、《跳蚤市場》、《超越車訊》等。發行量較大的旅遊休閒資訊類雜誌有《Taipei Walker》、《HERE！臺北情報共鳴誌》、《TO GO》等，外語學習類有《空中英語教室》、《大家說英語》、《TIME EXPRESS》、《常春藤解析英語》等，財經類有《財訊》、《錢》、《天下》等。臺灣的周刊以時事新聞類為多，發行量較大的有《時報周刊》、《商業周刊》、《壹週刊》、《新新聞》、《今周刊》、《TVBS周刊》、《先探》等。

《天下》雜誌是臺灣最有影響力的雜誌之一，它以政經報導為主，讀者多分布在政經界、知識界及管理階層。數度榮獲臺灣雜誌出版「金鼎獎」、花旗銀行亞洲財經新聞獎等。世界眾多政要名流如大前研一、彼得・杜拉克、彼得・聖吉、波特、比爾・蓋茲、盛田昭夫、馬哈迪、李光耀、拉莫斯等都接受過其採訪。美國《紐約時報》曾以專文推介該雜誌「是臺灣第一本完整的經濟雜誌」。其「年度1000大企業調查」，是臺灣最權威大企業排名調查。它還擁有《康

健》雜誌、《e天下》、《Cheers》雜誌、天下生活出版公司、網站www.
cw.com.tw及門市（書香花園）（參見第二節圖書出版）。

《Cita Bella儂儂》雜誌是臺灣本土時尚生活類雜誌的代表，讀者
以年輕女性為主，發行量約為2萬冊。目前儂儂雜誌已發展成為一個
雜誌集團，擁有《儂儂》、《媽媽寶寶》、《美麗佳人》和《新纖有型》
（Shape）等數種雜誌，並已開始跨國經營。

臺灣的文學類雜誌數量較以往已減少很多。在市場上發行的有
《聯合文學》、《皇冠》、《印刻文學生活誌》、《小說族》等，由聯合報
系主辦的《聯合文學》月刊是臺灣最重要的純文學雜誌，也是世界華
語文學中最有影響的文學雜誌之一。

2007年位居臺灣廣告量前四位的雜誌分別是《壹週刊》、《時報周
刊》、《獨家報導》與《TVBS周刊》。其中《壹週刊》為2900萬美元
（9.3億新臺幣），比第二位《時報周刊》的1125萬美元（3.5億新臺幣）
多2.6倍。

近年，臺灣雜誌業又呈現了一些新特徵。首先是集團化與國際
化。臺灣雜誌無論是本土的、合資的或外資的，形成雜誌集團、雜誌
群的次第增多。城邦集團（擁有商業周刊媒體集團、PCHome電腦雜
誌集團與儂儂國際媒體集團等）、壹媒體集團、天下雜誌群、青文出
版社集團及財信集團等，成為影響臺灣雜誌出版的指標性角色。而與
外國合資或獨資的雜誌集團如時報周刊雜誌群、樺榭出版集團、華克
文化集團等也有著不同一般的影響。這些集團有一個共同的特點，即
集團中至少有一個以上的知名品牌，其他雜誌利用該雜誌的影響與通
路發行。《2007年臺灣雜誌出版產業調查研究》顯示，臺灣市場流通
的主要雜誌中，許多都與外國開展了業務合作。其中與美國、日本合
作的比例最高，分別占15%和14%，與韓國合作的有9%，與德國合作
的占4%，與英國及新加坡合作的各占3%，與法國合作的占2%。在合

作方式上，購買特定內容（文稿與圖片）的占41％，廣告發行代理的占37％，整本授權出版的占20％，代理銷售的占12％。

在外資進入臺灣的同時，一些臺灣業者也開始出島投資出版。對外投資主要有兩個區域，一是東南亞華文國家，另一是中國大陸、香港地區。在市場銷售的主體雜誌中，有27％的雜誌與中國大陸有合作。在向外國投資方面，儂儂文化公司較出色，該公司與新加坡報業控股公司合資在新加坡發行有《Citta Bella》雜誌，儂儂所屬的媽媽寶寶文化公司在馬來西亞出版發行有《OURS》雜誌。

雜誌業的另一個新特徵是，便利商店成為雜誌的主要零售商。伴隨著統一企業（7-11）及全家便利商店兩大超商公司開始銷售雜誌，便利商店立即取代了傳統書店，成為雜誌的最主要零售機構。臺灣共有約9千家便利商店（主要隸屬於四大公司），便利商店的進入，從根本上改變了臺灣雜誌業舊的銷售管道。傳統的雜誌銷售商如大眾雨晨、智育、創新、聯華、農學、勤力等雖然依然在從事發行業務，但均已受到極大的衝擊。大型超商不僅銷售雜誌，少數公司甚至直接開始從事雜誌出版，如統一企業就出版了《7-Watch》、《I Money》與《LOHAS》，令傳統雜誌出版者瞠目結舌。

網路數位（電子）雜誌大量出現，並受到讀者歡迎，也是近年來臺灣雜誌業的一個新特徵。臺灣目前已有100多種雜誌通過Zinio、Udn、MagV、摩客資訊銀行等電子雜誌服務商提供的平臺向讀者提供電子雜誌。此外，《天下》、《商業周刊》、《尖端科技軍事》等著名雜誌還向讀者提供資料庫服務。著名的《空中英語雜誌》，還通過手機提供「手機學英語」服務。

臺灣著名的雜誌出版人有《時報周刊》的簡志信、《天下》的殷允芃、《遠見》的王力行、《商業周刊》的金惟純、《儂儂》的吳麗萍、《空中英語》的彭蒙惠、《Vogue》中文版的劉炳森、《講義》雜誌的林

獻章、《管理》雜誌的洪良浩、《滾石》的段鍾沂、《數位時代》的陳素蘭、《解讀時代英語》的黃智成，以及在圖書出版業同樣著名的王榮文（《科學人》雜誌發行人）、詹宏志（《PC Home》創辦人）等。

　　臺灣雜誌數量雖多，但也存在一些問題。如有的門類告缺，有的內容本土製作力量較弱等。如科普類雜誌，市面上見到的不超過10種，銷路較好也較有名的多為翻譯類雜誌，如《牛頓》、《國家地理雜誌》、《科學人》等。本土雜誌多數屬慘淡經營，著名的《科學》、《大自然》訂戶目前已下降到3、4000冊。

## 第四節　有聲出版與其他

### 一、有聲出版

　　2006年，臺灣登記在案的唱片公司約6800家左右，實際營運的約在200家左右。依據財團法人國際唱片業交流基金會（International Federation of the Phonographic Industry, IFPI）統計，2006年，臺灣銷售CD700萬張，銷售額約6600萬美元（21億新臺幣）。

　　在1999年前，臺灣唱片市場的銷售額一直較大。它不僅超過中國大陸、香港兩個地區，成為兩岸三地最大的唱片市場，在亞洲各國家與地區中，也居前茅（僅次日本）。但近年，由於MP3及盜版的影響，臺灣唱片業大幅滑落。許多公司結束經營，繼續營運的公司則多數取消古典部分，只保留流行部分，產品與人事均大幅縮減。目前臺灣唱片市場的銷售額僅是十年前的三分之一。

　　實體唱片專賣店逐步退出市場，數位音樂快速發展是近幾年臺灣唱片出版的突出特點。2005年，臺灣最大的實體唱片銷售公司亞洲國際公司（亞洲唱片行）宣布倒閉，不僅標誌著實體唱片銷售行業的逐

步退出，也令音樂出版業損失慘重。但同時，數位音樂、線上音樂市場開始顯現潛力，消費者下載音樂的數量大幅增加。2004年，臺灣銷售了近70萬個MP3播放器，2005年，銷售了近100萬個。而線上音樂也因傳播快、範圍廣、投入低的特點，受到青睞。著名歌手徐若瑄的《好眼淚壞眼淚》，就曾在未做任何宣傳的情況下，僅憑網路播放就打敗其他有大量實體宣傳的唱片，取得KKBOX（臺灣著名的音樂網站）季度人氣排行榜冠軍的成績。2006年，臺灣還首次舉辦了線上音樂頒獎典禮活動。音樂以外，一些獨具創意的有聲書依然有一定市場。2006年，由臺灣著名媒體人趙少康與作家王文華合作推出的有聲書《不敗地球人必修12學分》就暢銷一時，並登上臺灣最有影響的網路書店博客來年終排行榜首位（第二位是最走紅的華語歌手周杰倫的唱片）。

此外，臺灣唱片市場還依然保持著一些原有特點。第一，它是華語市場中最成熟、最具活力的地區，音樂製作、市場營銷都非常專業化。既有一批專業唱片公司，也有一批優秀製作、策劃與營銷人才。第二，市場多元化，中文產品是絕對的主流，但外國作品也有一定市場。在外國音樂製品中，日本、韓國作品最受歡迎，其次才是歐美作品。第三，與中國大陸合作更加密切，大陸成為臺灣唱片業者、歌手發展的新市場。近些年，臺灣唱片業者紛紛進軍大陸，與大陸業者的合作更是前所未有的密切。近兩年臺灣歌手在島內的唱片發行量沒有超過40萬的，但到大陸卻可以發行到70、80萬。

目前臺灣較有影響的唱片公司有滾石唱片公司、風華唱片公司、福茂唱片音樂公司、上華國際企業公司、上揚國際股份有限公司、魔岩唱片公司、風潮唱片公司、艾迴公司、普音文化公司等。國際著名大唱片公司博德曼（BMG Music）、索尼哥倫比亞（Sony Music Entertainment）、華納（Warner Music）、科藝百代（EMI）以及環球國際

（Universal Music）等不僅都在臺灣設立有分公司，並均稱霸臺灣。國際「五大」與滾石並稱臺灣唱片業「六大」。

本土公司中，最著名的是滾石公司。滾石由段鍾潭創辦於1981年，最初只有幾名員工。但由於善於經營、掌握人才、勇於開拓，公司發展極為迅速，很快即成為臺灣最有影響、也最具實力的唱片公司。今天它不僅在臺灣與國際五大公司並列為「六大」，也是華語唱片公司中最著名的公司。大力開發原創歌曲、追求音樂的品質，是滾石成功的關鍵。滾石擁有羅大佑、陳淑樺、李宗盛、趙傳、周華健等一批優秀人才，正是他們不斷為滾石拿出深受歡迎的作品。善於推陳出新，使滾石不斷在臺灣有聲出版市場占有先機。滾石現有員工上百位，並擁有多個關係企業及多個海外分公司，它還主辦有臺灣著名的《廣告adm》雜誌。

## 二、出版社團、媒體與研究

臺灣的民間出版發行組織很多。圖書方面主要有臺灣圖書出版事業協會、臺北市出版商業同業公會、臺灣雜誌事業協會、臺北市雜誌商業同業公會、臺北市報業商業同業公會、臺灣新聞記者協會、臺灣區視聽錄音工業同業公會、臺北國際唱片協會、臺灣圖書發行協進會，等等。此外，還有中華音樂著作權仲介協會等多個著作權方面的社團。

臺灣出版資訊也較多。各類資訊中以報紙類影響最大，重要的報紙資訊有《中國時報·開卷》、《聯合報·讀書人》（2009年5月停刊）、《工商時報·大書坊》、等，其中《中國時報·開卷》周刊、《聯合報·讀書人》周刊是臺灣影響最大的兩份出版類資訊。

雜誌類資訊有《出版情報》、《出版流通》、《出版界》、《出版

人》、《誠品好讀》（*Eslite Reader*）、《文訊》、《全國新書資訊月刊》等。《出版情報》月刊是由臺灣金石文化廣場（金石堂連鎖書店）所主辦，每期印製約4萬份，免費贈送給書店會員。其每年初出版一期年度特刊，總結臺灣上年度的出版狀況，並提供金石堂書店全年的年度暢銷書排行榜等諸多銷售數據，對瞭解臺灣出版市場具有重要參考價值。

2007年底，《出版情報》不再出版紙質版雜誌，改為單一電子版雜誌。《出版流通》月刊由農學社主辦，是其為下游書店提供書刊銷售資訊的雜誌。《誠品好讀》由誠品書店主辦，集人文閱讀與圖書銷售資訊於一體，在臺灣出版界與知識界皆具一定影響。過去以書店會員為發放對象，2004年3月起開始正式訂閱銷售。《誠品好讀》自創刊之日起，就受到讀者好評，但經營一直不佳。2008年4月，該刊宣布停刊。《出版界》、《出版人》分別為臺北市出版商業同業公會與臺灣圖書出版事業協會主辦的會刊。《文訊》雜誌以提供藝文資訊為主，重點在臺灣現當代文化，兼及出版資訊，是臺灣最有影響力的藝文雜誌。《全國新書資訊月刊》是綜合性書訊雜誌，既有新書介紹，也登載書評、作家與作品消息及相關出版資訊等。此外，臺灣的行政院新聞局每年編輯出版有《出版年鑑》。

臺灣目前有多家出版資訊的網站。如臺灣出版資訊網（http://tpi.org.tw）、數位出版網（http://digital.tpi.org.tw）、臺北市雜誌商業同業公會網（http://www.magazine.org.tw）等。臺灣的一些專業網站如臺北國際書展網站（http://www.tibe.org.tw）、全國新書資訊網（http://lib.ncl.edu.tw/isbn/）及部分網路書店如博客來等也提供出版資訊。

臺灣的一些電臺、電視臺也設有讀書類專題節目。設立讀書單元的電臺有20餘家，著名的如中國廣播公司的「書香社會」、News98的「說書人張大春」、警察廣播電臺的「跟書做朋友」等。設立讀書節目

表6.4　臺灣地區主要出版類媒體一覽表

| 名稱 | 主辦者 | 刊期 | 特點 |
|------|--------|------|------|
| 《中國時報・開卷》 | 中國時報系 | 周 | 臺灣兩大出版資訊媒體之一 |
| 《聯合報・讀書人》 | 聯合報系 | 周 | 臺灣兩大出版資訊媒體之一，2009年5月已停刊 |
| 中央日報・讀書版 | 中央日報 | 周 | |
| 中華日報・讀書版 | 中華日報 | 周 | |
| 《出版界》 | 臺北市出版商業同業公會 | 季 | 出版資訊雜誌 |
| 《出版人》 | 臺灣圖書出版事業協會 | 季 | 出版資訊雜誌 |
| 《出版情報》 | 金石堂實業股份有限公司 | 月 | 贈閱雜誌，其出版物排行榜、銷售統計等欄目內容是臺灣出版界較具參考價值的資料 |
| 《出版流通》 | 農學股份有限公司 | 月 | 臺灣唯一以發行為主並兼及出版的雜誌，以出版社和書店為主要讀者對象 |
| 《文訊》 | 財團法人臺灣文學發展基金會 | 月 | 影響較大的文化訊息雜誌，文學為主，出版為輔 |
| 《誠品學》 | 誠品書店 | 月 | 《誠品好讀》停刊一年後，該書店又於2009年2月開始試辦本刊 |
| 《網路與書》 | 網路與書 | 雙月 | 每期一個主題，做全面深入報導與介紹 |
| 《書目季刊》 | 學生書局 | 季 | 臺灣重要的古籍出版資訊雜誌 |
| 《全國新書資訊月刊》 | 國家圖書館 | 月 | 以介紹書情、書訊為主 |
| 《臺灣地區國際標準書號中心通訊》 | 國家圖書館 | 月 | 主要反映當月出版社向該中心申請書號的一些資訊 |
| 《印刷人》 | 《印刷人》雜誌社 | 雙月 | 臺灣印刷界最權威的雜誌 |

的電視臺有公共電視（「今天不看電視」）與中天電視臺（「中天書坊」）等。

臺灣的出版高等教育發展於20世紀90年代後期。1997年成立的南華大學出版研究所是臺灣第一個出版高等研究與教育機構。目前臺灣開設出版類專業課程的大學還有世新大學、政治大學等。

## 第五節　發行業

### 一、傳統發行業

　　臺灣擁有較成熟的書刊發行渠道，銷售網絡密集。銷售方式上店銷、直銷、郵銷、校銷與網銷等各類皆備。就銷售數量看，一般書籍的銷售方式主要是通過書店，其次是郵購、第三是網路銷售。臺灣書店數量多，分布較為密集，據臺灣業界人士估算，各種書刊零售點在6000家以上，超過10坪（一坪約為3.3平方米）的書店約有2000家左右。就市場分布看，臺北地區是最大的出版物銷售市場，占全臺灣銷售總量的七成左右。

　　臺灣連鎖書業發達，從80年代起興起的連鎖書店目前已遍布全島，著名的連鎖店有金石堂、誠品、新學友、何嘉仁、敦煌、永漢、聯經等。此外，許多連鎖便利店如7-11、福客多、萊爾富、全家等也銷售書刊。誠品書店是臺灣營業額最大、也最著名的連鎖書店，擁有48家分店，1000多員工。2008年其對外宣布的2007年總收入約3億美元（90億新臺幣）。2006年誠品的書店與文化經營部分收入之和約1億美元（32億新臺幣），利潤600萬美元（2億元新臺幣）。書店風格雅致清新，融藝術和人文於一體，被譽為臺灣的「文化地標」。誠品的創立者吳清友也因此被視為臺灣文化界的指標性人物。

　　家數最多、歷史最悠久的連鎖書店是金石堂。它是臺灣第一家連鎖書店，目前連鎖店數量約在100家，擁有員工1140人左右。其書店多為直營店，約20%為加盟店，網點遍布臺灣全島。它擁有圖書資料檔案近20萬筆，各分店陳列的書籍約4、5萬種，每月進新書1200種，銷售數量約為60萬本。同時，還銷售有500種雜誌，另擁有金石堂網路書店。2006年金石堂共銷售圖書710萬本，其中46%為當年出版的

圖6.5　誠品書店一角

新書。隨著誠品書店的大幅擴張等因素，導致金石堂的收入開始減
少。2006年它的銷售收入約6000萬美元（20億元新臺幣），居臺灣書
店營業額的第二位，但利潤呈現虧損。金石堂的創辦是受日本的影
響，創辦人曾回憶，當年在日本看到那裡的連鎖書店，才萌發了回臺
灣創辦連鎖書店的念頭。

　　臺灣的圖書批發公司叫書報社（中盤商），中盤發行圖書占了總
量的50%～70%左右。目前最有影響的是農學社、陳氏圖書公司、黎
明文化、紅螞蟻與聯經出版事業公司等。

　　農學社是臺灣最大的書刊發行中盤商，在臺灣多個地區設有分公
司，並建有投資約４億元、面積近２萬平方米的大型物流中心。擁有
員工660餘人，年營業額在13億元左右，經銷臺灣250餘家出版社的發
行業務。除做中盤外，農學社也為多家出版社提供倉儲服務，同時，

表6.6　臺灣地區主要連鎖書店一覽表

| 名稱 | 書店數量 | 員工數量（人） | 備註 |
| --- | --- | --- | --- |
| 金石堂書店 | 100餘 | 1140 | 臺灣第一家連鎖書店 |
| 誠品書店 | 45 | 1000 | 臺灣書店營業額最高 |
| 新學友書局 | 20 | | |
| 敦煌書局 | 16 | | |
| 何嘉仁書店 | 7 | | |
| 永漢國際書局 | 7 | | |
| 紀伊國屋書店 | 6 | | 都在百貨公司或大型賣場內 |
| 法雅時代媒體 | 4 | | 都在百貨公司內 |

它還在臺灣多家出版公司有投資。

　　直到20世紀末，直銷還一直是臺灣書刊銷售的一個重要手段。在書店尚不普及、資訊傳遞有限的年代，更曾占有重份額。許多出版社都曾採用直銷方式，台英社、錦繡文化企業、華一書局、牛頓出版公司、漢聲公司、光復書局等就是依靠直銷而成為大型書業公司的。台英社是臺灣最大的直銷公司，以代理美國《讀者文摘》等雜誌起家。除台英社外，擁有陳氏圖書、台祥圖書兩大銷售公司，目前年銷售額約15億元，擁有員工約900人。代理的雜誌約630種，其中中文雜誌120餘種，外文雜誌510餘種；每月發行量達105萬冊。台英社擁有訓練有素的直銷團隊，影響臺灣350萬人，近三十年來已累計直銷了5100萬冊圖書，按臺灣人口平均，每個人擁有2.2冊，每個家庭擁有7冊。

　　但近幾年，隨著書店密度的快速加大、網路書店的普及，直銷在發行中所占份額大幅下降，從事直銷的公司也明顯減少。目前只有台英社、牛頓、臺灣麥克等少數公司在從事直銷。

　　除本島銷售外，另有少數出版社在島外也建立有自己的發行管

道。這類公司包括聯經、正中、黎明、城邦等。其中,聯經出版事業公司,在臺灣以外地區的發行能力最強。聯合報系在北美地區擁有20多家中文連鎖書店,在東南亞也有相關業務。聯經出版事業公司負責向這些書店提供所需各類書刊。

除上述銷售管道外,臺灣的讀書俱樂部也很多。許多出版公司、書店都辦有自己的讀者俱樂部,較具規模的有遠流出版公司、天下文化出版公司、城邦出版集團、時報文化出版公司、金石堂、誠品及博客來網路書店等所創辦的俱樂部。

中文書店外,臺灣也有一些外文書店。銷售外文圖書較多的書店有敦煌、書林、亞典圖書等,此外,誠品、新學友等書店也都有一定數量的外文圖書銷售。有五十年歷史的敦煌書局以銷售外文書起家,是臺灣最知名的外文書店,目前擁有多家子公司,業務範圍包括外文圖書代理與銷售、外語圖書出版、各類英語培訓等。擁有的數十家書店遍布臺灣全省,並擁有650坪的辦公大樓。2006年銷售收入約300萬美元(1億新臺幣),利潤20萬美元(690萬新臺幣)。

在臺灣,說到發行,就必須提到租書店。臺灣的租書店數量非常龐大,大多散布在中小學附近。過去的租書店主要以漫畫為主,現今則種類較多,漫畫外,言情小說、生活時尚類雜誌等也都登場。部分租書店已較注重環境與服務品質,還出現了連鎖經營。臺灣目前最著名也是最大的租書店是十大書坊,該店為臺灣網路科技集團投資的連鎖店,數量已超過120家,擁有會員20萬。租書店環境雅致,重品牌開發,還擁有自己的網站。

租書店的大量存在,勢必對出版界及書店業產生一定的影響。這也是許多臺灣出版人經常提到的話題。

臺灣每年都舉辦有許多書展,最大的書展是始於1987年的臺北國際書展(Taipei International Book Exhibition)。它集版權交易、圖書

銷售於一體，自1998年起改為每年舉辦一屆，時間定在每年的1、2月份。2008年2月13日舉辦的是第16屆，有超過40萬讀者入場，但銷售額不如以往，被認為是近些年最蕭條的一次書展。

臺灣出版品的進出口數量較大。20世紀末，年進口圖書已超過3100萬餘冊，出口2000萬餘冊；進口雜誌超過2700萬冊，出口550萬冊；進口影音製品超過850萬餘片（卷），出口900餘萬片（卷）。

## 二、網路書業

臺灣第一家網路書店是1995年12月成立的博客來（books.com.tw）。目前，臺灣具一定影響的網路書店在數十家左右。較著名的網路書店有博客來、金石堂網路書店（kingstone.com.tw）、誠品網路書店（eslite.com）、遠流博識網（ylib.com）、時報悅讀網（readingtimes.com.tw）、搜主義（soidea.com.tw）、聯經出版（linkingbooks.com.tw）、天下文化書坊（bookzone.com.tw）、城邦讀書花園（cite.com.tw）、全華科技圖書（opentech.com.tw）、三民書局（sanmin.com.tw）、圓神書活網（booklife.com.tw）、高寶書版集團（gobooks.com.tw）與念慈（jessb.com）等。

臺灣的網路書業經營者以出版社、書店及電子公司為主。上述網站中的遠流博識網、天下文化書坊、時報悅讀、聯經出版、全華科技圖書等均由傳統出版者經營，金石堂網路書店、誠品書店、念慈則是實體書店經營，博客來目前的大股東則是臺灣大型連鎖店統一超商。臺灣有一定規模的出版社都設立了自己的網站，並經營圖書銷售。

臺灣網路書店的經營方式大體相同，但一些店也有自己的特色。博客來是臺灣第一家網路書店，不僅業務開展得較久，投入也較多。為提高圖書的銷售速度，博客來與臺灣著名連鎖店7-11（隸屬統一企

業）合作，為讀者提供就近取書業務，網友在網上購書，第二天可以在最近的7-11連鎖店取到書。之後，統一超商又成為博客來的控股股東。遠流博識網是臺灣出版業者經營的規模最大的網路書店。該網路專欄較多，內容豐富，提供的服務也非常全面。遠流出版公司也是對網路投入最多的少數出版社之一，它還將《中國大百科全書》、《大英百科全書》等內容上網提供查詢。天下文化書坊由天下文化出版公司經營，主要銷售本社書籍，圖書介紹豐富多彩，載有《遠見》雜誌的相關內容。上述網路書店的經營地點皆在臺北，惟念慈是臺灣南部的網路書店。

在經歷了前些年的網路泡沫化過程後，臺灣的網路書店也開始進入逐漸平穩發展階段。博客來、金石堂網路書店、誠品網路書店已成為臺灣最有影響的網路書店。特別是博客來經過十餘年的努力，已成為臺灣網路書店的代名詞。博客來目前的銷售範圍包括圖書、雜誌、影音等產品，此外還包括百貨。2007年，博客來擁有會員達200萬，經營收入約4000萬美元（13億新臺幣），其中圖書銷售額約2800萬美元（9億新臺幣），占總收入的70%。2007年博客來的圖書銷售數量成長四成，總銷售本數達600萬本。平均每5秒鐘就售出一本書，穩居臺灣網路書店銷售冠軍之位。金石堂網路書店2006年銷售收入成長四成。後起的誠品網路書店2007年也有出色表現，銷售收入達300萬美元。

## 第六節　境外資本進入情況

根據《2007臺灣圖書出版及行銷通路業經營概況調查》顯示，臺灣圖書出版業的資金來源主要是本島，來自外國的僅占投資總數的0.5%。在圖書銷售領域，資金也主要來自本島，來自外國的占總投

資額的2.4%。但在雜誌出版領域又有所不同，《2007年臺灣雜誌出版產業調查研究》顯示，雖然雜誌銷售領域的外資僅占總數的1.46%，但在臺灣市場銷售的主體雜誌中，出版資金來自外國的則占了總數的一半。這表明，外資進入雜誌領域已非常普遍（參見第三節「雜誌出版」）。此外，在影音出版領域，外國資本通過設立分公司的方式也已大量進入臺灣。

境外資本進入臺灣出版業主要始於20世紀80年代，在90年代中後期形成規模。外資進入臺灣，使本已飽和的臺灣出版市場競爭更趨白熱化。同時，它們也帶給臺灣許多可資借鑑的經驗。進入臺灣的外資可以分為兩類，一是外國的投資，二是香港地區的投資。

## 一、外國資本的進入

20世紀80年代以前，曾經有幾種外國出版物的中文版在臺灣熱銷。代表性的是美國《讀者文摘》及時代生活圖書公司的套書。臺灣最大的直銷公司——臺灣英文雜誌社就是靠代理銷售這類書刊成長壯大的。

80年代中後期起，外國公司開始在臺灣直接投資，最初是通過合資設立書店、出版公司等。最早在臺灣投資的是日本的公司，包括東販、紀伊國屋、日販等公司。90年代起，歐美國家開始在臺灣投資。目前在臺灣投資出版的公司有法國的樺榭菲力柏契（Hachette Filipacchi）、美國的麥格羅—希爾公司（McGraw-Hill）、康泰納仕集團、赫斯特集團、英國的朗文公司、馬來西亞的大眾書局、新加坡的Page One、新加坡報業控股公司等。在唱片出版領域，國際上著名的幾大公司寶麗金、科藝百代、博得曼、華納、新力哥倫比亞、美西亞等都在臺灣設立了分公司。

　　依據臺灣目前的法律，外資可以獨資、合資等形式在臺灣從事出版、發行等業務。外國出版公司在臺灣的投資營運方式主要有三類。

　　首先，是外資與臺灣人合資設立出版公司出版發行外國公司的出版物。如美國赫斯特集團與臺灣華克公司合作出版中文版《BAZAAR哈潑時尚》、《COSMOPOLITAN柯夢波丹》、《Esquire君子》等雜誌，法國樺榭國際文化事業集團和臺灣樺榭文化公司合作出版《ELLE》、《人車誌》等雜誌，日本的角川書店、住友商事等與臺灣秋雨印刷公司合資成立的臺灣角川書店，出版了《Taipei Walker》等。

　　這些合資公司的股份構成各不相同。臺灣角川書店的股份資本是日資79%，台資21%。最初的臺灣樺榭文化公司的資本構成是法資51%，台資49%。在內容編輯方面，外國雜誌中文版都會加入臺灣本土內容。如法國的《美麗佳人》中文版，最初與中國時報合作出版時，每期有25%的內容向法國總公司購買。臺灣公司每年都會向總公司支付高額權利金，如果有盈餘，再另外支付5～10%的費用。中文版廣告則完全由臺灣公司負責，與外國公司無關。目前的《美麗佳人》中文版是與臺灣儂儂文化公司合作出版，臺方自製內容比例為30%。

　　第二類形式是外國出版公司在臺灣設立分公司或子公司。採用這類做法的公司如日本的東販、紀伊國屋、日販、福武書店等，美國的《讀者文摘》、麥格羅─希爾公司、康泰納仕，新加坡的大眾控股集團等。這些公司主要以出版外國公司擁有版權的雜誌、圖書的中文版，但也會偶爾出版臺灣本土作品或相關題材的出版物。

　　在圖書出版方面，麥格羅─希爾臺灣分公司較具代表性。該公司成立於1993年，目前擁有30餘位員工。公司打出的旗幟是「全球智慧中文化，華人智慧全球化」。前一句指將外文書翻譯成中文出版，是近期目標；後一句指將中文書翻譯成外文書出版，是遠期目標。公司

並沒有採用一般人認為的將挾雄厚財力大量出版，再加上密集廣告以「跑馬占地」的方法。而是採保守策略，制定了年出書20到30種的計畫。出版路線則以專業的經理人叢書及教育圖書為主。最先推出的圖書均為譯著，如《求職？暫停一下！》、《如何和老美共事》、《顛峰戰將》、《創業不敗》、《超級贏家》、《電話推銷英雄榜》、《團隊EQ》及《全新定位行銷》等。目前已出版中文圖書300種左右。其中《旁觀者——管理大師杜拉克回憶錄》、《葛林斯班效應》、《生物科技大未來》等書，曾分別榮獲中國時報「開卷年度十大好書」、金石堂「年度最具影響力的書」及誠品書店年度好書等榮譽。除翻譯出版外文圖書外，公司也出版了中國作者的圖書，如推出大陸權威經濟學家蔡昉與林毅夫合著的《中國經濟——透視全球最大經濟體掌握大陸市場經濟契機》。值得一提的是，該公司也著手選擇將適合的中文作品翻譯成英文書籍出版，選定的第一本書是《施振榮的電腦傳奇》。公司還在臺灣設立了自己的中文圖書網站（mcgraw-hill.com.tw）。

第三，是外國公司與臺灣業者合資在臺出版本土書刊。如臺灣的儂儂文化公司與新加坡報業控股公司、德國布爾達公司、義大利李佐公司合資設立的聯亞世紀出版公司，出版有《Living生活便利》雜誌，分別在臺灣與新加坡發行。

## 二、中國其他地區資本的進入

進入臺灣的中國地區資本，目前主要來自香港。最典型的是香港壹傳媒集團與Tom集團在臺的投資。香港壹傳媒在臺灣創辦了《壹週刊》，以高薪吸引臺灣雜誌採編人員加入，雜誌內容以八卦新聞報導為主，專挖政商、演藝界名人隱私，每期印行12～14萬冊，躍居臺灣周刊發行前列。它同時還創辦了臺灣《蘋果日報》。而世界著名商人

李嘉誠麾下的Tom集團從2001年起兩年內以約30億新臺幣先後收購了臺灣三個出版集團，再將其重新組成新的城邦出版集團，使該集團成為目前臺灣最大的出版集團。2003年7月，新城邦出版集團還獲得了新加坡發展銀行（DBS）、法國里昂信貸銀行、大華銀行、建華商業銀行及加拿大豐業銀行五家國際金融機構的18.75億新臺幣（約港幣42600萬元）的循環及定期銀團貸款。這是臺灣地區乃至於整個大中華區出版媒體界首宗銀團貸款。

2008年6月，在香港有四十年歷史的著名雜誌《明報周刊》在臺灣推出臺灣版。目前香港《明報周刊》已歸屬馬來西亞籍華文傳媒大亨張曉卿。臺灣版《明報周刊》由香港方面出售刊名使用權，出資人為臺灣本土公司。出資人的目標是希望它能銷售到10萬以上，成為第二個臺灣《壹週刊》，這是第二本香港娛樂周刊進入臺灣。

外資進入臺灣，既有許多成功的紀錄，也有遭遇滑鐵盧的案例。像加拿大禾林出版公司在臺灣設立的分公司，就因經營不善而不得不退出。而1982年設立的香港讀者文摘亞洲有限公司臺灣分公司，也由最初的數十人減少到了今天的6、7人規模。此外，在授權發行中文版方面，也有類似的情況。如在臺灣出版的美國*People*雜誌中文版，在合約到期後因無法繼續而停止了發行。

# 第七章

# 香港與澳門的華文出版業

## 第一節　香港出版業

香港位於中國南海之濱珠江口東側，北隔深圳河與廣東省深圳經濟特區相接。西與澳門隔海相望。陸地面積1092平方公里，2008年底人口約700萬，97%為華人，英國及其他外國人占3%左右。以漢語、英語為常用語言，居民信奉的宗教有佛教、天主教、基督教等。香港2007年的人均GDP約為29100美元。香港在歷史上曾經被英國人占領達百年之久，1997年回歸中國。

香港是世界華文出版業三大基地之一，規模與份額居中國大陸、臺灣之後。與臺灣一樣，香港出版業的市場化程度也非常高，競爭激烈。回歸中國至今十二年，香港自由競爭的市場狀態無任何改變，出版的法律環境無任何改變。出版社的數量在繼續增加，書店的數量也在增加，出版物的內容依然多元化，英文圖書依然銷售紅火。許多市民開始閱讀中文簡體字書籍，但從臺灣進口的中文繁體字圖書數量依然遠超過中國大陸進口的簡體字圖書。

目前，香港有約500家的圖書出版社在從事出版活動，另有700多家雜誌社（包括網路雜誌），約50家報社。依據香港官方的統計數字，截至2007年底，香港共有出版與印刷企業4000家，從業人數約3.8萬。2006年，香港出口圖書、報刊等各類印刷品總額達17億美元。

## 一、圖書出版

依據香港貿易發展局的統計資料，香港有出版書籍的出版社約在

500家左右，目前年出版圖書約1萬種，每年出版的各類新書約1.3萬種。但香港出版業者認為，香港每年出版的圖書數量應小於該數字，因為該統計是將出版品與印刷品籠統地加到了一起。香港現在每年出版的中文圖書應在7000種左右。

在香港出版的圖書，以管理、個人理財、成長勵志及實用類圖書較受歡迎。漫畫與流行小說則一直是香港市場的熱銷書籍。與影視相關的圖書、話題圖書同樣很有市場。香港圖書市場熱銷的書籍來自各個地區與國家，本土、臺灣、大陸及外國的書籍都會受到重視，同時，各類外語圖書的中譯本也時常走俏。英文書在香港銷售一直很穩定，許多外國暢銷書也經常登上香港暢銷榜名單。如《哈利波特》、《達文西密碼》等。當然，與香港相關的外文書自然格外受關注，前任總督彭定康的自傳就銷售了3萬多冊。

據業內人士估計，香港圖書市場的銷售額約為港幣50億。其中面向社會的圖書約28億，教科書約15億，漫畫約7億。據英國出版商協會的數據，香港的英語圖書市場約為22億港幣（3億美元）。

香港資深圖書經銷商沈本瑛先生在《世界出版業‧港澳卷》一書中，將過去半個多世紀的香港出版業劃分為四個時期，即文化沙漠時期（50年代初以前）、初具雛形時期（50年代）、發展成型時期（60年代至70年代初期）及繁盛興旺時期（70年代初至今）。

香港的中文出版業進入蓬勃發展是在近二、三十年裡。在數百家出版社中，具備一定規模的約有100家。香港目前實力較強或較有影響的出版社有商務印書館、中華書局、三聯書店、萬里機構出版有限公司、天地圖書有限公司、明報出版社、香港中文大學出版社、壹出版有限公司、山邊社、勤＋緣出版社、新雅文化事業有限公司、宣道出版社與突破出版社等。新近較有影響或新成立的出版社有天窗出版社、經濟日報出版社等。

圖7.1　聯合出版（集團）有限公司組織結構

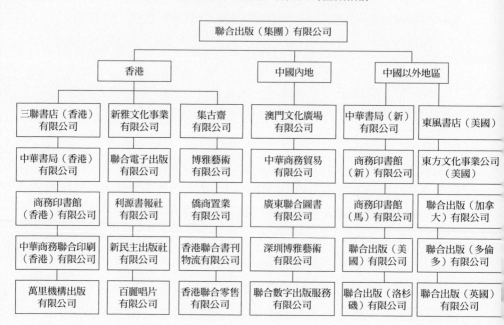

香港有多家出版集團，如聯合出版（集團）有限公司、博益出版
集團有限公司、大眾控股集團（大眾書局）、壹傳媒有限公司、玉皇
朝集團有限公司、新傳媒集團控股有限公司等，其中在出版領域經營
規模最大的是聯合出版（集團）有限公司。

聯合出版（集團）有限公司是一個集出版印刷發行多種業務於一
體的綜合性出版集團，也是世界著名的華文出版集團之一，成立於
1988年。它擁有香港三聯書店、香港中華書局、香港商務印書館、聯
合電子有限公司等10幾家出版機構，以及中華商務聯合印刷有限公司
等20多個下屬機構。除設在港澳與大陸的機構外，其分支或聯營機構
還分布於東南亞、日本、美國與加拿大等地。集團目前有員工3000
人，年出版圖書約1500種，總銷售額約40億港幣。聯合出版集團不僅

在香港的出版、印刷、發行等領域占有重要地位，其經營範圍還涉及其他文化投資、房地產等行業。

由於出版業進入門檻較低，所以，香港不斷有新出版社成立。又由於競爭激烈，所以，香港又經常有出版社關閉，一些曾有一定影響的出版社也在所難免。2008年初結業的博益出版集團有限公司就是其中的代表。博益成立於1981年，出版有倪匡、黃霑等多位香港知名作家書籍，也將一大批歐美圖書引進到香港，曾引領香港口袋書出版風潮，為香港代表性出版公司。

教科書在香港出版市場占有重要位置，且近年競爭異常激烈。目前香港有20餘家以教科書為主的出版社，如齡記出版公司、培生朗文香港教育、牛津、香港教育圖書公司、精工印書局、新亞洲出版社有限公司、零至壹出版有限公司、雅集出版社有限公司、學友出版社有限公司、啟思出版有限公司等。其中來自外國的出版社在本土英文教科書中占有重要位置，而英語學習類教科書，則主要是他們的天下。像培生朗文香港教育出版的Longman Target English及Longman Express系列，就成為香港中學英語教材中份額最重的一種。香港回歸中國後，中文教科書出版成為新的熱點。

作為國際大都市，世界上許多國家的出版公司或跨國公司都在香港設立有分支機構、辦事處等，少數公司甚至將總部也設在了香港。此類公司有牛津大學出版社、朗文出版公司、讀者文摘、麥克米倫（Macmillan Publishers Ltd.）、Springer-Verlag Ltd.、華特‧迪士尼公司、Simon & Schuster Pte. Ltd.等。從新加坡起家，跨越新加坡、馬來西亞、香港與臺灣等地的大眾書局的總部及多家下屬企業也都在香港。這些在港公司，部分是作為亞洲、亞太區的業務總部，出版物也是面對整個亞太地區。部分是作為中國地區業務總部。同時，有相當多已直接參與香港的出版業務，成為香港本地化的公司。

　　香港既是一個中文出版市場，同時也是一個英文出版市場。香港有十幾家英文出版社，香港的英文出版社與中文出版社基本上是兩個相對獨立的群體。它們出版的圖書以教科書、旅遊、畫冊等為多，內容多數以香港本土或中國題材為主。少數出版社也走非香港化路線，代表性的如Chameleon Press，不僅出版多種文學、少兒圖書，還舉辦為期十天的「香港英語文學節」。近年，少數英文出版社也開始進入中文出版領域。此方面經營出色的如牛津大學出版社、培生朗文香港教育等。

　　培生朗文香港教育隸屬培生教育出版亞洲有限公司，以香港地區的教育出版為主要出版路線，包括學前、小學、中學、專科與大學等各個領域。除各類出版物外，朗文還開展多種教學支援活動。為拓展教育市場，出版有《語文教學雙月刊》（*Chinese Bulletin*）等中文刊物。目前它擁有300多名員工，是外國在港公司中規模最大者之一。同時，它還代理全球各成員公司如 Addison-Wesley、Prentice Hall、Penguin Readers、Ladybird等的教材。

　　牛津大學出版社是另一個在港發展突出的外國公司。牛津（中國）的總部就在香港，目前擁有員工200餘人，年出版新書在500種左右。牛津大學出版社在香港主要出版各類中英文教科書，在中小學中英文教科書市場及英語學習市場占有重要份額。它的理科、人文科學書籍也有一定影響。為推廣中文書籍，它還專門設立了中文出版公司──啟思出版社，並開通了中文網站「啟思中國語文網」。

　　在港外國公司也是總公司進入中國大陸與臺灣的橋頭堡。培生朗文、牛津、讀者文摘、大眾書局等皆如此。如讀者文摘亞洲有限公司全權負責在臺灣業務的開展，也負責中國大陸地區的版權等業務。

　　2000年前後，臺灣出版界也開始進軍香港，目前臺灣公司已有皇冠、城邦、遠流等多家出版公司在香港設立了分支機構。這些公司開

始是以推銷臺灣出版的圖書為主，後開始採取在地化政策，逐步開發香港本地出版資源。

## 二、報刊出版

按人均計算，香港是報刊出版數量較多的地區，也是競爭最激烈的地區。依據香港政府的統計，目前註冊的雜誌約720家。其中中文雜誌有約500份，英文有約100份，其他語言10幾份，中英雙語的約100份。

香港註冊的報紙有49家。其中以中文數量最多，達23份，英文次之，為13份，日文5份，另外還有中英雙語報紙8份。

香港的報刊出版相當部分依賴廣告。目前，香港每年的媒體廣告總量約150億港幣（21億美元）。五大媒體擁有廣告的數量依次為電視、報紙、雜誌、廣播與戶外。香港的期刊廣告每年約為18億港幣，占媒體廣告總量的12%；報紙約為44億，占總量的約29%。

除本地創辦的報刊外，國際上有影響力的報刊也多有在香港發行，一些公司還在港出版報刊的香港版。據港府統計，目前約有100家國際傳媒機構在香港設立了辦事處。許多國際知名報刊將香港作為發行基地或印刷基地。如《遠東經濟評論》、《讀者文摘》都是以香港為基地發行，《亞洲華爾街日報》、《金融時報》、《經濟學人》、《今日美國》、《日本經濟新聞》與《國際先驅論壇報》等都是在香港印刷。

香港的雜誌以新聞、財經、電子、學術與娛樂幾大類為主。重要的新聞類雜誌有《亞洲週刊》、《明報周刊》、《開放雜誌》、《鏡報月刊》等，重要的財經類雜誌有《證券月刊》、《資本雜誌》、《恒指速遞》等，重要的電腦類雜誌有《電腦家庭》、《傳訊電視》、《現代電子》、《無線電技術》等，重要的學術類雜誌有《二十一世紀》、《中國

書評》、《讀書人》等。

　　香港發行量最大的嚴肅雜誌是《亞洲週刊》。《亞洲週刊》創刊於1987年12月，原是英文《亞洲週刊》（*Asiaweek*）的姊妹刊物，原總公司是美國時代華納集團。1994年1月，明報企業集團從時代華納手中取得《亞洲週刊》控制權。1995年，明報企業集團被馬來西亞華商張曉卿收購（2008年4月起，明報集團改名為Media Chinese International Limited）。《亞洲週刊》內容涉及經濟、政治及社會文化等各個領域，廣獲全球華人關注，尤其是香港、臺灣、新加坡及馬來西亞等地區讀者。《亞洲週刊》現任總編輯邱立本為華人社會知名人士，被中國網民選為2006年中國一百位公共知識分子之一。

　　香港的綜合新聞、財經、娛樂雜誌中，周刊、雙周刊的數量相當多，其中又以娛樂類所占比例最大。這類雜誌的發行量也相對較高。此類雜誌有《TVB周刊》、《明報月刊》、《東周刊》、《東TOUCH》、《壹週刊》、《壹本便利》、《忽然一周》、《YES周刊》、《娛樂生活》、《快週刊》、Monday、《姐妹》（*SISTERS*）等等，不下幾十種。這類雜誌中，一些以獵奇、緋聞、色情、兇殺、迷信的內容招攬讀者，所以有「八卦周刊」之稱。

　　香港印刷業世界著名，各類印刷雜誌不僅印製精良，且數量不少，如《國際包裝商情》、《數碼印刷技術》、《印刷空間》（*Graphic Arts*）、《全藝導刊》（*Full Graphic*）、《中外印刷包裝雜誌》、《印藝學會月刊》、《印刷資源月刊》等，這也顯示著香港印刷實力的雄厚。

　　許多國際著名雜誌在香港出版有中文版。如樺榭集團早在二十年前就已經在香港出版了《ELLE》中文版，這也是《ELLE》三個中文版中最早的一個。目前在香港出版的各類國際名刊中文版不少，而且新的引進版還在跟進，新近又有法國的美容雜誌《Les Nouvelles Esthetiques》、美國的《福布斯》及日本的多種生活類雜誌在港出版中文版，

前者還是中文簡體、繁體兩個版本，在大陸、香港、臺灣發行。

　　同時，一些國際大公司也進入到香港市場進行併購。較近的一次收購是在2006年6月，瑞士博施出版集團收購了香港Communication Management (CM) 公司的全部三本雜誌（《美好家居》Home Journal、《英語商業月刊》Hong Kong Business與《Asian Tatlers》月刊）。這三種雜誌都在香港有一定影響，其中的《Asian Tatlers》更是發行到上海、北京及新加坡、馬來西亞、泰國與菲律賓。

　　由於人口數量少，香港一些小眾雜誌的發行量都不大，多在2、3000份，發行量上萬份的不多，能超過10萬份的八卦周刊則屬鳳毛麟角。競爭的嚴酷，使多數雜誌生存環境不佳，能持續數十年的雜誌很難出現。不過，激烈的競爭環境也使得香港的雜誌編輯製作水平都非常高。許多香港雜誌都面向海外市場，且有不俗的銷售成績。

　　香港的報紙出版情形與雜誌多有相似。

　　香港中文報紙可以大致分為綜合、財經與娛樂三類。綜合新聞類最多，20餘種報紙中，70%是以報導香港本地新聞與世界新聞為主的綜合類報紙；其次是財經新聞類，有5種；其餘為娛樂新聞類。

　　綜合類報紙主要有《明報》、《星島日報》、《大公報》、《文匯報》、《香港商報》等，財經類報紙主要有《信報》、《經濟日報》、《香港商報》等。這些報紙中影響較大的是《明報》、《信報》、《經濟日報》等，此類報紙的發行量通常在5～10萬份。此外，香港還有多家免費報紙，著名的有《都市日報》、《頭條日報》與《am730》。這些報紙多在地鐵、商業街等人流集中的地區派送。

　　娛樂類報紙有《東方日報》、《太陽報》、《蘋果日報》、《成報》等，此類報紙是香港發行量最大的報紙。香港娛樂新聞類報紙和此類雜誌一樣，除一般娛樂、色情、兇殺等社會新聞外，特別熱中於影視明星及娛樂圈人物的各類隱私與緋聞。代表性報紙《東方日報》、《蘋

果日報》的發行量都在40萬份左右。

香港有多家英文報紙，其中以《南華早報》（*South China Morning Post*, SCMP）、《虎報》（*The Standard*）與《亞洲華爾街日報》（*The Wall Street Journal Asia*）的影響較大。前者為綜合新聞報紙，後兩者以財經報導為主。《南華早報》是香港非中文報紙中發行量最大的一種，約在10萬份左右。該報創辦於1903年，1913年改現名。1971年曾為美國富豪默多克所有，1993年至今為香港富豪郭鶴年所屬嘉里傳媒有限公司控股。《虎報》原售港幣6元，2007年9月起改為免費報章，於星期一至六派發，成為香港首份免費英文日報。

20世紀90年代起，香港各類報紙娛樂化趨勢日益明顯。


## 三、數位出版與網路書業

香港時刻以科技為先，緊隨國際發展的潮流。從20世紀90年代起，香港出版業也開始涉足電子與數位出版。投入電子出版公司數量明顯增多，各類電子出版物、數位平臺、電子閱讀器也開始出現。在諸多投資者中，迪志文化出版公司（Digital Heritage Publishing Ltd.）一直是較積極的一家。但2003年前後，投資者開始明顯減少。此外，商務印書館也一直致力於圖書資料庫或電子書的開發，其《漢語大詞典》已上市多時，其他一些電子書也正在依次進入市場。

香港讀者使用各類電子出版物的比例較高。據調查，超過半數以上的中學生擁有電子語言詞典，初中生更高達近60%。這也使得出版社開發電子出版物的熱情增加。

2008年2月，香港理工大學在香港創新科技署的資助下，又研發出一套閱覽和出版中文電子書的平臺。該平臺既可用於書本及教材，還可閱讀中文古籍，特別是珍貴的古籍。不過，和各國情況大體相

同，由於目前在電子與數位出版方面依然沒有找出盈利辦法，所以，香港的電子與數位出版依然處在探索階段。2009年初，迪志文化出版公司又投資700萬港幣，與香港大學合作，開始開發《四庫全書電子版》。

香港也是中文網路書業起步最早的地區。20世紀90年代中期起，網路書店已開始在港發展。當時香港曾一時出現十幾家網路書店，諸多出版業以外的公司投入其中。但時過境遷，當時的網路書店多數都已不復存在。目前較吸引用戶的網路書店只有商務（www.cp1897.com）、YesAsia.com（www.yesasia.com）、大眾書局（www.popular.com.hk）、牛津網路書店（www.oupchina.com.hk）、培生朗文香港教育網（www.longman.com）、香港書城（www.hkbookcity.com）與天窗文化網（www.enrichculture.com）等幾家。

香港本地的網路書店之所以不易發展起來，主要有三個因素：第一，香港是一個城市，且書店極多。地域小，人口集中，購書非常方便。第二，香港的網路書店難以取得價格優勢，香港出版社不會為網路書店提供低價圖書來衝擊自己的實體書店。第三，香港讀者如需要大陸或臺灣出版的圖書，除了香港書店可以購得外，這兩地的網路書店都已較發達，且價格一定比香港的網路書店要低，自然也擠壓了香港網路書店的生存空間。


## 四、發行、印刷業及其他

在20世紀80年代前，香港的書刊發行還較依賴專門的發行商。但之後，隨著香港出版業的壯大，出版公司自己設立書店、自辦發行的已非常普遍，香港的專業發行商數量開始大幅減少。

目前從事發行的機構有聯合物流書刊有限公司、利通圖書有限公

司、藝文圖書有限公司、有成書業公司、利源書報社有限公司與全力圖書有限公司等幾家。這些公司不僅經營本地出版物，也從事進出口業務，如香港圖書在海外的發行及臺灣、大陸版圖書在香港的發行等。隸屬於聯合出版集團的聯合物流書刊有限公司是目前規模最大的發行公司，除發行本集團的出版物之外，也代理發行大陸、臺灣及外國出版公司的圖書。此外，三聯書店（香港）有限公司是中國內地出版物在香港的主要發行商。而聯合出版集團的另一個下屬公司新民主出版社有限公司則是向中國大陸進口外國及港臺出版物的供應商，它同時還代理北京國際書展的招展等業務。

　　香港目前有大小各類書店、書攤近千家，經營者既有香港本土，也有來自中國大陸、臺灣及外國。香港以銷售中文書籍為主且成規模的書店約在50家左右。規模最大的兩家分別為商務印書館、天地圖書公司擁有。其中，商務印書館的九龍尖沙咀圖書中心，面積達22000平方米，店堂設計幽雅舒適，環境優美，為香港最大的書店。

　　香港書店業有一道景觀，那就是獨具香港文化特色的「二樓書店」。「二樓書店」創始於20世紀5、60年代，一些知識分子為改變香港文化貧瘠的現象，紛紛開辦書店，以期當作社會啟蒙的媒介。由於銷售的都是各類專業書籍，無法暢銷，所以，只能將店面開在租金低廉的二樓、三樓，甚至還有四樓或更高。這些書店以銷售各類專題圖書為特點，許多都很有名氣，如樂文書店、學津書店、田園書屋、榆林書店、紫羅蘭書局與銅鑼灣書店等。當然，今天的二樓書店經營者身分多數已與當年不同，但有一樣相同——都是愛書人。近兩年，由於連鎖書店越來越多，這些二樓書店的生存空間不斷被擠壓，關門的書店也越來越多。

　　而香港書店競爭也異常激烈。2004年，中國大陸廣東新華書店與香港聰明影音地帶控股有限公司合資在香港開始了香港新華書城，營

圖7.2　商務印書館尖沙咀分店

擁有維多利亞港海景的商務印書館尖沙咀分店。

業面積達3200平方米，當時曾是香港最大的書店，經營的圖書60%為大陸出版。但2008年，該書店卻搬到了一個面積不超過1000平方米的地方，這可以視作競爭殘酷的一個縮影。

　　香港英語書市場約22億港幣，所以，香港還有許多專門的英文書店。著名的有辰沖書店、Page One（葉一堂）等，前者是香港歷史最久的英文書店，規模也極大，後者是來自新加坡的國際連鎖書店。此外，香港還有幾家日文書店，它們多設在日資百貨店內或大型商務樓裡。面積較大的日文書店是Tomato，歷史最悠久、也非常著名的則是智源書局（Apollo Book Company）。而香港的一些大型書店如商務印書館等也都有銷售外文書籍，近年，同時銷售中外文圖書的書店有越來越多的趨勢。香港有多家外資書店，著名的除Page One外，還有如

大眾書局、Dymocks等。

在香港的華文圖書市場上，每年有約2萬種新書上市（平均每天有近60本新書），其中有相當部分來自中國大陸與臺灣。從市場上的新書來源地看，大陸約占五成，臺灣約占三～四成，香港本地占不到二成。從市場銷售數量比例看，香港版圖書約占50%，臺灣版圖書占40%，中國大陸圖書約占10%多（沈本瑛《世界出版業‧港澳卷》）。自香港回歸後，大陸圖書的銷售量開始大幅上升，香港鬧市區曾出現不少專賣大陸圖書的二樓書店，還誕生了香港新華書城。但近幾年，隨著其他各類書店也都開始紛紛經營大陸圖書及人民幣升值等因素的影響，專營大陸圖書的書店開始減少，香港新華書城也大幅縮減了書店面積。

香港最重要的書展是每年一次的香港書展，由香港貿易發展局主辦，每年7月舉行。香港書展目前以圖書銷售為主，版權貿易為輔，銷售的圖書多為中文。參展商主要是香港本地的出版社、外國在港出版公司，中國大陸、臺灣的出版社也占一定比例，新加坡、馬來西亞等國的華文出版社及部分歐美出版公司也經常參展。2008年的香港書展有來自海外21個國家和地區的110家機構參加，七日的展期共有約83萬人入場，再創歷屆書展新高。

香港是世界著名的印刷業基地，也是亞洲印刷業中心，香港印刷與出版業是香港製造業中雇員最多的行業。2006年，香港出口圖書、報刊等各類印刷品總額達17億美元。

香港的印刷業非常發達，目前有大小各種印刷單位約4000多家。經香港印刷的出版物主要出口到美、英及中國內地，對這三地的出口數量占總數的2/3。2006年，香港對這三地的出口比例分別為44%、14%與7%。

香港的印刷設備非常先進，印刷產品以品質精良著稱國際。香港

## 表7.3　香港出版類社團一覽表

| 名　稱 | 現任負責人 | 備　註 |
|---|---|---|
| 香港出版總會<br>Hong Kong Publishing Federation | 陳萬雄 | 由香港相關協會、出版公司共同組成，香港最權威的出版組織 |
| 中英文教出版事業協會<br>The Anglo-Chinese Textbook Publishers Organisation | 李慶生 | 由本地教育出版商及海外教育出版商駐港代表組成 |
| 香港出版人發行人協會<br>Hong Kong Publishers & Distributors Association | 袁銘雄 | |
| 香港出版學會<br>Hong Kong Publishing Professional Society | 冼國忠 | |
| 香港書刊業商會<br>Hong Kong Book & Magazine Trade Association | 曾協泰 | 經營圖書、刊物的出版、發行、零售等業務的同業組織 |
| 香港教育出版商會<br>H. K. Educational Publishers Association | 王偉文 | |
| 香港圖書文具業商會<br>Hong Kong Book & Stationery Industry Association | 沈本瑛 | |
| 教育圖書零售業商會<br>Educational Booksellers' Association | 許超明 | |
| 香港出版業協會<br>The Society of Hong Kong Publishers | Michael Wilson | 為本地出版人及海外出版機構的本地代表成立的一個業內組織 |
| 香港印刷業商會<br>The Hong Kong Printers Association | 楊金溪 | |
| 香港印藝學會<br>Graphic Arts Association of Hong Kong | 楊偉文 | 一群印藝界青年才俊發起組成 |
| 香港印刷業工會<br>Hong Kong Printing Industry Workers Union | 劉吉良 | 爭取勞工權益，辦好工人福利，調處勞資關係，有會員近萬名 |
| 香港唱片商會<br>Hong Kong Record Merchants Association | 江國平 | 一個唱片發行商及零售商的同業組織 |
| 國際唱片業協會（香港會）<br>International Federation of the Phonographic Industry (HK Group) | 馮添枝 | |
| 香港作曲家及作詞家協會<br>The Composers and Authors Society of Hong Kong | 程沛威 | |
| 香港版權影印授權協會<br>Hong Kong Reprographic Rights Licensing Society | Fred Armentrout | 為國際複製權利聯會（International Federation of Reproduction Rights Organizations，簡稱IFRRO）成員 |
| 香港書畫文玩學會Hong Kong Institute of Chinese Paintings, Calligraphy & Cultural Relics | 饒宗頤 | 弘揚中華文化、保護文物、聯誼同業 |

中華商務彩色印刷公司就曾經多次獲得亞洲印刷業大獎及美國Benny Award獎。

香港出版業的社團很多，其中包括香港出版總會、中英文教出版事業協會、香港出版學會、香港圖書文具業商會、香港出版人發行人協會、香港印刷業商會、香港唱片商會 等，其中香港出版總會是香港出版界影響最大的社團。報業方面有香港報業公會、香港記者協會等。香港記者協會有會員600人，是香港最大的記者工會，也是香港最活躍的工會之一。

香港在出版領域的獎勵最著名的是香港印製大獎。該獎項由香港印藝學會、香港出版學會、香港貿易發展局、康樂及文化事務署等行業社團與政府共同設立，獎勵在出版、發行、設計與印刷方面成績傑出人士，目前先後已有約20人獲得「香港印製大獎」，包括陳萬雄、石漢瑞、藍真、李祖澤、查良鏞（金庸）等。此外，香港政府也對包括出版業在內的傑出人士頒發政府榮譽勳章，出版界獲此殊榮的有沈本瑛等。其他較知名的香港出版人還有聯合出版集團前董事長趙斌、天地圖書出版公司董事長陳松齡、香港商務印書館總經理陸國燊、牛津大學出版社（中國）有限公司李慶生、《明報月刊》及明報出版社總編輯兼總經理潘耀明、《亞洲週刊》總編輯邱立本、天窗出版社行政總裁李偉榮等。

1997年至今十多年裡，香港不斷有出版社創立，在2007年圖書銷售排名前50家，就有四分之一是新成立的出版社。

## 第二節　澳門出版業

澳門是位於中國南海的一個邊陲小鎮，也是中國最小的一個特別行政區。面積近27萬平方公里，有44.4萬人口，其中96%使用中文，

其他使用葡萄牙語、英語等。在歷史上澳門曾經被葡萄牙人占領上百年，1999年12月回歸中國。澳門最重要的經濟資源是博彩旅遊業。目前每年來澳門旅遊的人數在1000萬左右，外國遊客約在70萬左右。澳門雖小，卻是一個聞名遐爾的國際城市。

澳門的華文出版業規模很小，在澳門經濟中還沒有什麼地位。除極少數機構（如《澳門日報》）外，多數都難以贏利。報業在華文出版業中據相對突出位置，而期刊、圖書出版尚維持在較低水平。澳門的出版者主要包括政府、民間團體及個人三個方面，其中政府的公營出版占據了最重要位置，其次是民間團體，個人出版數量很少。澳門在文化方面有其獨特的地方，在葡語文化及與葡語國家交流方面占有重要位置。

澳門統計出版物，是將書籍與刊物放在一起統計。2006年，澳門共出版書刊413種。其中，中文書刊273種，其他語種書刊185種。其他語種主要是葡文、英文、西班牙文，一些書刊為雙語或三語。澳門的非中文書刊數量占澳門出版總量的四成多，其中英文書刊以文學創作及語言學習為主，葡文書刊主要為法律及公共行政作品。

## 一、報刊出版

澳門目前共有9種中文報紙，包括《澳門日報》、《華僑報》、《大眾報》等。其中《澳門日報》是規模最大、影響力也最大的報紙，其發行量達10萬份，占當地中文報紙發行總量的90%。此外，澳門還有4家葡文報紙，其中3家日報、1家周報。

澳門的各類雜誌數量約在100種左右，其中在新聞局註冊的定期刊物近60種，這些定期雜誌以周刊、季刊與雙月刊數量最多。澳門影響較大的雜誌有《活流》、《濠銳》、《文化雜誌》、《澳門研究》、《澳

門雜誌》、《澳門月刊》、《中國澳門》、《澳亞周刊》、《澳門經貿之窗》、《RC文化雜誌》、《澳門法律學刊》、《萌芽》等。

澳門的雜誌主要可分為時事、財經、社科、醫學、體育、休閒、文化、社團及政府宣導等諸類。時事類雜誌主要有《澳門月刊》、《中國澳門》、《澳亞周刊》等。《澳門雜誌》雙月刊是澳門發行量最大的雜誌，由澳門特區行政區政府新聞局主辦。《澳亞周刊》由澳亞衛視主辦，在香港、臺北、馬來西亞及東盟都設立有聯絡處。

財經類雜誌以《澳門經貿之窗》、《管理人》、《澳門經濟》為代表。社科類雜誌影響較大的有《RC文化雜誌》、《澳門研究》、《中西文化研究》等。《RC文化雜誌》季刊為澳門文化局主辦，分別用中、葡、英三種語言出版，是澳門最權威的社會科學類雜誌。澳門的文化雜誌不多，較有影響的《中西詩歌》季刊由澳門理工學院中西文化研究所與廣東省作家協會聯合主辦。

## 二、圖書出版

澳門的圖書出版業規模很小，但圖書出版品種增長較快。目前每年出版的中文圖書在150～200種。澳門的圖書相當多由政府贊助出版，澳門特別行政區政府設立的澳門基金會，是圖書出版的主要出版者及贊助者。該基金會每年從政府稅收中得到1.6%的收入（約4億澳幣）。基金會贊助出版的圖書包括中、葡、英三種語言，多以各類主題叢書的形式出版。

澳門出版的圖書，題材主要與澳門或葡萄牙相關。內容涉及政治、法律、財經、歷史、文化等諸多領域。近年，開始出現一些研究中國內地的圖書出版，如吳紹宏的《中國年青一代消費模式——購物決策風格與價值觀》等。澳門回歸中國至今出版的重要圖書有「澳門

叢書」、「澳門譯叢」、「澳門法律叢書」、「四地法律比較叢書」、「澳門文化叢書」、「澳門總覽」、「濠海叢刊」、「澳門論叢」、「新澳門論叢」等，澳門基金會的吳志良博士是這項工作的主要操盤手。近兩年，澳門圖書種類發生了一些變化，文藝圖書數量開始增多。2006年，澳門的文學書出版數量首次位居各類圖書之首，藝術類次之，經濟類排第三。

澳門的教科書主要由香港出版社提供，香港朗文、教育圖書公司等是主要出版者。近年，開始有澳門出版社編輯出版本土教科書，如澳門文化廣場的《公民道德教育》、澳門教育司的《新編澳門地理》等。

澳門日報是出版圖書較多的機構。其他出版機構還有澳門出版社、澳門文化廣場、澳門大學出版中心、一書齋、國際港澳出版社等。澳門理工學院與澳門大學是學術書籍的主要出版者。

澳門單本中文書的出版與銷售數量一般都較少。多數書首印都在1、2000冊以內。銷售超過2000冊就是暢銷書了。近年在澳門較暢銷的圖書有《黃金屋》、《哈利波特》等。《黃金屋》是四個不良少年自述其由犯罪到悔過新生的故事，2003年5月出版，一周內2000冊告罄，共銷售了3000冊。

澳門每年都舉辦許多書展，相關讀書活動也經常開展。其中每年4月、7月及12月舉辦的三次書展規模較大，分別由澳門出版協會及一書齋舉辦，每次均展出逾一萬種圖書。澳門共有成規模的書店約25家，包括澳門文化廣場、星光書店、葡文書局、一書齋、宏達圖書中心、珠新圖書公司、科海圖書公司、Bookachino與TIME、Bloom等。其中澳門文化廣場是最大的書店，成立於1988年，由澳門日報與香港聯合出版集團聯合創辦。書店面積達1000平方米，擁有員工50人左右，共有四家分店，年銷售收入5000萬左右，年利潤達300萬澳幣。

2008年新開業的書店還有來自香港的商務印書館及澳門政府書店。澳門的書店約八成設於中區，那裡由此形成了澳門的書店街。

澳門的書店裡銷售的圖書絕大多數為臺港圖書，另有部分澳門及中國大陸版圖書。之所以如此，一則是澳門華人一直使用繁體字，臺港書籍皆使用繁體字，二則文化氛圍等較相近，還有一個因素是銷售臺港圖書利潤較大。澳門銷售臺灣圖書，一般按臺灣圖書上標示定價的三分之一銷售；銷售大陸圖書，則直接按大陸圖書上的定價銷售。但由於臺灣圖書的定價一般是大陸5～10倍，所以，銷售臺灣圖書獲利就多些。如臺灣與大陸都曾分別出版有《希拉蕊回憶錄》，臺灣時報出版公司版的書，定價400元新臺幣。400的三分之一約133，澳門書店銷售價就定為133澳門幣。大陸譯林出版社的書（《希拉里回憶錄》），定價為29元人民幣，澳門定價也是29元。於是，臺灣版就比大陸版多出了104元。銷售一本臺港圖書的收入要比銷售大陸圖書多出二、三倍之多。

澳門圖書的主要購買者是各圖書館。2006年澳門圖書館購書費用為2000萬左右澳門元，其中有500萬用於澳門以外地區購買。

澳門現行的《出版法》頒布於1990年。

雖然在整個華文出版業中的影響有限，但近年澳門出版業發展很快，且很有生氣。出版社不斷湧現，出版物不斷增加，雙語、三語出版物增多，形成了中、英、葡語為主的多語種出版特色。與香港、大陸及葡萄牙等地的合作日益密切。2004年7月，澳門出版協會成立。2008年，澳門出版協會主辦「第一屆澳門優秀圖書評選」及頒獎禮，首次表彰了一批優秀圖書及出版者。2009年2月，澳門政府新聞局定期刊物《澳門》雜誌中文版公開向社會招標，多家公司參加競標。

今天的澳門出版業正處在一個平穩而良性的發展階段。

第八章

亞洲的華文出版業

亞洲的華文出版業主要集中在東南亞與東亞兩個地區，西亞與北亞幾乎鮮有相關活動。

如果僅從狹義的「出版」即編輯與製作（這裡主要指圖書出版）角度看，則亞洲的華文出版業又主要集中在東南亞地區。東南亞是全球華裔人口最密集、人數最多的地區，據估算華裔人口總數超過2500萬。這其中又以印尼、馬來西亞、泰國、新加坡與菲律賓的華裔人口較多，每國均在100萬以上，前三國每國更在450萬以上，五國總數超過2300萬。

然而，由於過去幾十年裡，華文在東南亞的多數國家與地區受到嚴厲的限制與排斥，使得該地區的華裔多數已不能閱讀中文。目前，能閱讀華文的人口約在600萬左右（見馬來西亞大將出版社總編輯傳承得《「兩岸四地」：浮現與解讀》）。又由於對華文的需要很少，所以，華文書業目前並沒有太大的市場。整個東南亞地區華文出版略具規模的僅在新加坡與馬來西亞兩國。所以，有人將馬來西亞與新加坡視為東南亞的華文閱讀基地（傳承得語）。東南亞的其他國家與地區，目前僅有少量的華文出版物市場，主要是銷售一些華文報刊及中國大陸與臺港三地出版的圖書。

近些年，隨著中國大陸經濟實力的快速提升，中國與東南亞各國關係的不斷改善，一些東南亞國家對華文政策的調整等因素，使得華文出版業在這一地區又有萌生、復蘇與回升趨勢。

亞洲的另一華文書業市場在東亞，主要集中在日本，韓國、蒙古亦有少量的市場。

## 第一節　新加坡的華文出版業

　　新加坡是一個熱帶城市國家，面積704平方公里，相當於全北京的1/25，目前有公民和永久居民約364萬人，常住人口484萬（2008年），其中華人約占75%左右。2008年人均年收入約90000新加坡元，人均GDP約34000美元。新加坡的貨幣為新加坡元（2008年1美元兌換約1.5新加坡元）。馬來語為國語，英語、華語、馬來語與泰米爾語四種語言為官方語言。雖然華人占多數，但新加坡是一個以英語為主的社會，華文教育發展較緩。進入20世紀80年代，不僅華文中小學校無存，唯一的以華文教育為主的南洋大學也被迫更名易質。所以，華文出版業遠不如英文出版業發達。

　　近年，新加坡對華語的重視程度有所加強。2004年底，新加坡國會批准了教育部提交的有關華文教學改革的白皮書。白皮書確定，新加坡教育部將從以下八個方面進行改革：（1）為不同程度的學生提供不同的課程，以激發他們的學習興趣；（2）在小學推行更具伸縮性的單元制課程；（3）讓大部分學生掌握讀和說的能力；（4）採用適當的教材和資訊科技工具輔助教學；（5）修改華文考試評估方式；（6）加強師資培訓；（7）鼓勵學校營造有利於華文學習的環境；（8）鼓勵學校同華社及媒體合作，讓華語成為新加坡的生活用語。據新加坡教育部長尚達曼透露，過去六年裡，新加坡每年平均大約有1%（約660人）的馬來族學生和5%（約2000人）的印度族學生選修華文為第二語文。這些學生來自小學、中學、初級學院和三年制高中。

　　新加坡的圖書市場由本土出版、進口與轉口三大部分組成。貿易主體是英文圖書，據推算，新加坡的圖書市場約在3.7億美元左右。其中中文圖書的銷售額約在500～600萬美元左右（傳承得語），年出版華文圖書約在100種左右。進入21世紀，新加坡出版的中文圖書種

類有增加的趨勢。

　　新加坡出版華文書籍的出版公司很多，但絕大多數規模很小。規模較大、具有一定影響的華文出版公司有時信出版集團、大眾書局、新加坡聯邦出版公司、勝利出版私人公司等幾家，它們同時也出版大量英文或其他語種書籍。其他中文出版社還有亞太圖書有限公司、商務印書館、上海書局、遠東文化私人有限公司、青年書局、勝友書局、友聯書局、新華文化事業有限公司、國際圖書有限公司與現代書店等。這些公司多數都是出版與銷售業務同時進行，且更多是以圖書、文具銷售為主，許多公司也同時經營英文或其他文種的讀物。

　　時信出版集團為集教育、出版、印刷和發行於一體的跨國集團，在全球擁有50多家分支機構。下轄多家出版公司，其中的泛太平洋教育出版公司是新加坡最大的教育出版公司之一。該公司原為新加坡國家印刷出版集團（SNP集團）的子公司，有六十多年的出版經驗，其出版物包括從幼稚園到高中的各類書籍、教科書及多媒體產品。它曾是新加坡惟一和教育部緊密合作出版母語教科書（華文、馬來文、泰米爾文）的出版機構，後被時信出版集團收購。

　　新加坡面積不大，但各類圖書銷售商與書店數量不少。許多經銷商既從事批發，亦進行零售。新加坡目前約有40家書店，影響較大的書店有鮑德斯、紀伊國屋、大眾書局、Page One、商務印書館、上海書局、亞太圖書有限公司、Times the Bookshop等。從規模看，前五家遠超過其他書店，其中的鮑德斯、紀伊國屋與商務印書館等都是外國公司在新加坡設立的連鎖店。新加坡的小書店中，許多有自己的特色，如草根書局以銷售臺灣文史哲圖書為主，商務印書館以銷售香港圖書為主，長河書局以銷售中國大陸書刊為主。上海書局與大眾書局一樣是新加坡歷史最悠久的華文書店之一，但已在2009年5月被新加坡法院宣布清盤。

　　新加坡較著名的圖書銷售場所是20世紀80年代初建起的百勝樓（書城）。百勝樓裡集中了眾多書店，這些書店以經營各類出版物及文具為主，銷售的書籍則包括中英文圖書。近些年，隨著本土連鎖書店的崛起及國際大連鎖店的進入，新加坡本土的獨立小書店不斷萎縮，大眾書局、鮑德斯、紀伊國屋等幾家大型連鎖店已成為新加坡圖書零售的主力，占據了市場的絕大部分份額。

　　在本土出生的連鎖書店中，規模最大的是大眾書局與Page One，兩家都是本土成長起來的大型跨國圖書連鎖店。大眾書局隸屬於大眾控股有限公司，大眾控股也稱大眾集團，是由八十多年前的一家小書局繁衍而成。1924年，來自中國上海年僅19歲的周星衢（現任大眾控股董事長周曾鍔之父）在新加坡創辦了正興公司，並開始銷售從上海帶來的年畫和洋畫。最後，靠將上海一些出版公司積壓的大量加了標點符號的中國文學名著販賣到新加坡淘到第一桶金。之後，幾經轉型，終於發展成為今天的規模。目前的大眾控股有限公司主要以銷售（零售與分銷）、出版及電子教學三大業務為核心，擁有40多家子公司及合資與關聯企業。業務範圍遍及新加坡、馬來西亞、香港、臺灣、大陸及北美的加拿大。大眾集團現擁有連鎖書店約100家，以大眾書局為名，遍布新加坡、馬來西亞與香港等國家與地區，是東南亞乃至於中國以外最大的華文連鎖書店。大眾同時還有近20家出版公司，其中近一半集中在香港，是香港幼童與小學讀物的主要出版商。大眾控股2008年7月至2009年6月的年度營業額為4.5億新加坡元（約22億元人民幣）。其中，零售和分銷業務占87%，出版和電子學習占13%。Page One則是一家有二十多年歷史的以英文圖書為主的大型連鎖書店，它以經營藝術書籍起家，分店分布於雪梨、吉隆坡、曼谷、香港與臺北。

　　新加坡的主要圖書分銷商有 APD新加坡公司、亞太圖書有限公

圖8.1　八十年前的大眾書局
（照片來源：大眾控股公司）

司、亞洲市場發行公司、Page One the Bookshop、Pansing Distributors Sdn Bhd、Publishers Marketing Services、STP Distributors 等。

由於新加坡出版市場以英語為主，加之特殊的地理位置等因素，使得歐美許多大型出版公司或在此設立分公司，或把亞洲總部設在了此地。設在這裡的公司除直接開展出版業務外，更將新加坡做為亞洲地區的存儲或分銷中心。進駐新加坡的國際大出版公司包括培生教育、約翰・威立父子公司（John Wiley & Sons）、牛津大學出版社、麥格羅—希爾教育出版公司、聖智學習出版集團（Cengage Learning，原Thomson Learning）、斯威特和麥克斯威爾（Sweet & Maxwell Asia）、泰勒和法蘭西斯亞太公司 （Taylor & Francis Asia Pacific）等。其中培生教育與時代傳媒等少數外國大公司占據了新加坡教育出版的主要份額，本土教育出版公司則只有新加坡國家控股集團（SNH）與SNP泛太平洋出版集團可以與之抗衡。

新加坡的許多大型書業公司，都具有較強的跨國經營能力。以出版與房地產為主業的SNP泛太平洋在其他多個國家從事教育出版業務，如與汶萊教育部聯合出版中學低年級的科學及歷史教科書，在馬來西亞出版配合當地課程的教輔，為西印度群島編排新中學低年級科學教科書系列，在中國與廣西出版單位合作出版教材教輔讀物等。2004年底，該公司又在澳門舉辦了大規模的「SNP泛太平洋出版集團教材展覽」，顯示了進軍澳門的企圖。

大眾集團則一面加快進軍中國大陸的步伐，一面拓展在臺灣的業務。2004年它先是和中國大陸的中國出版對外貿易總公司合資成立了新公司，接著又將在臺灣的四家原本分散的子公司重新整合並全部遷入一處新址。同時，它還開始謀劃全新的出版活動，如在新加坡、馬來西亞及大陸、香港與臺灣五地同步出版中文書（已出版《給莫文蔚的健美湯飲》等），在跨越大華文地區出版領域做出新嘗試。

新加坡每年有多個圖書展銷活動。影響最大的是每年一次的大型國際書展——「新加坡世界書展」。書展一般在每年的5、6月份舉行，主辦者以新加坡報業控股華文報集團為主。目前參加書展的各國參展商一般在150餘家左右，參展圖書約在12萬種左右，書展期間還舉辦多項活動。2009年舉辦的是第24屆，共有來自新加坡、馬來西亞及中國大陸、香港、臺灣等10多個國家和地區的200多家展商參展，展出圖書達10萬餘種，涉及中文、英文和馬來文。主辦方並宣布，從本屆起，書展名稱正式更名為「新加坡書展」。自2006年起，大眾集團也開始每年舉辦一個名為「新加坡海外書展」的大型書展，至今已舉辦了三屆，規模與影響均很大。

新加坡的主要書業組織有新加坡圖書出版者協會、新加坡國家圖書發展委員會、百勝樓商聯會等。新加坡圖書出版者協會由50多家出版者組成，新加坡國家圖書發展委員會由作家、出版者、經銷商、書商、圖書館員、插畫家與書迷組成。

新加坡的華文報紙共有5種，分別是《聯合早報》、《聯合晚報》、《新明日報》、《星期五周報》和《大拇指》，總發行量約50萬份，讀者數量約百餘萬。其中《聯合早報》是新加坡最大的華文報紙，目前的發行量為20萬（周日22萬）份。這5份報紙均歸屬新加坡報業控股有限公司。報業控股有限公司屬下的華文報集團目前共有約400名員工，除報紙外，報業控股還出版有3種華文期刊。

　　新加坡報業控股是亞洲最大的報業集團之一，以英文、中文、馬來文和泰米爾文四種語文出版15種報紙，幾乎壟斷新加坡的報紙市場。集團擁有約1000名記者，分布於總部和14個海外記者站。其中的英文《海峽時報》和中文《聯合早報》為集團的龍頭，是影響最大、盈利最高的報紙。在新加坡英語極為強勢的背景下，5家華文報紙經營已算很出色，目前年淨利約合人民幣4億元左右。但華文報紙的利潤較英文報紙依然有很大差距，幾家華文報的年淨利之和依然不如英文《海峽時報》一家。

## 第二節　馬來西亞的華文出版業

　　馬來西亞人口約2770萬，華人約680萬，約占總人口的25%（馬來人及其他土著占68.7%），面積32.9萬平方公里，馬來語為國語，通用英語，華語使用也較廣泛，伊斯蘭教為國教，其他宗教有佛教、印度教和基督教等。馬來西亞2008年的人均GDP為8141美元，人均年收入約7914美元，貨幣為林吉特（2008年1美元兌3.1林吉特）。馬來西亞的華文教育總體上要好於新加坡。馬來西亞華人讀書風氣相對較濃，加之近些年政府在土著人中間推廣華文教育和使用簡化字，這些都為其華文書業的發展提供了潛力。目前該國擁有華語教學的小學約1290所、華文獨立中學約60家，在校中小學生約70萬，每年培養的華文讀者數以萬計。馬來西亞能閱讀華文的人口約在300萬左右。

　　馬來西亞圖書雖主要以馬來語出版，但英語市場依然很大，多數專業或學術類教材以英語出版。據大將出版社總編輯傅承得先生推算，馬來西亞的華文圖書市場（不包括學校用書）約在1500～2000萬美元左右，目前馬來西亞年出版華文圖書（不包括教科書等學習用書）約150種左右。又據馬來西亞有人出版社負責人曾翎龍〈馬來西亞

本土華文出版現況分析與發展〉一文，據對馬來西亞各出版社2006年申請使用的1.8萬餘個國際書號分析，這些書籍使用的語言中，馬來書籍占62.05%，英文書籍占31.61%，華文書籍占5.84%。在1000餘種華文圖書中，教科書、學習圖書及兒童書占了約七成。在其餘書種中，數量最多的是歷史與文學書，分別占8.43%與7.4%，其他依次為風水書2.34%、保健書1.59%、漫畫0.19%。

馬來西亞的華文書業主要集中在華人人口稠密的西馬，如吉隆坡、新山、檳城、麻六甲、怡保等大中城市。東馬市場很小，古晉等城市略有規模。首都吉隆坡的茨廠街一帶是華文書業公司較集中的地區。馬來西亞較著名的華文書業公司包括大眾書局、上海書局、商務印書館、學林書局、大將出版社、新欣圖書公司、長青書屋、彩虹出版社、立騰出版社、世界書局、野草出版社、遠東文化中心有限公司、聯營出版有限公司、信雅達法律出版社等。這些公司中多數以圖書銷售為主，經常出版中文圖書的很少。其中大將出版社、上海書局、商務印書館、彩虹出版社、立騰出版社等出書數量相對較多。其他小出版社還有遂人氏、嘉陽、紅蜻蜓、平旦漫畫與美麗行腳、有人、諸文文化事業、野草等。其中，嘉陽、紅蜻蜓等以出版少兒教育圖書為主，平旦漫畫與美麗行腳則以漫畫書出版引人矚目。此外，一些華文媒體、教育單位、華人社團等機構也會出版一些華文圖書，數量較多的如星洲日報出版組、南方學院出版組、馬來西亞華文作家協會、華社研究中心、馬來西亞華校董事聯合會及馬來西亞華校教師會總會等。

1999年元旦誕生的大將出版社是目前馬來西亞發展較快、也最具影響力的華文出版社，由馬國華裔學者傅興漢、傅承得等共同創辦。大將所出版圖書皆為人文領域，以文學書籍為多，兼及藝術、歷史、財經、旅遊、兒童等領域，作者幾乎均為馬來西亞華人，題材也多圍

繞馬來西亞。可說是馬來西亞華人在當地以華文向世界展示自己的馬來西亞與東南亞世界。大將出版社最多曾開設了4家門市，均為主題書店，不賣文具及教材。其中的吉隆坡文化街總行仿效臺灣誠品書店自2001年6月起24小時營業，成為馬來西亞乃至東南亞地區唯一的不打烊的中文書店（2004年恢復至13小時營業）。還曾受鮑德斯之邀，在其多家連鎖書店中負責中文部業務（店中店）。大將還擁有一個中文網站（大將中文閱讀資訊書站）。但由於馬國華文閱讀環境所限，加之擴張太快等因素，目前大將的發展受到一定影響，其與鮑德斯的合作也於2009年初結束。大將始終堅守人文情懷，絕不進入學校用書領域。十年篳路藍縷，已累計出書超過300種，總印量達56萬冊。共舉辦閱讀與學習活動一千多場，參加人數超過15萬。2005年，大將還以陳嵩傑的《森美蘭華人史話》一書獲得馬來西亞國家書籍獎最佳華文編輯獎。這是史上華文出版社首次獲得此類榮譽。大將出版社現任社長傅承得也是馬來西亞最著名的華文出版人，展望未來，他期望能出版更多馬來西亞的書，期待馬國以外的華文讀者特別是中國大陸、臺灣與香港的讀者也都能讀到它們。

　　雖然目前馬來西亞的華文出版市場有限，但在馬來西亞與傅承得一樣有著華文（文學）出版夢的人還有許多，一些還是「70後」乃至「80後」，曾翎龍與劉藝婉等是其中的代表。劉藝婉現為大將出版社副總經理與副總編輯，先後畢業於臺灣中山大學中文系與南京大學中文系（碩士），目前在讀南京大學中文系博士學位。曾翎龍畢業於馬來西亞博特來大學人類發展系，曾獲得臺灣林語堂文學獎、星洲日報華蹤文學獎等諸多華文文學獎。他不僅自己勤於創作，更於2003年與一群志同道合的華文文藝青年、藝術家、媒體人等一同創辦了一家小出版社——有人出版社。有人和大將出版路線有些類似，以出版馬華作家特別是青年作家的作品為主。他們還在網上設立了頗具特色的部

圖8.2　大將出版社

（攝影：辛廣偉）

落格（博客）──「有人部落」，該部落格曾獲得中國時報的全球華文部落格大獎藝文類首獎等獎項。

　　馬來西亞的正規華文書店約有60家左右。較著名的有大眾書局、商務印書館、上海書局、城邦書局、大將書行、學林書局等，其中前

四家均為馬來西亞以外的華人資本經營。源於新加坡的大眾書局為馬國最大的連鎖書店，在馬來西亞共設有40多家書店。其書店規模均遠超出一般的華文書店。位於檳城與吉隆坡的旗艦店，面積均在2、3萬平方英尺（約1900～2800平方米）。其位於馬來西亞與新加坡交界處新山市（馬國第二大城市）的大眾書局HARRIS店，面積達4萬平方英尺（約3700多平方米），是馬國最大的單體華文書店。除了圖書外，大眾書局也經營文具等其他文化用品。

　　商務印書館、中圖上海書局、長青書屋、學林書局、新欣圖書公司、大將書行等規模都很小，但他們或為馬國的老字號華文書店，或為馬國的專業華文書店。在華文讀者心中往往有著特殊地位。坐落於吉隆坡蘇丹街的上海書局是馬來西亞現存歷史最悠久的華文書店。該書局於1925年設立於新加坡，翌年在吉隆坡設分店，一直經營到今天，被視為馬國華文書局的開山鼻祖。自與中國圖書進出口總公司合作後，書局易名為中圖（吉隆坡）上海書局。商務印書館隸屬於香港商務印書館，除了獨自設立的書店外，商務印書館還於2009年初開始在鮑德斯在馬來西亞多個城市開始的多家英文書店中，設立中文書銷售區（店中店）。借助鮑德斯的力量，使中文書店與英文書店並行發展。城邦則由臺灣城邦出版集團設立。大將書行隸屬大將出版社，是本土書店中經營較出色的一家。馬來西亞的華文書店雖然無法與中國大陸、臺灣與香港相比，但個別書店的中文學術氣息依然令人驚歎，最典型的例子是學林書局。由謝滿昌先生創立於1994年的學林書局，位於吉隆坡Jalan Tun Tan Siew Sin二樓一個面積狹窄的空間，但這裡卻有以中國大陸為主的諸多人文學術書籍，書籍之專，範圍之雜令人稱奇。進入學林，恍如進入1980年代至1990年代初北京琉璃廠的中國書店或最初的萬聖書店般。

　　除上述的鮑德斯外，其他一些外資經營的大型書店如紀伊國屋、

圖8.3　吉隆坡上海書局　　位於吉隆坡51 Jalan Sultan, 50000的商務印書館。

圖8.4　馬來西亞商務印書館

（攝影：辛廣偉）

MPH書局等也都設有中文書銷售區（一般稱中文部）。中文部的圖書種類也很多，書店的經營空間與環境都遠好過一般的純華文書店。更重要的是其銷售額也較可觀，如紀伊國屋的中文書每月就可銷售1萬餘本，華文書年銷售額達600萬馬幣（約158萬美元）。

除有固定場所的書店外，馬來西亞還有「流動式」華文書店——巡迴書展。一些無力經營固定書店或不滿足於固定書店銷售的業者，就採取在全馬逐州跑書展的方式來銷售圖書。以此為業的有友誼書齋、新欣圖書公司等。這種流動式書店過一段時間就會換個地方，有些地方一年裡會去上二、三次。由於馬來西亞華人居住不集中，許多有華人的地方沒有或鮮有華文書店，所以，這樣的流動書店既有一定的生意可做，也一定程度上扮演了各州華人的文化使者的角色。

除少數也做出版業務的書店同時銷售自己的圖書外，馬來西亞華文書店經營的圖書主要來自臺灣、香港與大陸，少數來自新加坡。馬國華文書店有的以經營臺灣圖書為主，有的以經營香港圖書為主，有的則以經營大陸圖書為主。由於歷史的原因，馬來西亞有關臺灣與香港兩地的資訊較多，去臺灣留學的人也較多，許多文化人士、書業經營者都與臺灣有一定聯繫，這使得臺灣、香港兩地的圖書在馬國影響較大，也占據了市場的主要份額。以經營臺灣圖書為主的書店有大眾書局、大將書行等，以經營香港圖書為主的有商務印書館，它同時也經營一些大陸圖書。以經營中國大陸圖書為主的書店有上海書局、學林書局、友誼書齋等。由於近些年中國的影響不斷提升，中國大陸圖書在馬國的銷售已有很大進步。但目前聞名於馬來西亞的華文作家主要還是臺灣、香港的作家，如臺灣的劉墉、張曼娟、張大春、幾米與香港的張小嫻等。至於中國大陸的作家，馬國讀者對於他們中的大多數還相對陌生。需要特別一提的是，馬來西亞華文讀者，目前既能閱讀中文繁體字，也能閱讀簡體字。

雖然馬來西亞的人均收入和新加坡有一定差距，但國際書業在此的競爭也很激烈。除前述一些國際大書店外，馬來西亞成功集團又和美國鮑德斯連鎖書店合作，於2005年在馬來西亞開設了鮑德斯分店。該店經營的圖書以英文為主，但也包括中文。近年，馬來西亞盜版書日益增多，一些不規矩的中文書店銷售盜版大陸、臺灣與香港的中文書籍，這也一定程度上影響到了正規華文書店的經營。

為推動華文讀書風氣，馬來西亞從1994年起開始舉辦國際華文書展，每年一屆，由南洋商報主辦。新加坡世界華文書展易幟後，該書展成為目前在大陸、臺灣、港澳以外國家舉辦的唯一固定的大型華文書展。此外，中國大陸、臺灣也經常在該國舉辦一些中文圖書展銷。2006年起，新加坡大眾集團也開始（與星光日報等合作）在馬來西亞舉辦海外華文書展，該書展一時成為馬國重要的華文書展。

馬來西亞的華文報刊數量很多，有近20種華文報紙，近70種華文雜誌，是大陸、臺灣、港澳以外華文報刊數量最多的國家。華文報紙的總發行量和讀者數量超過馬來西亞的馬來文報和英文報，也超過新加坡的華文報。影響較大的華文報紙有《星洲日報》、《南洋商報》、《光華日報》、《中國報》、《光明日報》等，其中《星洲日報》與《南洋商報》影響最大，發行量均在40萬份左右。目前，這兩大報均為世界華文媒體集團所有。

世界華文媒體集團的控股人為馬來西亞華裔商人張曉卿。張曉卿旗下的常青集團以經營木材著稱，經營範圍包括木材、金融、礦業、保險等諸多領域。1988年，常青收購《星洲日報》，並逐步組建了以《星洲日報》為核心的報業集團。1995年，又收購（控股）了香港查良鏞（金庸）創辦的明報集團。2006年，又收購（控股）南洋報業集團。2007年，張曉卿將三大報業集團重新整合並命名為「世華傳媒」，同時在香港與吉隆坡兩地股市掛牌上市，世華傳媒也由此成為世界最有

圖8.5　世界華文傳媒集團組織機構示意圖

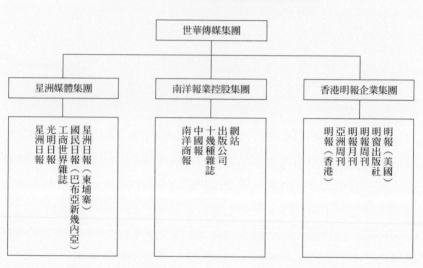

影響的華文報業集團之一。

　　新加坡與馬來西亞兩國的國民彼此可以到對方國家經營書刊的出版與發行等業務，但禁止到對方國家經營報紙（此為兩國分家時的協議）。

## 第三節　東南亞其他國家的華文出版業

　　20世紀60年代前，除新加坡、馬來西亞外的其他一些東南亞國家也都有一定的華文出版基礎，特別是報刊出版數量較多。但自上世紀60年代起的三十多年裡，由於印尼、泰國、菲律賓等東南亞國家曾不同程度地推行排華政策，導致了這些國家的華文出版或絕跡或幾近滅絕。20世紀70年代中期，部分國家開始適當解除對華文媒體的限制，從90年代起，華文出版才又普遍在這些國家出現復蘇跡象。由於華文

閱讀人口少且分散，所以，這些國家的華文出版形式主要是報刊出版及少量的華文出版物銷售，圖書等其他出版活動則幾乎沒有。

## 一、泰國

　　泰國目前有華人約700多萬，約占泰國總人口的1/10。曼谷華人最多，約在500萬左右。泰國政府在1992年對中文教育政策作出重大修改，允許各級學校將其列為選修課，這使得泰國中文教育客觀環境優於以往任何時期。泰國全國大約有華文民校150所，分布在首都曼谷及各府，其中曼谷占1/5。全國華文民校就讀人數約2萬人，曼谷有7000人。漢語在泰國是繼泰語、英語之後的第三大語言，目前泰國學習漢語的人數正呈大幅增長之勢。

　　泰國自20世紀70年代初即開始放寬對華文出版的限制，所以，泰國的華文出版基礎相對好些。泰國目前的華文報紙有7家，分別是《星暹日報》、《世界日報》、《中華日報》、《新中原報》、《京華中原聯合日報》、《亞洲日報》與《曼谷時報》等。前六家均為日報，後一家為周報。6家華文日報每日銷售的報份總數平均為10萬份左右，讀者群約40萬人。《世界日報》、《星暹日報》發行量較大，影響也較大。《世界日報》隸屬於臺灣聯合報系，目前的發行量在3萬多份。其讀者群主要為在泰國經商的13萬臺灣商人及其家屬。泰國華文報紙目前有從業人員千人左右，普遍存在獲利不高、發展缺資、員工年齡偏高、缺乏接班人的問題。

　　近幾年，泰國的華文日報與其他地區業者合作的現象增多。《亞洲日報》與香港《文匯報》攜手合作，利用文匯報提供的先進設備及人員業務培訓，共同製作兩個「合作專版」，現已得到讀者的普遍肯定。《京華中原聯合日報》與中國《汕頭經濟特區報》每天合編出版多

達七、八個版面的「中國新聞版」和「潮汕鄉情版」。雖然總體看，泰國的華文報紙所依賴的條件還較艱苦，但依然可以生存下去。1997年東南亞金融風暴期間，當時泰國的泰文、英文報紙曾出現過停刊現象，但中文報紙一家都沒停，一般認為這是華文報紙有華人華僑讀者支持的結果。

泰國還有一個由陳世賢發起創立的泰華報人公益基金會，它是一個致力於增進華文報人團結與瞭解、救濟匡助華文報人、扶助社會公益事業的重要泰華僑團。由泰國知名僑領陳有漢博士出任永遠會長，目前由已故主席陳世賢的夫人陳鄭伊梨女士任主席。

泰國的華文雜誌主要有《時代論壇》、《時代周刊》、《泰華文學》和《現代泰國導報》等幾種。《泰華文學》為純文藝期刊，且不登廣告，是泰國華人從事華文創作的重要園地。

泰國沒有成規模的華文書店，但小型華文書店或文具兼銷售圖書的書店總共約有幾十家。較具影響的有集成書店、南美有限公司等。近些年，泰國的華文圖書銷售與過去比較增長較快。20世紀80年代起，中國大陸、臺灣等地的出版業者都曾多次在泰國舉辦華文書展。

目前，泰國的「漢語熱」在持續升溫。泰國王室許多成員都對漢語有興趣，特別是詩琳通公主對中國古典文學尤其是唐詩、宋詞有特別的愛好和精研。她曾將100多首唐宋詩詞翻譯成泰文，出版譯詩選集《琢玉詩詞》、《詩琳琅》等，還曾翻譯出版了王蒙的小說集《蝴蝶》和方方的小說《行雲流水》。這對泰國的漢語學習產生了不小的推動作用。目前泰國中文教師嚴重短缺，一個擁有對外漢語教學資格證書的中文教師在泰國的月薪可達1200美元（當地的平均工資不過4、500美元）。從2008年9月起，泰國教育部啟動了漢語教師本土化項目，每年選派100多名學員到中國學習漢語教育一年。此外，中國每年都應邀向泰國派遣至少數十名的漢語教師志願者。近五年來，泰國開設

漢語課程的國立學校由100所增加到500所，在校學習漢語的人數激增至30多萬。

## 二、菲律賓

菲律賓的華僑、華裔人數約150萬人，其中90％祖籍福建一帶，多數住在馬尼拉，能看懂華文的不到30萬人。

菲律賓有華文報紙5家，分別為《商報》、《世界日報》、《聯合日報》、《菲華日報》與《菲律賓華報》。這些報紙的總發行量約在7萬份左右。《世界日報》號稱影響力最大，發行量約3萬份左右。它還擁有自己的中文網站（www.worldnews.com.ph）。歷史最久的是《商報》，創辦於1919年，原名《華僑商報》。2004年9月，在中國國家漢語教學辦公室與菲華商聯總會的支持下，《商報》與來自福建師範大學的國際漢語教學志願者合作創辦了首份簡體漢字報紙──《漢語學習報》。目前，該報每周一期，隨《商報》一同發行。它被視為菲律賓華人百年華文教育史上的一座重要里程碑，同時也寄託著菲華教育界振興和發揚中華優秀文化的殷切希望。與泰國一樣，菲律賓的華文報業經營也面臨著後繼乏人的問題。

菲律賓華文書刊出版很少。偶爾會有文學書刊出版，出版者主要是菲律賓的兩個華人作家組織──菲律賓華文作家協會與亞洲華文作家協會菲律賓分會。菲律賓華人中約有200多人從事寫作。菲律賓華文作家協會辦有《薪傳月刊》，主要發表本地作家的作品。目前它正在籌劃成立一個出版基金會，以便幫助會員出版更多的華文著作。除文藝雜誌外，菲律賓還有《菲律賓縱橫》等華文雜誌。

菲律賓的華文書店主要集中在馬尼拉，但普遍生存艱難。馬尼拉有南美、新疆、新世紀、縱橫書店等幾家中文書店，普遍問題是規模

很小，書籍數量有限，經營步履維艱。2004年縱橫書店就因難以為繼而關閉。

2002年7月，菲律賓首富陳永栽開設了該國最大的華文圖書館「陳延奎紀念圖書館」。圖書館兩層樓高，總面積540平方米，館藏量約2.5萬多冊，共有150個閱覽座席。近期內將大幅增購「中國文化」經典書刊，期能成為名副其實的中文圖書資訊中心。

## 三、印尼及柬埔寨、越南、緬甸

印尼的華人占該國人口總數的3%至5%，約為1000萬。印尼是東南亞華裔最多的國家，但由於歷史上它排華最烈，所以，絕大多數華裔都已不能閱讀華文讀物，40歲以下的華人幾乎都不會說華語。1998年5月，蘇哈托被印尼人民趕下臺後，對華人的歧視政策也因此而改變，華文出版才開始重新出現生機。2001年2月印尼政府正式解除漢語書刊的發行禁令，允許具備條件的大學增設中文系，允許在國民學校開設漢語選修課作為第二外語。這之後，印尼政府又頒布了一系列全面提升中文教育的措施，包括推動中文成為印尼文之外的與英、日文一樣的第二語文，把學習中文納入國民教育體系，在一些地區將中文列為中、小學的主要選修課程等。印尼政府和中國教育部聯合主辦的「漢語水平考試」也已於2002年10月在雅加達、泗水和棉蘭三地同時舉行。2004年7月，印尼誕生了占地6700平方米、初期有300多名學生的第一所華校。

目前，漢語熱一直在持續升溫，光雅加達市內就開辦了大約50所華文補習學校，但與泰國一樣，印尼華文教師數量也嚴重不足。

印尼的華文出版以報業為主。在解禁的短短幾年裡，印尼就先後出現了十幾種華文報紙。目前，印尼有華文報紙10家，分別是《印度

尼西亞日報》、《印度尼西亞廣告報》、《和平日報》、《印度尼西亞商報》、《千島日報》、《誠報》、《坤甸日報》、《華商報》、《世界日報》與《國際日報》等。由於讀者較少，這些華文報多數的發行量普遍很小，平均幾千份。多數華文報的版面都是每天兩大張8版。

印尼華文報紙的投資創辦者有四類，即華人華僑獨資、華人華僑與印尼人合作、印尼人獨資與外資。10家報紙中，歷史最久的是《印度尼西亞日報》，創辦於1966年，由印尼陸軍主辦，主管人員均為印尼人，當年是唯一一份華文報（其實還有印尼文，是雙語報），目的是向不懂印尼文、只懂華文的華人提供政府資訊，配合同化華人政策。該報一直延續至今。《世界日報》與《國際日報》均為外資創辦，分別由臺灣聯合報系與美國中文《國際日報》擁有。前者利用聯合報系的優勢及泰國《世界日報》的資源，後者結合美國《國際日報》、印尼《爪哇郵報》（印尼文）及香港《文匯報》運作。兩報不僅版面多，質量也自然勝出一籌。除報紙外，印尼還有華文雜誌約10家。

2003年2月，在印尼消失了三十五年的中文書店重新出現。這家設在東爪哇省會泗水的中文書店名叫「聯通書業」，由印尼印刷業聯合會副主席楊兆驥先生創辦，是中國國際圖書貿易總公司指定的印尼總代理。目前該書店展賣2000多種來自中國的中文書籍和中文影像（CD），內容包括漢語學習、文學、醫藥保健、歷史、電腦、哲學、詞典等。聯通在雅加達市中心還有一家營業面積130多平方米的中文書店。此前，聯通書業公司還曾在雅加達舉辦過中文書籍展覽。除該家書店外，雅加達還有華文教育等書店。隨著漢語熱的升溫，印尼華文書店的數量也在逐步增多。

雖然如此，印尼華文出版的復蘇仍然很艱難。即便延續目前的趨勢也依然需要相當的時間。印尼華人只占印尼2.2億人口中很小的一部分，歷史的陰影還遠沒有消除，還有60餘項歧視華人的法規沒有廢

除，任何政治上的風吹草動都可能對華人造成巨大影響。今天，在唐人街還幾乎看不到中文招牌，印尼社會對華人的敵視還依然根深蒂固，非短時間可以改變。這些都似乎揭示著印尼華人充滿活力與生機的路還相當漫長。

除上述諸國外，東南亞其他國家中，柬埔寨、越南與緬甸也有少許華文出版活動。

柬埔寨有華人約30萬，華文教育在柬埔寨正蓬勃發展，目前有華校10幾所，其中大半為私立學校，其餘分別由潮州、海南、福建、客家與廣州等方言會館所設立。柬埔寨最著名的華校叫端華學校，由柬埔寨的潮州會館創辦，包括附小與分校共有學生 1 萬餘名。

柬埔寨目前有 3 份華文報紙，《華商日報》、《柬華日報》與《柬埔寨星洲日報》。此外，《民族靈魂報》出版有中文版。《柬華日報》是柬華理事總會主辦的華文報紙，每日出版對開紙二張半至四張半，周日另贈彩色星期刊一張。

越南有華人約100萬左右，80%在胡志明市。從20世紀90年代開始，越南許多大學陸續設立中文系和中文專業，目前此類大學約在20所左右。此外，社會上還有許多漢語培訓中心。目前，越南已有多所大學獲得中國國家漢辦的委託承辦「漢語水平考試」。

越南的華文出版活動主要是報紙出版及華文圖書銷售。越南擁有一份華文報紙——《西貢解放日報》，華文書店主要集中在胡志明市的華人集聚區。書店數量較多，但多數很簡陋，圖書種類也很少，許多是翻印品。較大的書店有平西書局、現代書店等，後者為中國內地的中國出版對外貿易總公司開設。

緬甸華人數量有幾種說法，一種數字認為約250萬，但緬甸原衛生部長吳覺敏認為，緬甸華人約800萬。由於政策原因，緬甸幾乎鮮有華文出版。目前唯一合法出版的華文報紙名為《金鳳凰》，由緬甸

資深媒體人吳哥哥創刊於2007年10月１日。該報最初是月刊，後發展為雙周刊。該報誕生之前，緬甸曾有另一份華文報紙，名為《緬甸華報》，由華人趙業華與緬甸當局合辦，為周刊，發行量約３萬份。主要在仰光、曼德勒、東枝等大城市銷售。但2004年９月時，被當局以政局不穩為由，勒令暫時停刊，至今仍未復刊。

此外，在緬甸北部與中國雲南接壤地區，也有一些華裔居住。最集中的是緬甸撣邦第一特區，即俗稱的「果敢特區」。該特區面積約2700平方公里，與中國共同邊界長達250公里。該特區人口20餘萬，90%為果敢族（緬甸漢族），其他還有撣（中國稱傣）、佤等民族。這些居民多數都能說漢語（雲南方言），許多人能閱讀中文，當地出版物也多是中文。

## 第四節　東北亞的華文出版業

不算俄羅斯，東北亞除中國外共有四國，該地區的華文出版業幾乎完全在東亞的日本，還有少量的活動是在韓國與蒙古。

## 一、日本

日本有正式註冊的華裔約66萬人（2008年），全部可統計的華人數量約80萬。雖然人口不是很多，日本卻是中國內地最大的海外圖書市場，目前中國內地出口的書刊約三分之一銷往日本。近些年，漢語熱持續在日本發燒，目前有超過200萬人在學習漢語。學習漢語的人數、開設漢語教學的學校數和聘請中國漢語教師的人數等方面均在世界各國中名列第一。

日本的華文出版業主要是報業與書店業。

　　日本的華文報業數量較多，也相對比較發達。目前僅華人華僑創辦的各類華文報刊就約在50家左右，具一定影響的有《中文導報》、《東方時報》、《留學生新聞》、《聯合周報》、《時報》、《華人周報》、《華風》、《日本僑報》、《中國通信》、《愛華》等。日本的華文報紙多為周刊與旬刊。目前少數有影響的華文報紙已具備基本的規模與一定的編印發能力，比如全部電腦排版、專業的採編團隊、訊息的快速傳遞、報紙與讀者的良性互動、訂閱銷售的多元化等。在日本一些大城市的24小時商店、車站都可以買到華文報刊。讀者也以過去的幾乎絕大多數為留學生，變為留學生、日本公司的職員、日本人的華裔配偶、中國派出駐日人員乃至於歸國人員、在日短期停留者等。目前，日本的華文報刊主要集中在東京為主的首都圈，少數在大阪。

　　《中文導報》、《東方時報》是目前華文報紙中有突出影響的二家，被視為日本華文報業中的大報。兩家報紙均為綜合性報紙，視角涉及中日兩國的政治、經濟、文化、軍事諸多領域，而非僅僅幫助華人適應環境的生活報。兩報目前都已經在日本具有一定影響，一些日本人企業也已開始在兩報上刊登廣告。兩報的一些報導也經常被中國大陸、臺灣、香港等地媒體引用。兩報的發行也已基本市場化，報紙可以及時送達訂戶。兩報最先採用整版對開、彩印，不僅都有自己的採編團隊，還在本部以外設立有通訊員。兩報都設有自己的中文網站，並已與報紙產生良好的互動效果。《留學生新聞》是另一張有一定影響的報紙，它創辦於1988年，是目前日本華文報紙中少數歷史最久者之一。由於今天其他華文報紙的創辦者或主事者許多出自該報，它又有日本華文傳媒的「黃埔軍校」之譽。

　　日本華文報業公司自身發展也面臨許多問題與局限，比如在規模與現代經營方面都還與大型報業公司有相當的差距。華文報刊間的競爭也已十分激烈，壓價搶廣告、惡語相爭等不時出現。

　　日本華文報業出版中有一位值得一提的人物，就是《日本僑報》總編輯段躍中。他除主持報紙、直接參與華文報業經營外，還矢志於日本華文媒體的文獻收集整理與研究。他不僅自己設立了一個中國人文獻資料中心，試圖彙總華人在日創辦的所有報刊，更撰寫、整理了多部書籍，如出版日文版專著《日本的華文傳媒研究》、主編《在日中國人媒體總覽》等。他負責的《日本僑報》還通過徵文的形式彙集了在日華人的創業史集，在上海教育出版社的支持下出版了《中國人的日本奮鬥記》，又由《日本僑報》翻譯成日文出版，向日本人展示了華人自強不息的風貌。

　　日本的華文書店數量很多。在東京最有名的神保町書市附近，就有大小不一的華文書店10餘家，在日本極富盛名的內山書店、中華書店都落戶於此。

　　日本的華文書店各具特色，其中不乏主題或專業書店。有以銷售中日淵源關係的古書籍為主的琳琅閣，有以漢學與中醫書為主的燎原書店，有以中國藝術刊物為主的蘭花堂，有以中醫藥及地質古生物書籍為主的亞東書店，還有專業的花鳥書書店等。在日本華文書店裡銷售的圖書中，有關中國傳統文化、藝術及古舊文化典籍等大部頭書籍占有相當大的比例，讀者則主要為日本專家、學者。除了漢語書籍外，許多書店都還銷售各種中國紀念品，如玉器、陶器、剪紙等，古色古香的彩繪方枕、色彩誘人的唐三彩、喜氣吉祥的中國結都可以在華文書店裡買到。

　　與東南亞及歐美地區不同的是，日本的華文書店多數由日本人或日資經營，讀者也幾乎都是日本人。像著名的東方書店、內山書店、亞東書店等均由日本人經營。華人經營的華文書店數量很少。

　　華人經營的書店有日本華僑設立的中華書店、臺灣正中書局設立的海風書店及中國圖書進出口總公司、中國國際圖書貿易總公司設立

的駐日代表處等。

中華書店是日本最著名的華文書店之一，為具有連鎖性質的華文書店。它創辦於1963年，是在廖承志倡導下由一批進步華僑集資合辦。中華書店在東京、神戶、北海道、鹿兒島等地區設有分店，分別由當地的華僑團體經營。目前中華書店每年進口圖書約萬種左右，與中國400多家出版社有業務聯繫。該店的旗艦店原來設在東京日中友好會館內，在過去相當長的一個時期裡經營業績一直尚可。近年由於競爭激烈、網路書店發達、租金上揚等因素，該店不得不遷址於神保町地區，銷售路線也逐步轉向了主要向各大學圖書館、學術研究機構推銷。

海風書店設立在東京，目前以經營臺港風水書為特色。中國圖書進出口總公司駐日本代表處既經營中國所需日本報刊的就地採購業務，也經營中國出版物對日出口業務，同時還從事版權代理、影視播放權等業務。

內山書店已有近七十年歷史，與當年上海內山完造開始的內山書店為姐妹店，現在的老闆是內山完造的侄子。內山書店在日本與中華書店齊名。

近年，日本「出版大崩壞」，日本華人書業的經營環境似乎也不如昔日。由於網路書店的加入，使得華文書店競爭更加激烈。


## 二、韓國等國家

韓國華人數量不多，目前約在3萬左右。與日本一樣，韓國也在流行「漢語熱」。目前，韓國有140餘所大學設立了中文系，中學開設漢語課的大學有300多所，在中國的留學生人數有4萬多人，已超過日本，是在華留學人數最多的國家（韓國在美國的留學生有5萬多

人）。韓國目前有30多萬人學習漢語，在韓國參加「漢語水平考試」的人數約4萬。自全球首家孔子學院2004年在首爾成立以來，目前已有9家孔子學院在韓國落戶。

雖然「漢語熱」遍布韓國，但韓國的華文出版還幾乎處於萌芽狀態。目前，韓國的華文出版形式主要是韓文報紙的中文版（韓國人稱「中國版」）與網路。報紙的「中國版」即在韓文報紙設立中文版面。目前，多家韓國重要報紙都開辦了中文版，包括《朝鮮日報》、《東亞日報》與《先聲經濟報》等。除了報紙的中文版，《朝鮮日報》、《東亞日報》等的網站也都設有中文版。

韓國尚沒有專門的實體華文書店，但有一家網路華文書店——中國書店（chinabook.co.kr）。少數韓國書店設立有中文專櫃，如韓國最大的書店教保書店，就設有專門的中文圖書專櫃，華文圖書的品種與數量也比較多。

在漢城能方便地看到中文電視，不僅有中央四台、鳳凰衛視，韓國本土還有一家中文電視臺，名叫「好TV」。

東亞的朝鮮及東北亞的蒙古目前沒有華文出版跡象。不過，蒙古的漢語熱已然興起。2002年9月經中國國家「漢考辦」批准，蒙古國立師範大學開始承辦中國漢語水平考試。2003年12月蒙古國漢語教師協會在烏蘭巴托成立，孔子學院也已落戶蒙古國國立大學，蒙古需求的漢語教師人數不斷增加。2009年，赴蒙古國的中國漢語教師志願者人數突破百名。

此外，在中國內蒙古自治區新聞出版局的支持下，2005年，中國內蒙古新華發行集團投資200萬元人民幣在烏蘭巴托建立了名為塔鴿塔的中文書店。2009年，該書店還榮獲了蒙古國圖書出版行業優勝獎，中方經理達林太也被授予優質服務獎。

# 第九章

# 北美、歐洲等地區的華文出版業

美洲與歐洲是東南亞與日本以外華文出版物銷售量較大的兩個地區。這其中又以北美地區的市場最大，華文圖書銷售約在5000萬美元左右。在美洲、歐洲的一些國家，也有一些華文出版活動，但其出版形態與中國大陸、臺灣、香港三大地區有所不同。這些地區的華文出版物中，報刊主要在當地出版印刷與發行，圖書、電子書等其他華文出版物則多是來自中國大陸、臺灣、香港這三個地區。美歐兩地的華文出版業者主要是華人，且以來自中國內地、臺灣、香港的華人為主。一些大型華文出版機構多是三地出版機構的延伸。

美洲地區的華文出版業主要集中在北美。目前，由中國大陸、臺灣、香港三地出版機構在北美設立的分支機構及其他獨立的出版機構，已形成了一個初步完善的華文書業網絡。此外，澳洲的華文出版活動近些年發展較快，非洲及南美洲也開始有些華文出版活動。

## 第一節　北美的華文出版業

北美的華文出版活動主要集中在美國與加拿大，兩國中美國又是主要市場。北美的華文出版業主要由報刊業、書店業及互聯網業構成，同時也有少量的圖書出版活動。報刊出版是北美華文出版的主要內容。

### 一、美國

美國現有華人超過300萬，其中在家講中文的超過130萬。美國的

華人主要集中在紐約、洛杉磯、舊金山及華盛頓、芝加哥、休斯頓等地，前三地因華人人口均超過45萬而被視為美國的三大華埠，美國的華文出版業也主要集中在這些地區。

美國華文報刊出版業很發達，目前美國有各類華文報紙約50家左右，另有少量的華文雜誌。在美國出版的華文日報有《世界日報》、《星島日報》、《僑報》、《明報》、《國際日報》與《自由時報》，其中影響最大的是《世界日報》與《星島日報》。這些報紙多數有美國以外資金背景，《世界日報》與《自由時報》分別隸屬於臺灣聯合報系與自由時報系；《星島日報》與《明報》均有香港淵源，前者隸屬於多倫多星報集團，後者屬於香港明報集團（該集團目前又隸屬於馬來西亞常青集團）；《僑報》與《國際日報》分別由中國大陸報人及印尼華人出資創辦。這些日報除《國際日報》在洛杉磯外，其他報紙的總部或主要經營地都在紐約。此外，美國還曾有一歷史悠久的華文報紙《金山日報》，該報於2006年停刊，並被星島日報集團收購。

《世界日報》與《星島日報》是北美華文報紙中的兩大報，在北美的地位與影響有些類似於當年臺灣的兩大報——《聯合報》與《中國時報》。它們的規模、經營策略、製作與發行區域等多有類似之處。兩報都在美國有較大的經營規模，員工人數均超過300人。兩報都在洛杉磯、舊金山設有分社，報紙都可以當日發送到讀者手中（日報只此兩家）。《世界日報》有臺灣聯合報系支持，同時通過與香港《東方日報》建立合作關係彌補香港資訊的不足；《星島日報》有香港《星島日報》支持，同時通過與臺灣《中國時報》建立合作關係彌補臺灣資訊的不足。兩報在加拿大也都有地區版出版（見加拿大部分）。不過兩報也都有自己的特點，《世界日報》讀者以臺灣與大陸背景的讀者略多，《星島日報》則以香港背景的讀者略多。《世界日報》在華盛頓的採編力量明顯多於《星島日報》。此外，《星島日報》紐約總部還統

圖9.1　美國世界日報總部大樓

位於紐約20th Ave. Whitestone的世界日報總部大樓，世界書局美東總部也在此。

（攝影：辛廣偉）

轄北美以外的倫敦與雪梨等分部，《世界日報》則只統轄在北美（美國與加拿大）的分部。

　　兩大報之外，其他幾種日報也有一定影響。《僑報》由中國大陸人出資創辦，也出版有美東與美西版，並以報導中國大陸新聞見長。《僑報》旗下還擁有《僑報週末》，在洛杉磯出版，具有一定影響力。《明報》與《星島日報》同質性較強，影響所及主要在紐約與加拿大。《國際日報》辦有美西南部版、美西北部版、美中版與美東版四個不同版面。

　　除日報外，美國還有眾多華文周報、旬報、半月報等周期較長的

報紙。這些報紙多有兩大特色，一是免費贈閱，二是多為社區報紙。這些報紙多以本地區新聞報導為主，具有較強的實用性，所以也可以得到廣告支持。此類報紙中，較出色的有華盛頓地區的《華盛頓新聞》、《華府郵報》、《新世界時報》，紐約地區的《美洲時報》（有紐約、波士頓、費城與華盛頓版），底特律地區的《大底特律時報》，西雅圖地區的《西華報》等。來自中國大陸、臺灣、港澳以外其他地區的華人在美國也辦有華文報紙，如越南華僑聯誼會創辦的《越華報》，越南、柬埔寨與老撾華人共同創辦的《中南報》等。此外，美國還有一份華文晚報──《美中晚報》，由華人李景明獨資創辦，在達拉斯出版，這份以「立足德州，拓展美南，面向全美」為目標的報紙，目前出版有達拉斯與休斯頓兩個版。

美國的華文雜誌數量不多，也沒有具體統計。美國的華文刊期以雙月刊、月刊、雙周刊為多，雙月刊有《中外論壇》、《科學世紀》、《世界藝術家》、《成功雜誌》、《美國文摘》等，月刊有《今日健康生活》等，雙周刊有《中國周刊》、《芝加哥華語論壇》等。從內容看，美國的華文雜誌以文化與綜合類為多，綜合類的雜誌有《華人天地》、《漢新月刊》、《美國文摘》、《主流》、《彼岸》等，文藝類的有《今天》、《世界藝術家》、《美華文學》與《東方》等。其他華文雜誌還有歷史文化類（如《黃花崗》）、學術類（如《當代中國研究》與《科學世紀》）、綜合新聞類（如《中國周刊》與《芝加哥華語論壇》）等。

美國的華文圖書出版活動很少，數量也很小。華文圖書出版者中，較有影響的往往是華文報刊媒體。獨立的圖書出版公司多是一些小型出版社，如常青書局、海馬圖書出版公司、長河出版公司、柯捷出版社、新澤西文心社等。其中柯捷出版社屬於出版圖書數量較多的公司。中國大陸最早在美國設立出版公司的是科學出版社，科學出版社紐約公司最初位於昆斯（Quees）附近。該公司為中國大陸出版界與

圖9.2　中國科學出版集團美國公司

位於新澤西South Brunswick的美國公司辦公場所。

（攝影：辛廣偉）

美國的出版交流與合作做了大量工作。目前，該公司的辦公場所遷到
了新澤西，業務側重於國際出版交流、培訓及華文圖書銷售。近幾
年，伴隨著「走出去」的潮流，先後有幾家中國大陸出版公司宣布在
美國設立了分公司或編輯部。較引人矚目的是人民衛生出版社2008年
以500萬美元收購了加拿大BC戴克出版公司，並以此為基礎在美國設
立了人民衛生出版社美國有限責任公司（編輯部在德州）。此外，據
媒體報導，2009年8月杭州出版社宣布與一家名為美國百盛集團有限
公司的機構合作，在美國註冊了一家名為美國華文出版社的機構（具
體規模、人員及地址等一律不詳）。

　　美國本土的華文圖書出版數量雖然極少，但華文圖書的銷售數量卻居中國以外其他地區的前列。這些圖書主要來自中國大陸、臺灣與香港。與報刊出版業一樣，美國的華文圖書銷售也主要集中在三大華埠及其他華人集聚區。據估算，目前美國各類華文書店約在200家左右。華人書店的經營者可以分為兩大類，一類是中國大陸、臺灣、香港的相關機構，另一類是美國本土的華人。美國規模較大的華文書店有紐約的東方文化事業公司與世界書局、洛杉磯的三聯書店和長青書局等。2008、2009年，中國出版集團公司先後在美國紐約與聖地牙哥開設了新華書店。

　　美國的華文書店中，以經營臺灣與香港版圖書的為多，專營大陸圖書的相對較少。如各地的世界書局、洛杉磯的金石堂書店、吉利書局等，所售書籍幾乎都是臺灣版。洛杉磯的三聯書店所售圖書以香港圖書為主，紐約法拉盛的大陸文化書店及甫開業不久的新華書店則以大陸圖書為多，洛杉磯的東方書店則是以香港與大陸圖書為主。但近年，隨著中國大陸赴美人數的快速增加等因素，大陸版圖書的銷售開始上升。除圖書外，一些華文書店也銷售文具。此外，一些書店也經常會主辦諸如講座、書畫展覽等相關文化活動。如洛杉磯的長青書局就經常舉辦各類書展，幾乎成了近些年中國大陸訪美出版代表團舉辦活動必到的一站。

　　目前，由中國大陸、臺灣、香港三地公司設立的出版、發行等機構，在北美已初步形成了一個華文書業網絡。中國大陸出版界在美國設立華文書業機構的公司有中國圖書進出口總公司（隸屬於中國出版集團）、中國國際圖書貿易總公司、中國科學出版集團等。它們分別在美國紐約、舊金山、洛杉磯等城市設立了書店或分公司。其中中國圖書進出口總公司在新澤西設立的機構（英文名稱為Beijing Books Co.，中文名稱現改為中圖倉儲式新華書店）是中國大陸在美國占地

圖9.3　中國圖書進出口總公司美國分公司

位於新澤西701 East, Linden Ave., Linden 的中圖美國公司。

（攝影：辛廣偉）

面積規模最大的出版發行機構，它也是有志在美國發展的華文出版人特別是大陸出版人可充分利用的場所。香港出版業在北美的書業機構主要是聯合出版集團在洛杉磯、紐約、舊金山等地設立的華文書店，臺灣業者在美國的華文書業機構以世界日報的世界書局最有影響。

　　在中國大陸、臺灣與香港三地中，臺灣業者在美國的華文書業網絡最密集，發行能力也最強。由世界日報所轄的世界書局是美國（北美）最大的華文連鎖書店，書店數量超過20家，形成了以紐約、洛杉磯為中心的發行網絡（世界書店美西部分其實是直接隸屬於臺北總部）。世界書局銷售的書籍以臺灣圖書為主，也有部分香港圖書，近

圖9.4　紐約法拉盛的世界書局

位於法拉盛 136-19 88th Ave的世界書局。
（攝影：辛廣偉）

兩年也開始銷售少量的中國大陸圖書。其進貨主要依靠臺灣聯經出版公司。臺灣其他公司也有在美國設立書業機構的，如黎明文化出版公司在美國設有黎明文化藝術公司等。

　　近兩年，美國的華文影音書店成長較快。而隨著中國大陸影視製品影響力的擴大、大陸赴美人數的迅速增多，美國（北美）華人對中國大陸影音製品的需求也快速上升。美國的華文影音製品銷售大體有四類形式，一是華文書店銷售，二是專業影音店經營，三是小攤點或家庭經營，四是因特網銷售。美國的華文書店在銷售圖書的同時也兼營影音製品的越來越多，這使得書店已逐步成為影音製品銷售的主要

管道。小攤點的經營者多是「夫妻店」，它們主要經營暢銷影音製品，種類與數量都有限。但美國此類攤點數量較多，分布也較廣，所以影響也不可忽視。網路書店銷售主要是通過郵購方式進行，近些年這一形式的銷售數量呈穩定上升之勢。

美國的華文專業影音店經營種類繁多，發售量很大。但此類專業店數量還不多。2000年前後，一些中國大陸的音像業者開始進入美國市場。最初較有影響的是天津業者在美國設立的中國王文化傳播（美國）集團公司，該公司主要從中國大陸進貨，當時的年進貨額達到300多萬元人民幣。目前在美國經營影音乃至電視傳媒最出色的是中國大陸的民營音像企業俏佳人。2003年底，俏佳人與中國王文化傳播公司簽約，在美國加利福尼亞州註冊成立了美國俏佳人音像有限責任公司，成為第一家進入北美連鎖零售市場的中國民營音像發行公司。目前，除了分公司外，俏佳人在美國還擁有配送中心和3家零售店，每家零售店銷售的品種都超過萬種。此外，俏佳人還與美國亞馬遜簽約，將該公司擁有版權的影音製品全部放入亞馬遜網上書店銷售。俏佳人在美國的合作夥伴還包括美國國家地理頻道、美國維亞康集團。2009年7月俏佳人又成功併購了美國國際衛視電視臺。國際衛視擁有8個頻道，其中5個有線頻道、2個無線頻道（一個英文頻道）與1個衛星頻道，擁有約800萬華人受眾和1300萬美國受眾。2009年11月，俏佳人獲得中央電視臺授權在其擁有的美國電視臺播出CCTV第4、9套系列節目。俏佳人集團的夢想是有一天在美國構建起一個英文無線電視網。

美國互聯網技術發展迅速，華文網路在北美也成長較快。目前設在美國的以提供新聞或出版物銷售的華文網站就超過數十家。許多華文報章都設立有自己的華文網路，向華人提供網路諮詢與服務。

## 二、加拿大

加拿大有華人約120萬，華裔是繼英裔、法裔之後的加國第三大族裔。華人中有約87%在家中講中文，閱讀華文報刊的習慣比例也極高。這些都為華文出版業的發展提供了條件。

與美國類似，加拿大的華文出版業主要以報刊出版、網路及書店為主。目前，加拿大有各類華文報刊約50多種，華文網站60餘家。

加拿大的華文報紙以《星島日報》、《明報》、《世界日報》及《環球華報》影響較大。前三家均為港臺背景，也是加拿大華文報紙中的主流媒體。三家報紙均為日報，都出版有「加東版」與「加西版」（《星島日報》稱「卑詩版」）。三家報紙中，《星島日報》歷史最久，影響也最大。《星島日報》目前除出版東、西版外，還出版有「亞省版」。同時，它還出版有4份周刊。《環球華報》創辦於2000年底，出資人是大陸新移民張雁、劉志雄，目前也出版有「加東版」（周報）與「加西版」（周二報），成為華文報業的後起之秀。

加拿大的其他華文報紙多為周報或雙周報，如《大中報》、《華僑時報》、《華僑新報》、《神州時報》、《中華時報》、《中華導報》、《加華新聞》、《加華僑報》、《亞省東方報》、《星星生活周報》等。這些報紙許多屬於免費贈閱。加國的華文報紙主要集中在溫哥華、多倫多、艾德蒙頓與渥太華等地，其中溫哥華、多倫多數量最多。華文報業以近十幾年數量成長最快，據徐新漢與黃運榮的《加拿大華文傳媒發展綜述》介紹，有70%多的報紙為近些年的大陸新移民創辦。

加拿大的華文雜誌數量約在20幾種左右，多為月刊，內容多以休閒、娛樂、就業為主。如《娛樂生活雜誌》、《松鶴天地》、《醒華報》、《先鋒雜誌》、《教育與就業》、《楓華家庭》等。其中《醒華報》創辦於1917年，印報鉛字由孫中山贈送。

加拿大的華文書店有數十家之多，主要設在華人聚集地。華文書店數量以多倫多最多，較有名氣的如三聯書店、龍源文化書城、新華圖書公司、新時代圖書、中加圖書公司、新大陸書店等。此外，溫哥華華文書店數量也較多。這些書店除由當地華人經營的外，多有中國大陸、香港、臺灣出版業者設立。其中，香港的聯合出版集團開設的數量最多。他們的書店對外統一以三聯書店為店名，英文名字則統一為SUP Book Store。近些年，中國大陸開店數量略有增加，如遼寧出版集團在多倫多也設立有中文書店。2006年10月，中國國家漢語國際推廣領導小組辦公室（即國家漢辦）在加拿大建立了北美漢語教材推廣中心，這也是國家漢辦在全球建立的第一家集漢語教材展示、交流、推廣、教學於一體的機構（基地），目的是方便漢語愛好者學習漢語。該中心目前共陳列約40套、100多個品種的漢語教材叢書及相關配套的書籍和VCD、CD-ROM、錄音帶等有聲書籍。

加拿大的華文網路數量也很多，許多都是網路與報刊互動經營。除影響較大的幾家報紙外，許多規模較小的報紙如《大中報》、《中華導報》、《星星生活周報》等也都辦有自己的網站。

## 第二節　歐洲的華文出版業

歐洲的華文出版規模居北美之後，但無論從數量與規模看，都要比北美小很多。歐洲的華文出版業主要是報紙出版與網路出版，其他形式幾乎很少出現。從地理分布看（按照20世紀後半葉的政治地理概念劃分），歐洲的華文出版業可大致分為西歐（包括北歐三國）、東歐（包括俄羅斯等國）兩大部分，其中西歐的華文出版市場遠大於東歐。歐洲的華人約150萬，其中約80%在西歐。華人比較多的國家有英國、法國、荷蘭、德國、義大利、俄羅斯、西班牙與瑞典等。

### 圖9.5　加拿大的華文書店

上圖為位於多倫多633 Silver Star Blvd., Unit 101, Scarborough的三聯書店總店；下圖為位於溫哥華8674 Granville Street 的北美漢語教材推廣中心。

（照片來源：香港聯合出版集團及辛廣偉）

## 一、西歐

西歐地區的華文出版業由眾多的報紙、少量的書店及網路構成。

西歐的華文報業相對較發達。目前該地區約有華文報刊約30種左右，主要集中在法國與英國，西班牙、義大利數量也較多。這四國也是華人數量較多的國家，英國與法國均在25萬人以上，西班牙、義大利也都超過10萬人。全歐洲最重要的三份華文報紙是《歐洲日報》、《歐洲時報》與《星島日報》。其總部有兩份設在法國、一份在英國。三份報紙均為綜合性日報（兩張周五刊、一張周六刊），發行全歐。《歐洲日報》、《歐洲時報》分別由臺灣聯合報系與法國華人創辦於20世紀80年代初。前者與美國《世界日報》、泰國《世界日報》一樣，隸屬於臺灣聯合報系，報紙以中文繁體字印行。由於受金融危機、網路媒體發達等影響，2009年8月，該報宣布自8月31日起永久停刊，令諸多讀者惋惜。後者現為簡體字版，並與法國《巴黎競賽周刊》合作出版法文《巴黎競賽周刊・中國專刊》。《星島日報》隸屬於北美的《星島日報》集團，在英國出版歐洲版。

西歐其他國家的華文報紙以西班牙、義大利數量為多，西班牙有《中國報》、《華新報》、《歐華報》、《歐洲晚報》等，義大利有《歐洲商報》、《歐華時報》、《新華日報》等。其他國家的華文報紙還有希臘的《歐洲信報》、德國的《新天地》、葡萄牙的《葡華報》、比利時的《創業報》、奧地利的《多瑙時報》等。這些報紙均為周刊或雙周刊，以免費贈閱為主。

西歐地區也出版有華文雜誌，但數量不多，多由旅居各國的華人團體創辦，雜誌內容大致可分為兩類，一是華僑聯絡性質，一是提供商業資訊。在西歐出版的華文雜誌有比利時的《比中僑聲》、《華人通訊》，匈牙利的《世界華人名錄》，法國的《華報》、《歐中貿易》，荷

圖9.6　巴黎的華文書店

左圖為位於45, Rue Monsieur le Prince的友豐書店；
右圖為位於72 Boulevard Sebastopol的鳳凰書店。

蘭的《華僑通訊》，希臘的《華僑通訊》，德國的《德國華僑》及義大利的《歐華》（半月刊）等。2004年7月，北歐的瑞典也出版了第一份漢語刊物——《歐華天下》。

　　西歐的華文書店數量不如北美，但歐洲的華文書店主要在此地區。歐洲的華人書店主要分布在法國、英國、荷蘭等幾個國家，如法國的友豐書店、鳳凰書店、燕京書局、中華書店、STE EPC書店，英國的英華書局、東亞圖書、正中書局及2009年新開業的新華書店，比利時的長城書店，荷蘭的黃河書店等。這些書店多數是當地的華人或來自中國大陸、臺灣與香港的出版人設立，但也有非華人經營的。這些書店中以法國的友豐書店與鳳凰書店較為著名。

　　友豐與鳳凰兩家書店分別由柬埔寨華僑潘立輝與法國人菲利普・梅耶（Philippe Meyer）經營。銷售的圖書既有中文，也有法文與英文，但內容皆與中國有關。兩店是歐洲最具規模的華文書店。友豐書店有兩家門市，經營圖書4萬多種，多數來自中國大陸。除銷售外，友豐還從事出版業務，主要是將中國文化翻譯成法文或英文出版。目前年出版新書30本左右。這些書籍成為許多西方讀者暸解中國文化的

圖9.7　歐洲的第一家新華書店在倫敦開幕

重要媒介，友豐也由此成了在法國和西歐影響最大的中文書店。鳳凰
書店也是眾多法國與歐洲喜愛中國文化的讀者最常光顧的華文書店。
法國的燕京書店由來自中國大陸的陳超英、李曉彤伉儷經營，英國的
新華書店由中國圖書進出口總公司設立。

　　西歐也是中國大陸、臺灣、香港出版業者在歐洲設立分支機構、
開展相關業務的主要地區。中國大陸的中國圖書進出口總公司在英
國、德國、俄國設有分公司或辦事處，北京新華外文圖書集團在荷蘭
設有黃河書店。其中中國圖書進出口總公司在德國設立的分公司是該
公司在中國以外地區所設各分支機構中規模最大的一個。臺灣正中書
局、黎明文化公司在倫敦、巴黎也設有華文書店，香港聯合出版集團
在英國設有分支機構。

## 二、東歐

　　本書中的東歐地區是指匈牙利、捷克、斯洛伐克、羅馬尼亞、波
蘭、保加利亞、南斯拉夫、斯洛維尼亞、克羅埃西亞、波黑、馬其
頓、烏克蘭、白俄羅斯及俄羅斯等國家。這一地區的華人目前約有25
萬左右。華文出版活動主要開始於20世紀90年代中期，歷史還很短。

　　東歐地區的華文出版主要是報業出版活動。就國別看，目前有華

文報刊出版的有匈牙利、羅馬尼亞、保加利亞、烏克蘭、白俄羅斯及俄羅斯。其中匈牙利與俄羅斯是華文報刊數量最多、影響較大的兩個國家。匈牙利華人約在2萬人左右，但因位於歐洲中部，開放最初又曾對中國人免簽證，加之由中國前往的華人絕大多數是經商，所以，這裡的華文報刊發展迅速。目前匈牙利出版的華文報紙有8份，分別是《市場》、《中華時報》、《歐洲論壇》、《歐亞新聞報》、《布達佩斯周報》、《新導報》、《聯合商報》與《每日觀察》。其中《每日觀察》為日報，其餘均為周報。《市場》、《新導報》、《中華時報》等還設立了自己的網站。

　　俄羅斯是東歐地區華文報業最發達的國家，該國目前有華人約10幾萬，是東歐地區華人最多的國家。俄羅斯目前出版的華文報紙有《路迅參考》、《莫斯科華人報》、《莫斯科晚報》、《華俄時報》與《俄羅斯龍報》等。除《莫斯科華人報》為周報外，其餘均為日報。報紙版面或8開，或大16開。俄羅斯的華文報紙從內容到印製水準都是東歐最高的。報紙主要集中在莫斯科，但其發行範圍多能延伸到俄羅斯有華人聚集的其他地區。如《路迅參考》，除主報外，還發行有聖彼得堡地區版、烏拉爾地區版，同時還出版一份社會法制類綜合性生活日報《俄羅斯商旅生活報》，該報還擁有路迅網。

　　東歐其他國家的華文報紙有羅馬尼亞的《旅羅華人報》和《歐洲僑報》，保加利亞的《中華報》，烏克蘭的《五洲國際商報》，白俄羅斯的《留白學生報》等。這些報紙均為周報，發行範圍多以所在國家為主，但保加利亞的《中華報》除本國外，還發行到南斯拉夫、土耳其與馬其頓等沒有華文報的國家。

　　東歐地區幾乎沒有華文書刊出版。匈牙利的世界華文出版社是難得的一家出版社，以出版不定期雜誌《世界華人名人錄》為主。該社除在布達佩斯與紐約分別設立編輯部外，還在其他十多個國家設立了

分支機構，並有自己的網站。

## 第三節　大洋洲、中南美洲及非洲的華文出版業

### 一、大洋洲

　　大洋洲的華文出版活動幾乎都在澳大利亞。澳大利亞有華人約40萬，占澳總人口的２％。澳大利亞的華文出版業主要以報業、華文書店業及網路為主。

　　澳大利亞的華文報刊約30家左右，其中日報６家，周報近20家。《星島日報》澳洲版、《澳洲日報》、《澳洲新報》與《華人日報》等幾家日報是澳大利亞影響最大的華文報紙。《星島日報》與《澳洲新報》都有香港背景。《星島日報》澳洲版與香港、北美、歐洲的《星島日報》同屬一系，業務有香港報紙的支持，它也是澳洲歷史最久的華文報紙。《澳洲新報》由香港《新報》創辦，目前的影響力與《星島日報》並駕齊驅。《澳洲日報》目前屬於臺資，該報同時還有多張姐妹報。《華人日報》由主辦者接手2002年停辦的《自立快報》而來，目前得到香港《商報》的支持。2004年６月，澳大利亞新誕生的一份華文日報──《澳洲新快報》，則是中國大陸業者（《羊城晚報》報業集團與廣東僑鑫集團）創辦。

　　澳大利亞的華文周刊報紙主要集中在雪梨、墨爾本、布里斯班與坎培拉。這類報紙有《新時代報》、《大洋時報》、《澳洲僑報》、《華夏周報》、《華商周報》、《澳大利亞時報》等。這些報紙新聞來源多以網路為主，自身沒有採訪能力，發行區域也多限於一個地區，多數為免費贈閱。但也有少數周報自己具有採編能力，贏得了一些訂戶，經營較成功。

　　雖然澳大利亞的華文報紙甚至比英文報紙數量還多，但競爭也異常激烈。幾年前，投入鉅資的《自立快報》突然停刊曾震撼整個報業。至於小報的消失人們已習以為常，不久前兩家重要的中文周報《東華時報》與《澳華時報》停刊，報業似乎很平靜。

　　澳大利亞華文雜誌的數量不多，內容以文學、商訊及協會通訊為主。這類雜誌有《漢聲雜誌》、《動態》、《好雜誌》、《朋友》、《原鄉》、《酒井園詩刊》、《唐人街》、《國際華文詩人》、《船》等。其中的《朋友》是中國著名雜誌《女友》的海外版，自2001年在澳大利亞出版發行，它是澳洲唯一的全彩中文月刊。

　　和報刊業一樣，澳大利亞的華文書業也主要集中在雪梨、墨爾本、布里斯班等幾個華人聚集地。雪梨與墨爾本的唐人街是華文書店的主要落腳點，較有名氣的華文書店有澳洲中國書店、寶康書店、藝風書店、志文書店、東方文化書店與中華書籍書店等。兩地的華文書店約有10幾家，但絕大多數都是小店。此外，個別幾家英文書店也經營少量的中文圖書。中文書店中，中國書店、東方文化書店以賣大陸版圖書為主，同時兼營港臺圖書；藝風書店、中華書籍書店等幾家書店則主要銷售港臺圖書。

　　1994年初設立於雪梨的澳洲中國書店面積約200平方米，擁有1.2萬多種圖書和影音製品，號稱澳大利亞最大的中文書店，總經理劉曉華女士及其他合夥人均為中國大陸的留學生。開在墨爾本的寶康書店是另一家規模較大的華文書店，除總店外它還有兩家分店，書店在當地有一定影響，老闆區振標還被推舉為紀念華人創業歷程的澳華博物館董事會主席。

　　過去，臺灣、香港的圖書都可以直接向澳洲供應，但大陸的書刊多要通過香港。1994年中國大陸留學生成立了滿江紅出版公司，直接通過中國出版對外貿易總公司進口大陸書刊，使大陸出版物開始非常

便利地進入該國，該公司每年還都在中國城聯合舉辦一兩次中國大陸版圖書展。2002年，福建省新華書店、廈門對外圖書交流中心與澳大利亞華人在雪梨還開始了一家新華書店，專門經營大陸版書刊。和臺灣、香港版圖書相比，目前大陸書刊在澳大利亞的銷售已大幅提升。

澳大利亞幾乎鮮有圖書出版，偶而出現也是印數很少。如《大洋時報》曾編輯出版過新移民的文學書籍。華人作者想出書，多是將稿子投給中國大陸、臺灣或香港的出版公司。

與澳大利亞相鄰的紐西蘭與斐濟華人數量分別為12萬與 1 萬，所以也有華文出版活動。兩國的華文出版主要是報紙。紐西蘭出版的華文報紙有《東方時報》與《亞洲之聲》，前者為一綜合性周刊，後者為中英雙語周刊。斐濟出版的報紙為《斐濟日報》，它也是南太平洋島國中唯一的華文報紙。紐西蘭還有一家華文書店，坐落在奧克蘭的天涯書社，該書社由華僑許乾昆先生創辦。

## 二、中南美洲與非洲

中美洲與南美洲華人較少，總數約在30萬左右。其中多數又在南美的巴西、阿根廷、秘魯等少數幾國。這一地區的華文出版主要就是少量的華文報業及書店。

巴西是此一地區華人最多的國家，人口約在20萬。所以，巴西的華文報紙規模最大，影響也最大。目前最著名的兩份報紙是《南美僑報》與《美洲華報》。兩報都是立足巴西（社址均在聖保羅），發行南美，是南美影響最大的華文報紙。《南美僑報》每期都同時空運里約熱內盧及巴拉圭。中南美洲地區的其他華文報紙還有阿根廷的《新阿根廷通訊》、《世界新聞》、《臺灣周刊》，秘魯的《公言報》、《秘華商報》、《僑報》，巴拉圭的《傳薪日報》、《城市新聞》，巴拿馬的《拉美

快報》、《拉美僑聲報》與古巴的《光華報》等等。

中南美洲的華文雜誌數量也相當少，現在發行的有《新大陸周刊》、《東方月刊》與《秘華協會通訊》等。由於中南美洲的華人許多是來自臺灣，所以上述華文報刊中許多是臺灣人出資創辦，其內容也多與臺灣相關。

中南美洲幾乎沒有華文書刊出版，華文書店也可謂鳳毛麟角。僅有的幾個書店都在南美洲，如巴西聖保羅等地，書店規模都極小。

近些年，隨著中國影響力的逐步擴大，南美洲學習漢語的人數也開始增多。一些國家的教育部門也開始重視漢語教育。如智利教育部自2009年5月起將漢語列為國家中等教育中的外語選修課，現在智利開設漢語課程的學校已達15所。中國已向智利派出了三批漢語教學志願者。

非洲是前述幾大洲中華人數量最少的地區。目前在非洲的華人數量不過10幾萬。這些華人主要居住在南非、模里西斯、馬達加斯加等國家。非洲的華文出版活動就是報業出版，且主要集中在南非。

南非目前有約10萬多華人，主要的華文報紙有《僑聲日報》、《華僑新聞報》與《南非華人報》等。《僑聲日報》創辦於1931年，歷史最悠久，屬於臺資。《華僑新聞報》號稱南非及全非洲影響最大的華人報紙，辦有自己的中英文網站——南非中文網（www.sa-cnet.com）。《南非華人報》由大陸華人創辦於1999年，報齡最短。

2004年9月由中國福建僑辦主辦的《福建僑報》（南非版）在南非出版，報紙為周刊，由中國福建僑報社和南非中華福建同鄉會共同採編，在中國大陸編輯排版，在南非印刷並委託《南非華人報》代為發行。2004年11月，南非成立了第一個中國研究中心——斯坦陵布什大學中國研究中心，此舉對當地乃至整個非洲的華文出版都有積極意義。

　　南非以外，在馬達加斯加以東南印度洋上的島國模里西斯也有華文出版活動。島上有兩張華文報紙，分別是《華僑時報》與《鏡報》。此外，還有一家華文書店，主要銷售來自中國大陸的書刊。

# 第十章

# 加入伯恩公約以來
# 中國圖書版權貿易現狀

## 第一節　概述

2008年12月11日，中國加入WTO正好七周年。

中國現行的著作權法頒布於1990年，於1991年6月1日起實施。2002年對此法進行了一次修訂。

中國分別在1992年10月15日和30日成為伯恩公約與世界版權公約成員國後，2001年12月11日加入WTO。

1990年以前，中國沒有關於版權貿易方面的統計。中國正式開展版權貿易統計始於1995年，統計的類型是圖書（本書作者當時在國家版權局工作，是該統計的提議者與具體設計者）。1996年2月，中國國家版權局首次公布了1995年度中國圖書版權貿易的有關數據。從此，中國圖書版權貿易年度統計工作開始制度化。這為從宏觀瞭解中國圖書版權貿易情況奠定了基礎。此外，中國在1990-2000年間還曾進行過四次版權貿易專項統計。

根據不完全統計，中國1990-2007年十八年間的圖書版權貿易數字為：引進超過97400種，輸出約15300種，合計總數約在113000種左右。需要說明的是，這裡的數字包括了中國大陸與臺灣、香港兩地間的版權貿易（也有少量與澳門的貿易）。

就引進與輸出的比例看，中國大陸引進版權的數量遠遠大於輸出，十八年間的總體比例約為6：1。1995年至2001年間，引進版權數量大幅上升，引進與輸出之比大體維持在10：1的狀態。中國加入WTO（2002-2007年）之後的六年裡，引進與輸出比約在7：1。如果不計中國大陸與臺灣、香港間的版權貿易數量，則引進與輸出之比例

還會更大。

中國大陸引進版權的方式許多是通過中外版權代理公司進行的。一些大型出版公司則主要靠自己開展。目前，中國大陸有近30家版權代理公司，分布在北京、上海、廣西、陝西、廣東、安徽、深圳等地。中華版權代理總公司是中國大陸的第一家版權代理公司，比較活躍的還有上海版權代理公司、萬達版權代理公司與北京版權代理公司。這些版權代理公司主要代理圖書版權貿易，但也有少數代理電視節目、影音等版權業務。

而臺灣的版權代理公司大蘋果（Big Apple Tuttle-Mori Agency）和博達（Andrew D. Cribb）非常活躍，代理成交量很高，它們在中國大陸都設有辦事機構（參見附錄四）。

北京書展、香港書展與臺北書展，是華文世界的三大國際書展，在國際上具有一定影響力（參見第五章第二節）。對中國大陸出版人而言，最重要的版權貿易活動是北京國際書展。除了北京以外，中國大陸的其他一些地區也舉辦有版權貿易書展，影響比較大的是上海書展。

除參加在中國舉辦的書展外，近十年來，中國大陸出版人已成為各類國際書展最積極的參加者，且參展人數還在不斷增長。中國大陸每年都有大批出版人參加法蘭克福書展（Frankfurt Book Fair）、義大利波隆納國際書展（Bologna Children's Book Fair）與美國BEA書展（Book Expo America）三大書展。近幾年中國大陸參加法蘭克福書展的人數均在5、600人以上。此外，中國出版人每年都參加的書展還有倫敦書展、巴黎書展、巴西聖保羅書展、布宜諾斯艾利斯書展、蒙特婁書展、華沙書展、莫斯科書展、布達佩斯書展、巴塞隆納書展、新德里書展、埃及書展、東京國際書展、漢城書展、新加坡世界書展、吉隆坡國際書展與菲律賓書展等。

中國國務院內設有國家版權局（和新聞出版總署是一個機構），各省級地方政府也都設立有版權局。除打擊盜版、為民眾進行版權諮詢等外，這些機構在版權貿易方面主要是開展國際版權貿易服務、進行版權貿易統計、經驗交流、表彰優秀版權貿易單位等。此外，為了維護中外著作權人的合法權益，中國的各省版權局還負責對中國大陸出版社引進大陸以外地區的圖書版權合約進行備案登記。

## 第二節　引進版權圖書狀況分析

中國加入伯恩公約的十五年左右時間裡，已總計購買了約 9 萬種左右的外國圖書版權。中國大陸在購買圖書版權方面主要有如下一些特點。

### 一、中國成為世界主要版權引進國

在中國加入伯恩公約的前幾年，中國大陸年引進版權數量平均以約29%的速度增長，屬平穩增長時期。從1995年開始，增長速度明顯加快。1995年引進數量為1664種，1999年為6459種，到2002年（中國成為WTO成員國）超過了 1 萬種，達10235種，平均年增長率約為57%。而自2002年至今，平均每年都在 1 萬種以上。這還不包括出版的已經進入公版權的外國著作。就是說，目前中國大陸年出版的新書，每十種裡就有一種是引進外國版權的圖書。這說明，中國大陸出版社在經過最初加入國際版權公約後的短暫陣痛後，很快就適應了國際版權貿易規則。不僅如此，中國在加入WTO後，已成為世界上主要的圖書版權引進國家。

圖10.1　1995-2007年中國大陸取得圖書版權年度簽約數量示意圖

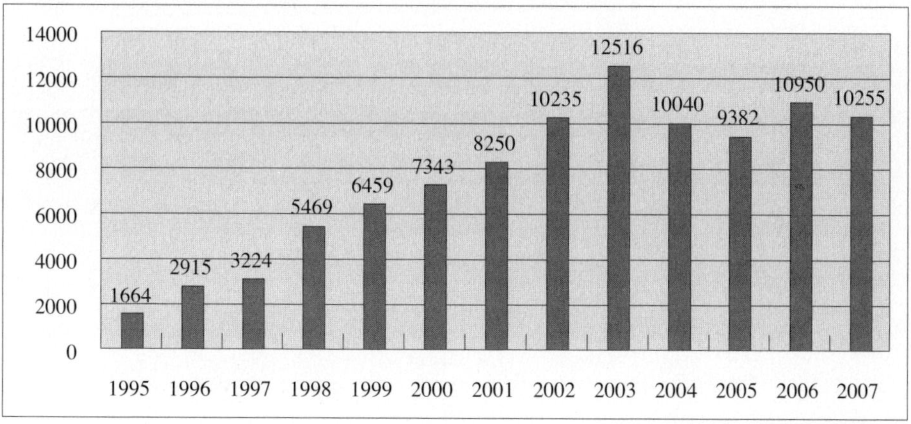

資料來源：中國國家版權局

## 二、貿易夥伴不斷擴大

　　目前，中國每年引進版權涉及的國家、地區及國際組織數量已超過50個，並形成了約10個主要貿易夥伴國。中國平均年引進版權數量超過20種的國家是美國、英國、日本、德國、法國、俄羅斯、韓國、加拿大、澳大利亞、新加坡、義大利、西班牙、瑞士等10幾個國家。1998年列中國大陸圖書版權簽約引進地前八名的國家分別是美國、英國、日本、俄羅斯、德國、法國、韓國與澳大利亞。與這八國當年簽訂的版權引進合約數量達4220種，占當年總數的77%。2007年列中國大陸引進版權前九名的國家是美國、英國、日本、德國、韓國、法國、新加坡、俄羅斯與加拿大，與這九國當年簽訂的版權引進合同占了總數的78%。美國、英國、日本、德國、法國、韓國、新加坡、俄羅斯、加拿大九國已成為中國加入WTO以來引進圖書版權最重要的夥伴國。而美國、英國、日本則是一直居冠、亞、季軍之位，自中國

圖10.2　2007年中國大陸從主要版權貿易夥伴國取得許可證數量示意圖

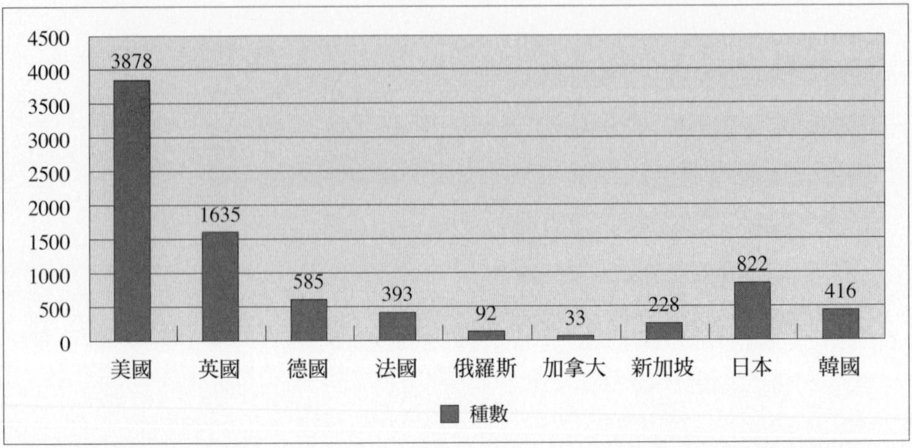

資料來源：中國國家版權局

1992年加入伯恩公約至今從未改變。

　　中國加入WTO以來，版權貿易夥伴國數量不斷擴大，排位也有些變化。首先是中國大陸從韓國、新加坡引進版權的數量明顯增多，超過了俄羅斯、加拿大、澳大利亞等國。其次是新增加了一些貿易夥伴。2005年以來的統計顯示，荷蘭、瑞士、希臘、比利時、印度、瑞典與奧地利等國也成為中國引進版權數量較多的國家，中國每年從它們引進的版權數量都在10種以上。

　　引進版圖書中，從原版書使用的語言看，歐美國家使用的語言數量占了絕大多數。在引進排名前十位的語言中，有八種為歐美國家語言。英語理所當然地高居首位，德語、法語書數量也非常大。但亞洲的日語與韓語也占有突出地位，顯示了亞洲這兩個國家在中國版權貿易領域裡的特殊地位。由於2008年中國舉辦奧運會，所以讀者對希臘的關注增多，導致相關出版社引進希臘語版權數量增多，這應是希臘語進入到排行榜前十位的主要因素。

表10.3　2005-2006年中國大陸引進版圖書前十種語言排名

|  | 語種 | 參考數量（種） |
|---|---|---|
| 1 | 英語 | 11275 |
| 2 | 日語 | 1081 |
| 3 | 韓語 | 655 |
| 4 | 德語 | 609 |
| 5 | 法語 | 607 |
| 6 | 俄語 | 88 |
| 7 | 西班牙語 | 55 |
| 8 | 義大利語 | 43 |
| 9 | 瑞典語 | 15 |
| 10 | 希臘語 | 14 |

注：1. 該表不包括原版書為中文的圖書（如從新加坡引進的一些圖書）。
　　2. 該表中的數據來源於中國新聞出版總署圖書司。

## 三、題材廣泛，出版迅速

在加入伯恩公約之初，中國引進的圖書以語言、文藝、少兒類書籍為多，品種略顯單調。到20世紀90年代中後期這一情況開始發生變化，圖書品種不斷增多，領域日益擴大，電子、財經、科技、學術及成長勵志類圖書開始在版權貿易中占據重要位置。圖書版權貿易出現了電腦熱、財經熱、成長勵志熱等新熱點。而今天，在國際出版市場有一定影響力或價值的圖書，幾乎都可以在中國的書店看到它的中文版。

據北京市版權局統計，近五年來，北京地區引進的科技類圖書一直占引進圖書總數的40%以上。電腦、經濟管理、語言與少兒類圖書成為引進書的四大板塊，數量不斷上升。這也是中國大陸圖書引進的一個縮影。大量財經、科技、電子與學術類圖書的引進，使圖書版權

貿易在中國大陸的「科教興國」、法制建設方面發揮的作用日益重要。

　　以法律圖書版權的購買為例，中國大陸最權威的百科全書出版公司——中國大百科出版社出版有「外國法律文庫」，該「文庫」是中國目前規模最大的法律翻譯叢書。從1991年起開始出版，目前已購買了數十種外國著名法律圖書的版權，已出版近30種。所選的書籍從英國哈耶克（F. A. Hayek）的《法律、立法與自由》（*Law, Legislation and Liberty*）、德國古斯塔夫‧拉德布魯赫（Gustav Radbruch）的《法學導論》（*Einfubrung in Die Rechtswissenschaft*）、美國德沃金（Ronald Dworkin）的《法律帝國》（*Law's Empire*），到義大利加羅法洛（Baron Raffaele Garofalo）的《犯罪學》（*Criminology*）、奧地利凱爾森（Hans Kelsen）的《法與國家的一般理論》（*General Theory of Law and State*），乃至1995年起開始實施的《俄羅斯聯邦民法典》（*Civil Code of the Russian Federation*）。「文庫」由中國著名法學家江平出任主編，邀請了巴黎第一大學教授、比較立法學會秘書長格札維埃‧布朗－儒萬（Xavier Blanc-Jouvan）、加拿大麥吉爾大學法學院教授、國際比較法學會主席保羅－安德烈‧克雷波（Paul-Andre Crépeau）、美國密西根大學法學院教授維特莫爾‧格雷（Whitmore Gray）及德國漢堡大學教授、瓦普外國法與國際司法研究所所長海因‧克茨（Hein Kotz）為文庫顧問。「文庫」的出版對中國的法律建設具有重要參考價值，已成為中國諸多法學家、教授、律師等的必購圖書。

　　隨著中國能直接使用外語人數的不斷增多，特別是大學生外語水平的普遍提高，加之政府的提倡與引導，直接學習外國教材、閱讀外國原著的人數也快速上升。出版社購買外國原版教科書及其他相關書籍複製權，直接出版外文版圖書的也開始增多。引進原版圖書較多的有外語教學與研究出版社、清華大學出版社、東北財經大學出版社、

高等教育出版社等。

　　隨著中國出版社實力的不斷增強及中國外匯儲備的大幅攀升，中國出版社購買版權及翻譯成中文版的速度也普遍加快。國際上許多暢銷書或熱點圖書一出現，其中文版也很快就會出版。

## 四、社會科學類書籍比重極高，少兒與漫畫圖書銷量突出

　　如果把引進的各類圖書大致劃為社會科學與自然科學兩大類的話，就會發現，中國大陸引進的社會科學類書籍占了大多數。這較以往有很大的不同，特別是在中國加入WTO以後。有關學者的統計顯示，中國加入WTO以來的七年裡，每年引進的各類社會科學類圖書都占到了總數的約70%，且這一比例還有不斷上升的趨勢。而在各類社會科學圖書中，數量最多的依次是文學、經濟、軍事、史地、藝術類圖書。

　　在廣義的社會科學類圖書中，少兒圖書、漫畫書由於圖書較多，表達直觀，便於翻譯，加之孩子天性相通，市場購買力較強等因素，成為中國大陸引進版權數量中銷售量較多、較引人矚目的種類。北京開卷圖書市場研究所的圖書銷售排行榜顯示，2008年上半年前500名暢銷書中，引進版圖書占了84種，這其中少兒圖書達48種，占了引進版暢銷書總數的57%。引進版少兒書的熱銷，極大地刺激了出版社引進少兒圖書版權的積極性。有的少兒出版社，購買版權的種數已占出版社年出版圖書種類的1/3，引進版圖書銷售收入占出版社總收入的近一半左右。

　　如在山東濟南的明天出版社，近幾年引進版權勢頭強勁，圖書營業額、利潤指標都翻了一番。該社大規模引進的適合不同年齡層少兒讀者的百科讀物，在市場反響熱烈，出版社也因此被譽為業界的「百

科大王」。該社一位主要從事版權貿易的編輯一年引進圖書93種，銷售金額達2300萬人民幣，利潤約500萬。

另一家在陝西西安的希望出版社，2002年投入滾動資金400萬元（48萬美元）左右，引進包括《史努比全集》在內的外版書，銷售金額達2500萬元（301萬美元）以上，利潤約200萬元（24萬美元）左右。

在中國大陸暢銷的少兒書，許多是系列套書。「成套引進，整體營銷」已成為許多出版社的銷售模式，這些年暢銷的少兒書也多屬於此類。

上海畫報的《威利的世界》、人民文學的《哈利波特》、接力的「雞皮疙瘩」、浙江少兒的《冒險小虎隊》、未來的《史努比全集》、童趣的《米老鼠》等是此類圖書的代表。2008年最引人注目的外國少兒圖書則是由二十一世紀出版社翻譯出版的法國的《不一樣的卡梅拉》，這套6冊的圖畫書，目前已銷售了120萬冊，在中國著名的當當網上，已連續三年保持童書銷售冠軍紀錄。

中國大陸引進外國少兒圖書版權較出色的出版社有接力出版社、二十一世紀出版社、明天出版社、希望出版社、童趣出版公司、吉林美術出版社等。

## 五、書價略高，暢銷書漸多

引進版圖書的價格一般要比同類的本土圖書略高些。各類引進版圖書的平均價格是：文學類圖書平均在20元人民幣左右，少兒類圖書平均在13元人民幣左右，財經類圖書平均在30元人民幣左右，電子類圖書平均在45元人民幣左右，建築藝術、醫學類圖書平均在40～100元人民幣左右。

從市場銷售情況看，引進版圖書以文學、語言學習、財經、少兒

### 表10.4　二十一世紀出版社近年引進版圖書銷售排行榜

| | 書名 | 引進國 | 發行量（萬冊） | 銷售額（萬元） |
|---|---|---|---|---|
| 1 | 我的第一本科學漫畫書（20種） | 韓國 | 200 | 5000 |
| 2 | 神奇寶貝彩色電視版珍藏版口袋本（20種） | 日本 | 178 | 1335 |
| 3 | 不一樣的卡梅拉（7種） | 法國 | 150 | |
| 4 | 哆啦A夢彩色作品集（20種） | 日本 | 125 | 850 |
| 5 | 神奇寶貝金、銀編（20種） | 日本 | 119 | 152 |
| 6 | 哆啦A夢彩色電影完全紀念版（10種） | 日本 | 114 | 171 |
| 7 | 劈里啪啦系列（7種） | 日本 | 90 | 882 |
| 8 | 幼兒神奇貼紙CQ系列（9種） | 韓國 | 60 | 768 |
| 9 | 哆啦A夢在未來世界彩色電影版（6種） | 日本 | 53.8 | 635 |
| 10 | 神奇寶貝彩色電視版珍藏版（20種） | 日本 | 50 | 500 |
| 11 | 淘氣寶寶系列（12種） | 日本 | 40 | 200 |
| 12 | 大盜賊（3種） | 德國 | 10.2 | 392 |

資料來源：二十一世紀出版社

### 表10.5　接力出版社2001-2008年10月引進版圖書銷售排行榜

| | 書名 | 原出版者 | 所在國家 | 發行數量（萬本） | 銷售金額（萬元） |
|---|---|---|---|---|---|
| 1 | 雞皮疙瘩系列 | Scholastic | 美國 | 374.18 | 5987 |
| 2 | 視覺大發現系列（13種） | Scholastic | 美國 | 103.21 | 1342 |
| 3 | 「百變小櫻魔法卡」系列（12種） | Kodansha | 日本 | 86.91 | 678 |
| 4 | 機動戰士高達系列（25種） | Kodansha | 日本 | 68.54 | 549 |
| 5 | 頭文字D漫畫版系列（32種） | Kodansha | 日本 | 51.08 | 404 |
| 6 | 雞皮疙瘩系列叢書：升級版系列（12種） | Scholastic | 美國 | 49.52 | 891 |
| 7 | 鼴鼠故事系列（9種） | Milena Fischerova | 捷克 | 49.03 | 812 |
| 8 | 小玻系列（25種） | Penguin | 英國 | 47.53 | 633 |
| 9 | 郵差弗雷德 彙總 | Executive Books | 美國 | 28.18 | 473 |

資料來源：接力出版社

表10.6    中信出版社2001-2008年10月引進版圖書銷售排行榜

| 序號 | 書名 | 作者 | 定價（元） | 出版時間 | 總發行數（萬本） |
|---|---|---|---|---|---|
| 1 | 誰動了我的奶酪 | 斯賓塞‧約翰遜 | 16.80 | 2001/9/25 | 258 |
| 2 | 贏 | 傑克‧韋爾奇 | 35.00 | 2005/5/13 | 48.4 |
| 3 | 從優秀到卓越 | 吉姆‧柯林斯 | 29.90 | 2002/10/9 | 43 |
| 4 | 基業長青 | 吉姆‧柯林斯 傑里‧波勒斯 | 39.00 | 2002/5/8 | 34 |
| 5 | 你今天心情不好嗎？ | 布拉德里‧特雷弗‧格里夫 | 20.00 | 2002/5/23 | 26 |
| 6 | 長尾理論 | 克里斯‧安德森 | 35.00 | 2006/11/15 | 20 |
| 7 | 我愛你，媽媽 | 布拉德里‧特雷弗‧格里夫 | 20.00 | 2002/7/22 | 20 |
| 8 | 偉大的博弈 | 約翰‧S‧戈登 | 39.00 | 2005/1/13 | 17.2 |
| 9 | 卓越背後的力量 | 吉姆‧安德伍德 | 25.00 | 2004/5/6 | 17.1 |
| 10 | 巴菲特與索羅斯的投資習慣 | 馬克‧泰爾 | 29.00 | 2005/9/1 | 15.3 |

資料來源：中信出版社

及成長勵志類圖書銷售較好，市場份額也較大。近兩年最突出的是成
長勵志類圖書，有多種成為暢銷書排行榜上的新寵兒。中信出版社、
接力出版社、明天出版社、譯林出版社等少數出版社甚至成為經營外
國引進版圖書的明星。目前最耀眼的是中信出版社，在其經營的、發
行量在10萬冊以上的暢銷書前十名書目中，除一本為本土外，其餘均
為外國引進版。據首位的引自美國的《誰動了我的奶酪》，更銷售了
近260萬冊，成為近幾年來中國大陸暢銷書之最。


## 六、產生了一批善於經營引進版圖書的出版社

引進外國作品，對中國讀者而言，可以瞭解更多的資訊，有利於
中國與外國的交流與合作。對中國的出版社而言，則可以借鑒外國出

版社的一些市場運作經驗，加強與外國出版社的合作，提高自己的策劃、編輯與營銷能力。中國加入伯恩公約後，與外國公司開展版權貿易的出版社數量日益增多，而加入WTO後，數量更是成倍地增加。在中國約550家出版社中，每年從外國引進版權數量超過30種的就達70家左右，占了約13％。今天，在各類圖書出版領域，都有多家經營引進版圖書成績出色的出版社。

經營社會科學圖書版權較出色的出版社有生活・讀書・新知三聯書店、北京大學出版社、新華出版社、世界知識出版社、海南出版社、遼寧教育出版社、中國大百科全書出版社、北京出版社等。三聯書店的外國社會科學圖書在中國知識界富有盛名；新華出版社與世界知識出版社分別隸屬於中國最大的通訊社──新華通訊社及外交部，在外國擁有較多訊息聯絡資源；海南出版社則是近些年引進社科圖書的新秀。

經營外國文藝圖書較出色的出版社有譯林出版社、上海譯文出版社、作家出版社、灕江出版社、河北教育出版社、人民文學出版社、雲南人民出版社等，其中前四家有引進外國文學書「四強」之譽。譯林、上海譯文每年都購買大量外國文學圖書版權，是目前中國大陸最重要的當代外國文學圖書出版公司。河北教育出版社以出版外國文學大師的文集與全集著稱，是中國大陸出版此類圖書最多、製作也最精良的出版社。如該社從伽利瑪出版社（Gallimard）引進版權出版的四卷本《加繆全集》（*Albert Camus*），被伽利瑪出版社視為世界各語種版本中製作最優秀的版本，該書中文版獲得了中國最高圖書獎──國家圖書獎。不過，近幾年裡，該社引進外國作品數量開始明顯減少。

經營外國電子科技類圖書較出色的出版社有電子工業出版社、機械工業出版社、清華大學出版社與人民郵電出版社、希望電子出版社、中國電力出版社、中國青年出版社、科學出版社、中國鐵道出版

表10.7　2005-2006中國大陸引進版權數量前30家出版社參考排名

| 參考名次 | 出版社名稱 | 參考數量（種） |
|---|---|---|
| 1 | 人民郵電出版社 | 928 |
| 2 | 北京大學出版社 | 717 |
| 3 | 廣西師範大學出版社 | 663 |
| 4 | 清華大學出版社 | 518 |
| 5 | 中國人民大學出版社 | 507 |
| 6 | 機械工業出版社 | 457 |
| 7 | 高等教育出版社 | 406 |
| 8 | 電子工業出版社 | 355 |
| 9 | 商務印書館 | 336 |
| 10 | 中國輕工業出版社 | 315 |
| 11 | 中信出版社 | 286 |
| 12 | 上海外語教育出版社 | 243 |
| 13 | 中國青年出版社 | 238 |
| 14 | 少年兒童出版社 | 218 |
| 15 | 化學工業出版社 | 214 |
| 16 | 上海人民出版社 | 191 |
| 17 | 生活‧讀書‧新知三聯書店 | 187 |
| 18 | 重慶出版社 | 180 |
| 19 | 中國建築工業出版社 | 179 |
| 20 | 世界圖書出版公司 | 176 |
| 21 | 華東師範大學出版社 | 176 |
| 22 | 遼寧科學技術出版社 | 168 |
| 23 | 科學出版社（龍門書局） | 165 |
| 24 | 人民出版社（東方出版社） | 158 |
| 25 | 中國電力出版社 | 154 |
| 26 | 中國水利水電出版社 | 150 |
| 27 | 新星出版社 | 148 |
| 28 | 浙江少年兒童出版社 | 147 |
| 29 | 上海譯文出版社 | 141 |
| 30 | 外語教學與研究出版社 | 140 |

資料來源：中國新聞出版總署圖書司

社、北京航空航天大學出版社等。其中電子工業、機械工業、清華大學與人民郵電四家出版社被稱為「電腦圖書四強」。這四家每年引進的電子圖書都在百種以上，如電子工業與機械工業，每年引進的此類

圖書均在400種左右。四家出版社引進版圖書所占的市場份額更是可觀，目前約在75%以上。

　　經營外語學習書籍實力較強的出版社有外語教學與研究出版社、上海外語教育出版社、外文出版社、商務印書館、世界圖書公司、安徽科技出版社、高等教育出版社等。經營外國版成長勵志類圖書較出色的有中信出版社、世界圖書出版公司、企業管理出版社、海南出版社、中國青年出版社、機械工業出版社等。

　　經營外國財經、企業管理類圖書較出色的有中信出版社、中國人民大學出版社、機械工業出版社、華夏出版社、海南出版社、經濟科學出版社、北京大學出版社、中國財政經濟出版社、企業管理出版社、上海財經大學出版社、世界圖書出版公司、東北財經大學出版社、中國商業出版社等。

　　從上述出版社所在地區看，在中國大陸的30個省級地區中，經營引進版成績出色的出版社主要集中在10個地區。最強的是北京，年引進版權數量占大陸引進總數的60%。表10.7中，位於北京的出版社就占了21家，前十位中北京更占了9位。北京以外，成績較突出的有上海、江蘇、廣西、遼寧、廣東、浙江、山東與湖南等，這些地區的版權貿易量幾乎占了中國大陸版權貿易數量的絕大部分。其他地區則很少，更有近10個省級地區的出版社極少甚至於尚未從事過此項業務。

## 第三節　輸出版權圖書分析

　　本章第一節提到，根據不完全統計，中國大陸1990-2007年十八年間，輸出圖書版權數量約在15300種。從總體看，輸出數量是處在逐年增多狀態，特別是2002年中國加入WTO以後。

　　但這裡的數字是包括中國大陸與臺灣、香港、澳門間的貿易的。

圖10.8　1995-2007年中國大陸年度輸出圖書版權數量示意圖

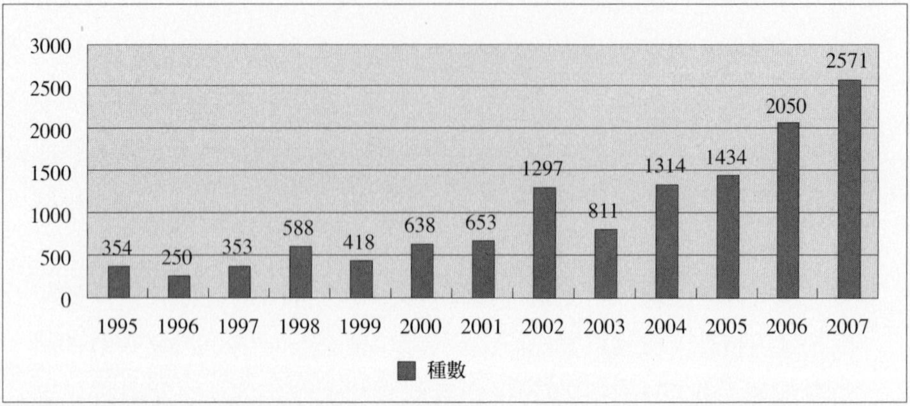

注：1. 本表所顯示的僅為通過中國出版社輸出的版權數量，不包括作者個人直接授權的數量。
　　2. 該數字包括了由中國大陸輸出到臺灣、香港與澳門的數字。

資料來源：中國國家版權局

如果不計這三個地區，輸出的數量就會大幅減少。以2002年（中國加入WTO）至今的輸出統計為例，2002年至2007年六年間，中國大陸共輸出版權數量為9452種，其中輸出到臺灣、香港與澳門的總計5281種，占了輸出總數的56%。輸出到外國的為4171種，占總數的44%。如果加上1990-2001年輸出到外國的版權數量（約1100種），則過去十八年裡，中國大陸輸出到外國的圖書版權總數應為5280種左右。或者說，1992年加入伯恩公約以來的十六年裡，中國大陸總計向外國輸出了約5000種圖書版權，而這又主要是在中國加入WTO以後六年裡完成的。

## 一、加入WTO前輸出版權狀況

這期間，中國大陸向外國賣出的版權很少，只占從外國買進版權

數量的約1/25。

　　向中國大陸購買過圖書版權的國家約在30個，還很不普遍。這些國家主要集中在亞洲，其次是歐美國家。亞洲的新加坡、馬來西亞（常是一體授權）、日本、韓國是購買中國大陸版權最多的國家。德國、美國、英國是歐美國家中購買相對較多的國家，歐洲的義大利、法國、西班牙、荷蘭、俄羅斯、芬蘭、波蘭、瑞典、丹麥等也都從中國大陸購買過少量版權。歐洲從中國大陸購買圖書版權的數量超過美國。

　　從內容看，外國從中國大陸購買版權的圖書，總體上還是以有關中國傳統文化、藝術及語言類書籍為主。如日本、韓國購買的《中國哲學史大綱》、《中國武俠史》、《隱士生活探祕》、《十二生肖系列童話》、《中國民間祕密宗教》、《中國佛教史》、《中國藥膳大詞典》、《中醫十大類方》、《中醫辨證學》、《中國民間療法》等，皆屬此類。

　　歐洲、美洲國家也大體如此。德國從中國購買的版權有《西藏風貌》、《中醫內科學》、《使用中草藥》、《中國保健推拿圖譜》，義大利購買的有《中國瓷器繪畫藝術》、《長壽之謎》，西班牙購買的有《經絡氣功》、《中國茶》，瑞典購買的有《中國康復醫學》，法國購買的有《敦煌吐魯番文獻集成》，美國購買的有《中國古代建築》、《中國先天一元氣功》、《氣功精要》、《三松堂》，巴西購買的有《中醫基礎理論》、《傷寒論500醫案》、《中國飲食療法》等。

　　不過，也有少數國家對有關中國當代社會一些行業的年度統計資訊、趨勢發展類圖書興趣較大。日本、英國就曾分別購買了《經濟白皮書：中國經濟形勢與展望》、《中國國家能力報告》、《中國農業發展報告》、《中國國民經濟與社會發展報告》等書籍的版權。

　　新加坡、馬來西亞主要對中國大陸的少兒、語言類圖書感興趣，它們購買的主要都是此類圖書版權，如「中華兒童故事叢書」、「中華

民間故事大畫冊」、「繪圖本中國古典文學」、《彩圖神仙鬼怪故事》、「寶葫蘆叢書」、《香蕉姥姥》、「漢語拼音彩圖兒童故事寶庫」、《小學生彩圖成語詞典》及《中學實用英漢詞典》等。由於有眾多的華文讀者，它們購買的都是中文複製權，而不是像其他國家購買的是翻譯權。

## 二、加入WTO後輸出版權狀況

2001年底中國成為WTO成員國後，中國對外版權輸出局面開始有較大的改觀。2005年，中國簽訂對外國輸出版權合約數量達595種，比上一年翻了一翻。2006年又超過1000種，再次增長了200%。

從輸出地區來看，亞洲國家依然占據重要位置，但輸出到歐美國家的數量開始大幅增加。在這六年裡，每年輸出到韓國、日本與新加坡三國的版權數量之和平均占到輸出總數的50%以上。同時，輸出到美、英、德、法、俄、加六國的數量開始大幅上升。特別是2006、2007兩年，數量占到了對外輸出總數的30%左右。

與加入WTO前比較，這一時期輸出圖書內容也開始有較大的變化。除了原來的一些內容外，有關中國當代政治、經濟、文化、法律等內容的圖書大量增加。代表性書籍有《中國讀本》、《中國經濟》、《中國出版業》（本書）、《中國高等教育》、《中國稅務》、《為13億人的教育》、《一位無神論者與一位基督徒的友好對話》、《上海世界博覽會》、《上海金融》、《狼圖騰》、《淘氣包馬小跳》、「How to」系列、「脫口說漢語」系列、《新30天漢語通》、《遊遍中國》、《實用中醫學》等。其中，介紹中國概況的《中國讀本》已經有了10種文字版本；小說《狼圖騰》則簽約輸出了20多種語言，兒童文學《淘氣包馬小跳》、出版領域的專業書籍《中國出版業》都已出版了包括英文在內

圖10.9　2007年中國大陸對外國發放版權許可數量示意圖

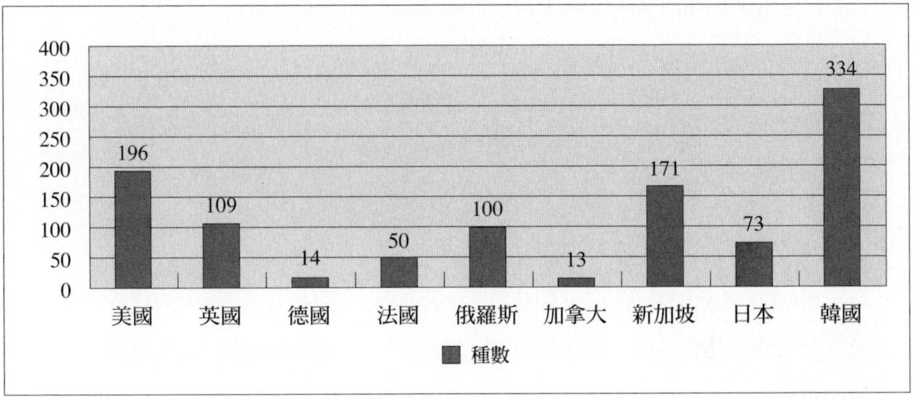

資料來源：中國國家版權局

的3種以上文字版本。

　　一些國際大型出版公司開始有計畫地翻譯出版有關中國主題的圖書。美國哈波・柯林斯（Harper Collins）與中國最著名的文學出版社人民文學出版社簽約，計畫用五年時間把50種中國當代文學精品翻譯輸出到英美國家，其中包括沈從文的《邊城》、老舍的《駱駝祥子》以及張煒的《古船》等。用哈波・柯林斯總裁弗里德曼的話：「我們希望全世界的讀者有機會欣賞到那些在過去歲月中曾經感動、激勵過中國人民的優秀作品。」法國墨藍出版社與湖南出版投資控股集團簽約，將出版該集團的「中華文化叢書」12種。英國培生教育集團、麥克米倫教育集團和外語教學與研究出版社成立「對外漢語出版工程」海外合資公司，共同開發選題。比利時Vartec公司與中國大百科全書出版社合作，推出《中國大百科全書》歐洲網路版……。

　　這方面最出色的應屬Cengage Learning（前身是Thomson Learning），該集團自2004年起，已先後出版了「中國系列」、「上海系列」、「中國高等教材系列」、「中國企業家系列」與「對外漢語系列」

等多套中國主題叢書，影響極大。其中的「中國系列叢書」包括《中國出版業》（*Publishing in China: An Essential Guide*）、《中國經濟》（*Chinese Economic Reform*）、《中國高等教育》（*Higher Education in China*）、《中國稅務》（*Taxation in China*）、《中國林業》（*Forestry in China*）、《中國財政政策》（*Fiscal Policy in China*）等，作者全部為中國在該領域的權威人士，這套叢書已成為國際公認的介紹當代中國最權威的書籍之一。

　　中國政府積極支持外國出版公司翻譯出版中國主題的圖書。它仿效法國政府的做法，自2004年起設立了「中國圖書對外推廣計畫」，對外國出版公司翻譯中國圖書給予一定的資金支持。至2006年共資助了650項，涉及20多個國家的100多個出版機構，協議金額超過3000萬元人民幣。2007年，已和19個國家的56個出版機構簽署了資助協議，協議金額1300多萬元，涉及輸出版權1300餘項。2007年4月，為進一步做好「中國圖書對外推廣計畫」工作，中國新聞出版總署信息中心創辦了英文雜誌*China Book International*（季刊），這是中國第一本對外推介中國出版物、全面展示中國出版業整體形象的綜合性英文雜誌。

　　隨著中國綜合國力的不斷提升，中國圖書版權輸出的數量還會繼續增多。

　　當然，今天的中國還是一個發展中國家，在世界的影響力還很有限。在今後相當長的一個時期裡，引進版權數量大於輸出的局面在中國還會長期存在。

# 第十一章
# 中國與美國、英國、日本的
# 出版及版權貿易

## 第一節　中國與美國

### 一、源流

　　2008年8月末，當世界各地的人們還在議論著剛剛結束的北京奧運會的時候，中國的許多讀者，卻已在翻閱美國總統競選人奧巴馬的自傳中文版——《無畏的希望‧重申美國夢》(*Thoughts on Reclaiming the American Dream*)。中國的法律出版社在第一時間推出了這本美國最新暢銷書。而在之前的兩個月，當美國夢工廠推出的2008年年度動畫巨片《功夫熊貓》(*Kung Fu Panda*)剛一進入中國，位於中國東北長春的北方婦女兒童出版社就與哈波‧柯林斯出版集團聯手推出了該書的圖書版。這兩個例子只是熱絡的中美出版合作的小插曲。當然，這在三十年前是不可想像的。

　　從1949年到1979年，中國與美國出版界幾乎沒有任何往來。唯一的一個例外是在1954年，美國的新世紀出版社因中國一家出版社翻譯出版了該社的一本書，而來信索要報酬。當時的中國出版社後來也滿足了對方的要求。

　　1979年中美建立外交關係後，中美出版交流才開始起步。

　　1979年11月，美國不列顛百科全書出版公司負責人吉布尼飛到中國，向中方提出共同合作出版《不列顛百科全書》中文版，得到中方肯定。第二年4月，中國大百科全書出版社與該公司簽訂原則協議，議定於1985年6月至1986年8月陸續出版該書（共10冊）。這是1949年以來中國（大陸）與美國出版公司簽訂的第一份出版合約，也是第

一次承諾向美國公司支付版稅。要知道，當時中國既沒有版權法（從1949年起廢止了版權法），也沒有加入任何國際版權公約。四個月後，中國大百科全書出版社負責人姜椿芳、劉尊棋等飛到美國，與美方簽署了正式協議。這大概也是中國出版人第一次飛到國外去簽訂出版合約。

1980年5月，中國出版協會代表團首次訪問美國。

1990年中國國際出版集團（當時的中國外文局）與耶魯大學出版社簽訂了合作出版「中國文化與文明」系列叢書的協議，這是目前中美出版界間最大的合作出版項目。

1999年中國大陸當年簽訂的引進美國圖書版權合約達2920種。到2003年，達到5500餘種。

2005、2006年，美國出版商協會（AAP）、中國出版工作者協會（PPA）、英國出版商協會（PA）先後聯合在北京、華盛頓舉辦了兩場以出版合作與反盜版為主題的大型論壇。

2006年8月，由鳳凰出版傳媒集團、美國佩斯大學、南京大學聯合建立的中美出版研究中心，在南京舉行揭牌儀式。

2007年7月，美國《國家地理》與中國的《華夏地理》開始合作。12月，美國國家地理學會在北京時尚大廈（出版行業裡的著名建築）舉辦了盛大的「中國之夜」晚會，美國國家地理全球媒體集團總裁凱利（Tim Kelly）與前總統卡特一起飛到中國，與中國新聞出版總署署長柳斌杰、時尚傳媒集團聯合總裁劉江、美國國際數據集團（IDG）中國區總裁熊曉鴿等一同蒞會。

2007年，美國當年簽訂的引進中國圖書版權合約達到190餘種。

2008年1月，美國《讀者文摘》雜誌正式進入中國大陸，與上海的普知雜誌社合作出版了《普知Reader's Digest》月刊。

2008年6月，美國《出版研究季刊》（*Publishing Research Quar-*

*terly*）與中國出版科學研究所合作編輯出版了《中國專號》。

## 二、版權貿易的重要數據

從1949年到1988年前後的四十年間，中國大陸翻譯出版最多的是前蘇聯的圖書。但至少從1989年起，中國翻譯出版美國作品的數量，無論種類還是印數上均開始超過前蘇聯，一直到今天。1989年，中國大陸翻譯出版（包括重印）外國圖書3472種，印數在1.3億冊以上，涉及國家共48個。其中出版的美國圖書超過1146種，占總數的33%；在印數上，美國圖書更是占了絕對的優勢，超過1.02億冊，占當年出版外國圖書總數的83%。

1992年，中國先是與美國簽訂了雙邊知識產權保護備忘錄，後又加入兩個國際著作權公約。這年及後來的二、三年裡，由於中國大陸的許多出版社一時不熟悉如何向外國版權人取得版權授權，使得翻譯

表11.1　1989年中國大陸翻譯出版外國圖書情況統計

| 排名 | 國別 | 種數 | 占總數% | 印數（萬冊） | 占總數% |
|---|---|---|---|---|---|
| 1 | 美國 | 1146 | 33 | 10191.5 | 83 |
| 2 | 日本 | 629 | 18 | 750 | 6.1 |
| 3 | 前蘇聯 | 387 | 11 | 227.2 | 1.8 |
| 4 | 英國 | 353 | 10 | 291.5 | 2.3 |
| 5 | 法國 | 165 | 4.7 | 160.3 | 1.3 |
| 6 | 東西德國 | 149 | 4.2 | 143.1 | 1.1 |
| 7 | 義大利 | 30 | 0.8 | 29.4 | 0.2 |
| 8 | 加拿大 | 28 | 0.8 | 20.4 | 0.1 |
| 9 | 丹麥 | 27 | 0.7 | 60.6 | 0.4 |
| 10 | 奧地利 | 21 | 0.6 | 19.8 | 0.1 |
| 11 | 波蘭 | 19 | 0.5 | 16.2 | 0.1 |
| 12 | 其他 | 518 | 14.8 | 364.9 | 2.8 |

資料來源：中國版本圖書館

圖11.2　1998-2007年中國引進美國圖書版權數量示意圖

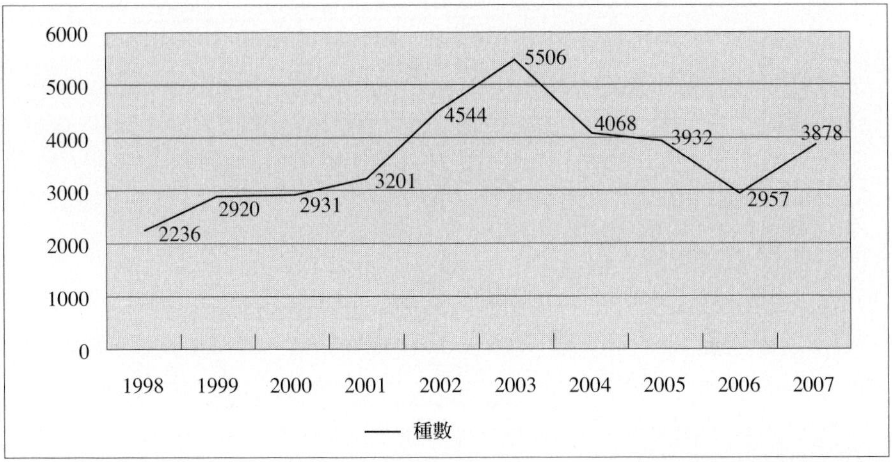

資料來源：中國國家版權局

出版包括美國在內的外國作品的數量一度有所減少。但此一時期購買美國圖書版權依然是排在第一位。

　　從1995年起，中國大陸出版社購買外國版權的速度開始快速增長，購買美國版權的數量也從此時起大幅上升。1995年，中國大陸從美國購買圖書版權423種，1999年為2920種，到2003年達5506種，2005年達3932種，十年裡增長了10倍左右。直到2005年底，中國每年從美國簽約引進版權數量一直都占中國引進版權總數的40%以上。列第一位的美國始終比居第二位的英國高出兩倍多。

　　如果加上中國大陸每年出版的進入公版權不必取得授權的圖書數量，在中國大陸每年出版的新書中，美國圖書已經占到了約5%。美國是中國加入伯恩公約以來購買外國版權最重要的夥伴。McGraw-Hill、John Wiley & Sons、Pearson Education (US)、Cengage Learning、IDG、Elsevier、Disney、Wiley Publishing、Hearst、Taylor &

表11.3 2007年向北京地區發放版權許可證數量最多的前十名美國公司

| 排名 | 公司名稱（英文） | 參考數量 |
|---|---|---|
| 1 | Pearson Education | 236 |
| 2 | McGraw-Hill | 115 |
| 3 | John Wiley & Sons Inc. | 74 |
| 4 | Thomson Learning | 66 |
| 5 | IDG | 62 |
| 6 | Elsevier | 59 |
| 7 | Disney | 38 |
| 8 | Wiley Publishing Inc. | 37 |
| 9 | Hearst | 36 |
| 10 | Taylor & Francis Group | 27 |

注：本圖表的數據只是一個機構的統計，實際數字應多於此表。

資料來源：中國國家版權局

Francis Group、Random House、Simon & Schuster 等諸多美國出版公司成為向中國輸出版權的大戶。

從2005年起，中國引進美國版權數量開始有所減少，但筆者認為，隨著中國經濟的快速成長，隨著中美交流的進一步加深，中國從美國大量引進版權這一狀態不會改變，在未來相當長的時間裡，美國都將依然保持這一位置。

## 三、引進美國圖書內容分析

中國大陸讀者對美國哪類書最感興趣，主要購買了哪些圖書的版權？銷售狀況又是如何？

從《達芬奇密碼》（*The Da Vinci Code*）到《從優秀到卓越》（*Good to Great*）、《世界是平的》（*The World Is Flat*），自中國加入WTO起，《紐約時報》暢銷書排行榜上的名字，就開始經常出現在中國暢銷書

的名單上，這在過去是鮮有的。當然，中國大陸讀者對美國圖書的興趣並不只限於暢銷書。他們的興趣相當廣泛，所以購買版權的種類也涉及到政治、經濟、文化、科技、生活等各個領域。而文藝、成長勵志、財經管理、電子資訊、語言學習、青少年兒童文學等又是其中的熱點。中國圖書市場會經常有令美國出版人驚訝的時候：一些幾十年前在美國暢銷或有影響的書，會突然在今天的中國讀者中產生很大影響。

文藝書方面，雖然英國、法國、俄羅斯文學由於悠久的歷史文化等因素而在中國有著非常廣泛的影響，但美國文學類圖書依然受到中國讀者的青睞。中國讀者既喜歡惠特曼（Walt Whitman）的汪洋恣肆、大氣磅礴，馬克‧吐溫（Mark Twain）的幽默與諷刺，海明威（Ernest Hemingway）的堅毅與剛強，也喜歡福克納（William Faulkner）的《喧嘩與騷動》（*The Sound and the Fury*）、阿瑟‧米勒（Arthur Miller）的《推銷員之死》；既留意「垮掉的一代」（Beat Generation），當然也會關注賽珍珠（Pearl S. Buck）。上述這些作家的作品在中國都有出版。在2002年之前，中國讀者似乎一直對海明威情有獨鍾，據推測，《老人與海》的銷售數量超過100萬冊。不過當《達芬奇密碼》進入中國以後，局面變了。該書中文版第一年就銷售了150萬冊，同時還使得丹‧布朗（Dan Brown）之前的其他作品的銷售量也大幅上升。

近些年在中國大陸較受人矚目的美國文學圖書有《天堂裡的五個人》（*Five People You Met in Heaven*）、《寂靜的春天》（*Silent Spring*）、手機（*Cell*）、《兄弟連》（*The Band of Brothers*）、《男人來自金星女人來自火星》（*Men are from Mars, Women are from Venus*）、《廊橋遺夢》、《馬語者》、《沉默的羔羊》（*The Silence of the Lambs*）、《查令十字街84號》、《第二十二條軍規》（*Catch-22*）、《西線無戰事》、《麥

田裡的守望者》、《斯代拉如何重獲她的情人》（*How Stella Get her Groove Back*）等。越來越多的美國暢銷書作家作品開始被引進，像譯林出版社一家就擁有席尼・薛爾頓（Sidney Sheldon）、約翰・葛里遜（John Grisham）、麥可・克萊頓（Michael Crichton）、馬里歐・普佐（Mario Puzo）等多位美國著名暢銷書作家的眾多作品的版權。

美國不同流派的作品在中國都會受到關注。如「垮掉的一代」代表作家傑克・凱魯亞克（Jack Kerouac），其作品《在路上》（*On the Road*）早在1962年就已在中國大陸出版，1984、1990年上海文藝出版社、作家出版社又曾分別出版。中國加入伯恩公約後，灘江出版社取得了該書的版權，於2001年9月重新出版該書，中文版365頁，定價20元人民幣，是美國企鵝出版社1997年簡裝版12美元定價的1/5，最初八個月裡即印刷了三次，近3萬冊。2006年10月，上海譯文出版社取得該書中文出版權，最新定價23元人民幣，截至2008年末銷售數量已達23萬冊。

自2002年以來，愛默生（Ralph Waldo Emerson）、梭羅（Henry David Thoreau）等人的作品又開始受到矚目，兩人的作品最近陸續出版。《瓦爾登湖》（*Walden*）還被製成具有小資情調的雅致精美的插圖版，以高檔紙印刷面世，頗受讀者青睞。

美國及西方的政治、法律、歷史、文化等社會科學書籍，一直在中國大陸引進版中占有重要位置。近些年，中國大陸先後出版了美國人三部曲——《美國人：開拓的歷程》（*The Americans: The Colonial Experience*）、《美國人：建國的歷程》（*The Americans: The National Experience*）、《美國人：民主的歷程》（*The Americans: The Democratic Experience*）、「西方社會科學基本知識讀本」（22種）、《那一代——可敬的開國元勳》（*Founding Brothers: The Revolutionary Generation*）、《西方政治思想史》（*A History of Western Political Thought*）、《文明的

衝突與世界秩序的重建》（*The Clash of Civilizations and the Remaking of World Order*）、《世界文明史》（*World Civilizations*）、《從黎明到衰落──西方文化生活五百年》（*From Dawn to Decadence, 500 Years of Western Cultural Life*）、《美國新聞史》（*The Press and America: An Interpretive History of the Mass Media*）、《一生的讀書計畫》（*The New Lifetime Reading Plan*）、《紐約時報50位科學家》（*The New York Times Scientists at Work*）、《約翰‧亞當斯》（*John Adams*）、《斯皮爾伯格》（*Steven Spielberg*）、《從利瑪竇到湯若望──晚明的耶穌會傳教士》（*Generation of Giants: The Story of the Jesuits in the Last Decades of the Ming Dynasty*）、《螞蟻的故事》（*Journey to the Ants*）等。

　　影響較大的還有《不列顛百科全書》、《愛因斯坦全集》等叢書。僅僅有關於美國歷史上著名文章選編類圖書，中國大陸就引進了至少兩個版本：藍燈書屋（Random House）的《美國賴以立國的文本》（*Words that Make America Great*）和哈波‧柯林斯的《美國讀本》（*The American Reader*）。

　　這些書在中國大陸都有穩定的讀者，雖不是一時暢銷，卻可以常銷。如海南出版社2006年出版的威廉‧曼徹斯特（William Manchester）的《光榮與夢想》（*The Glory and the Dream*），大32開、997頁，定價人民幣68元，兩年裡銷量15000冊。另一本在中國已經出版了很久、也銷售了很多的美國前總統尼克森（Richard Nixon）的《領袖們》（*Leaders*），該社剛剛新簽到版權，2008年5月出版，16開、328頁，定價人民幣42元，首印就是8000冊。之前，該社出版的《西方政治思想史》是大32開、870頁，定價為68元；《紐約時報50位科學家》有510頁，定價人民幣48元。兩書的起印數量都是5000冊，在一年左右時間裡都已銷售了約1.4萬冊。《一生的讀書計畫》是32開、610頁，定價為人民幣35元，與《愛因斯坦晚年文集》也都已銷售了約1.8萬冊（後兩

種書的合約已到期）。

　　2000年以來，美國財經、管理及成長勵志類圖書在中國大陸頗有市場。購買此類圖書版權的出版社越來越多，出版的數量增長很快。在市場上被矚目的有《第五項修煉教程——學習型組織的應用》（*The Power of Collaborative Leadership*）、《管人的真理》（*The Truth about Managing People...and Nothing but the Truth*）、《高效能人士的七個習慣》（*Seven Habits of Highly Effective People*）、《「福布斯」企業經營理念精粹》、《銷售管理——團隊、領導與方法》（*Sales Management*）等。與哈佛大學有關的經營管理圖書在中國大陸出版了數十種，中國人民大學出版社不僅出版了《「哈佛商業評論」精粹譯叢——人員管理》等，還出版了《哈佛商學案例精選集》的英文影印版；機械工業出版社則出版了《管理控制系統（第9版）——哈佛大學教授作品集》等。美國《福布斯》評選的20世紀20種最有影響力的管理書，中信出版社已出版了《引爆流行》（*The Tipping Point*）等4種。而2008年出現的全球金融危機，自然也反映在財經書籍的引進方面。於是，如《金融大崩盤》、《貪婪、欺詐和無知》（*Greed, Fraud, and Ignorance*）、《金融危機真相》（*In Defense of Free Capital Markets*）、《金融大敗局：無助的金融、失敗的政治以及美國資本主義的全球危機》（*Bad Money: Reckless Finance, Failed Politics, and the Global Crisis of American Capitalism*）、《清算美國》（*Financial Reckoning Day: Surviving the Soft Depression of the 21st Century*）、《債務帝國》（*Empire of Debt: The Rise of an Epic Financial Crisis*）、《終結次貸危機》（*The Subprime Solution: How Today's Global Finance Crisis Happened, and What to Do about It*）、《蕭條經濟學的回歸》（*The Return of Depression Economics and the Crisis of 2008*）、《好的資本主義壞的資本主義》（*Good Capitalism, Bad Capitalism, and the Economics of Growth and*

*Prosperity*），連同《滾雪球——巴菲特和他的財富人生》（*The Snow-ball*）（以上均為中信出版社2009年初前後出版）、《索羅斯傳》（*Soros The World's Most Influential Intestor*，中國人民大學出版社2009年2月出版）等書籍就次第登場了。

近兩年裡，一些涉及環保、城市規劃、能源利用方面的書籍開始受到中國讀者的青睞，一些幾十年前影響美國的書籍突然開始在中國被追捧。在中國最早的特區深圳，在中國最大的城市上海，眾多政府官員和市民都在討論著《美國大城市的死與生》、《寂靜的春天》、《增長的極限》等書籍。自從中國國家主席胡錦濤提出中國要樹立「科學發展觀」後，這類書籍開始日益走紅。

也許與中國人開始重視素質教育有關，近年關於心理輔導、人際互動等成長勵志類圖書在中國大陸大受歡迎，美國版圖書更是一支獨秀。在許多非文學類圖書排行榜上，位居前列的多是此類圖書。銷售較好的美國版圖書有：《誰動了我的奶酪》、《傑克・韋爾奇自傳》（*Jack: Straight from the Guts*）、《從優秀到卓越》、《天才的五種創意方程式》（*The Five Faces of Genius: The Skills to Master Ideas at Work*）、《只有偏執狂才能生存》（*Only the Paranoid Survive*）、《游向彼岸》（*Swimming Across: A Memoir*）、《向前進——亨利・福特自傳》（*Moving Forward*）等。一些書更大紅大紫，攀上暢銷書榜首。銷售270萬冊的《誰動了我的奶酪》、80萬冊的《傑克・韋爾奇自傳》、64萬冊的《窮爸爸富爸爸》等是此類圖書的代表。

美國的青少年兒童讀物主要是卡通在中國大陸擁有較大市場。美國著名的漫畫書《米老鼠》、《加菲貓》、《史奴比》、《超人》、《蝙蝠俠》、《蜘蛛人》、《貓和老鼠》（*Tom & Jerry*）、《泰山》（*Tarzan*）等都廣受歡迎。迪士尼的各種新作品如「公主經典故事集」、「公主品德故事集」、「百變公主魅力換裝系列」等都及時在中國亮相。而迪士尼公

司的《米老鼠》中文版半月刊發行得非常出色，目前每月銷售達70萬冊。

2000年起，一些美國版青少年兒童文學書也開始被注意。像天津的新蕾出版社（New Buds Publishing House）就引進出版了「國際大獎小說」叢書，包括蓋爾‧卡森‧樂文（Gail Carson Levine）的《魔法灰姑娘》（*Ella Enchanted*），瑪格麗特‧亨利（Marguerite Henry）創作、威斯利‧丹尼斯（Wesley Dennis）插畫的《風之王》（*King of the Wind*），喬治‧塞爾登（George Selden）創作、蓋斯‧威廉姆斯（Garth Williams）插畫的《時代廣場的蟋蟀》（*The Cricket in Times Square*），金柏莉‧威樂絲‧荷特（Kimberly Willis Holt）的《人間有晴天》（*My Louisiana Sky*）等。而接力出版社引進出版的美國「雞皮疙瘩」系列，則成為著名的少兒暢銷書，目前已總計銷售了260萬冊。

電子圖書方面，中國大陸電子資訊產業正快速發展，而美國居世界領先地位，所以，中國大陸購買此類圖書版權自然也非常多。不僅種類多，圖書的印數也較大，且出版速度快。一些在美國新出版的電子書，二、三個月後在中國大陸就會有中文版問世。像中國大陸出版界「計算機圖書四強」購買的版權絕大多數來自美國。

在英語學習書方面，過去中國大陸直接引進或合作出版的英語學習書籍絕大多數來自英國。但近些年隨著美國英語影響的迅速攀升，直接引進美國英語學習書籍或與美國合作出版的英語學習類書籍開始明顯增多。這類書籍有外語教學與研究出版社出版的《走遍美國》、《走向未來》、「錢伯斯系列詞典」，商務印書館的《蘭登書屋韋氏美語學習詞典》，中國科技大學出版社的《美國口語大觀》，安徽科技出版社的「心靈雞湯系列」，上海遠東出版社的《SBS新英語教程》等。

當然，美國新總統及相關各類書籍也自然是熱門書。最新出版的相關書籍是譯林出版社2009年1月推出的《我父親的夢想：奧巴馬回

憶錄》（*Barack Obama—Dreams from My Father*），以及中信出版社出版的《希拉里傳：掌權的美國女人》（*A Woman in Charge: The Life of Hillary Rodham Clinton*，關於國務卿希拉里的最新傳記）等。

## 四、美國引進的中國圖書

與上述中國購買美國圖書版權情形形成鮮明對比的是，美國購買中國版權翻譯成英文圖書出版的數量很少。在2001年中國加入WTO之前，大概只有幾十種而已。這一時期在美國出版的相關圖書有《中國繪畫三千年》、《中國古代建築》、《孤立子理論與應用》等，出版這些書的美國出版社多屬大學或科研機構，如夏威夷大學、耶魯大學、加州大學、美國數學學會等。此外，美國還出版了若干在中國有爭議

圖11.4　2002-2007年美國從中國取得圖書版權許可數量示意圖

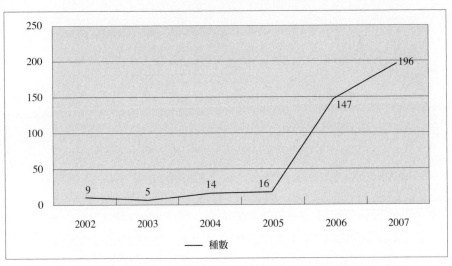

注：此表僅統計了通過中國出版社發放的許可，不包括作者獨立發放的許可數量。

資料來源：中國國家版權局

的圖書，如《上海寶貝》、《北京娃娃》等。

　　中國加入WTO之後，這一局面有所改善，美國引進中國圖書版權數量開始有一定增長。特別是近兩年，美國出版公司與中國簽約的數量突然大幅增加。2005年之前，每年的數量還在20種以內，2006年突然達到了147種，2007年又逼近了200種。許多美國公司開始有計畫地挑選中國圖書翻譯出版。

　　這一時期美國翻譯出版的中國圖書有《中國經濟》、《中國出版業》（本書英文版）、《中國林業》、《上海大都市計畫》、《上海產業》、《走遍中國》、《百年利豐》、《基礎生命科學》、《古船》、《中國一日》、《淘氣包馬小跳》（４種）、《古典家具收藏入門百科》等。

　　而中國國際出版集團與耶魯大學出版社自1990年啟動的大型合作項目「中國文化與文明」，這一時期也加快了出版速度。先後出版了《中國古典哲學概念範疇要論》、《中國文明的形成》、《中國古代雕塑》、《中國書法》、《中國陶瓷》等。

　　美國在這一時期裡出版的中國圖書，涉及當下中國內容的越來越多，種類也在增長。雖然如此，但與中國引進美國圖書版權的數量來比，依然是完全不成比例的。

## 第二節　中國與英國

### 一、綜述

　　英國與中國出版界的交往源遠流長。據中國記者歐紅小姐考證，早在1916年，英國的牛津大學出版社就進入了上海開展出版業務。但1949至1978年初，雙方的出版交流徹底中斷，直到1978年３月。

　　1978年3月12～24日，英國出版商協會和英國文化委員會聯合組

圖11.5　1978年英國出版代表團訪華與中國出版人合影

前排左二為George Richardson（牛津大學出版社首席執行官），左三為陳翰伯（國家出版局副局長）；左四為Mr. Clive Bradley（英國出版商協會總幹事），左五為國家出版局局長王匡，左六為代表團團長、英國出版商協會主席Mr. Graham C. Greene，左七為許力以（國家出版局領導成員），左八為Philip Attenborough（Hodder & Stoughton公司董事長）。第二排左起第四為Mr. David Mortimer，第五為Robin Hyman（Bell & Hyman出版公司首席執行官），第六為David Kingham（John Wright Publishing董事總經理）。第三排右起第三人為William Ehrman（當時的英國駐華使館官員，現為英國駐華大使），第五人為陳原（商務印書館總經理）。　　　　　　　　　　　　（照片提供：Mr. David Mortimer）

團訪問中國，時任英國出版商協會主席的Graham Greene擔任團長，代表團共10人，先後訪問了北京、上海與廣州。這是中國改革開放後第一個訪問中國的西方出版代表團。根據當時的團員、來自朗文的David Mortimer先生回憶：「事實上，這第一個出版代表團的中方東道主是中國人民對外友好協會，原因是當時出版商被看作是可能的政府政治宣傳工具，因而有一定程度的可疑。得要感謝Graham Greene與

一些中方認為是友好人士的人保持著聯絡（特別是埃德加・斯諾和
Graham Greene本人的叔叔，Henry Graham Greene），這樣代表團最
終可以洗清許多之前受到的懷疑，但最終從官方角度來講還是被一個
「安全的」機構，中國人民對外友好協會，邀請並得以成行。」（引自
2009年1月17日Mr. David Mortimer 致Mr. Ian Taylor 的電子郵件。下
同。）中國政府非常重視這次訪問，外交部部長助理宋之光會見了英
國代表團。中國的新華社多次發布代表團訪問的相關消息。英國政府
對這次訪問也非常重視，英國外交大臣歐文專門寫了親筆信通過代表
團轉交給了中國對外友協會長王炳南。信中稱該團是一個極為顯要和
具有充分代表性的代表團，這次訪問是英中間一個新的重要的範例，
他也希望中方於明年也派一個類似的代表團回訪英國。此外，英國駐
華使館專門派出曾以一等榮譽生身分畢業於劍橋大學中文系的年輕外
交官William Ehrman全程陪同代表團（2006起至今，他被任命為英國
駐華大使）。

　　英國出版代表團到達中國後的第四天與中國出版人見面。關於英
國出版人與中國出版人的這一次會晤，中國新華社曾於1978年3月16
日發出簡短報導。當時，兩國出版人談論的話題主要是版權，也順便
談到了如何向英國訂購圖書。據中方參與者、時任國家出版局辦公室
主任的宋木文先生回憶，英方表達了同中國出版界開展合作的強烈願
望，並表示願意同中方討論版權問題。會見中，英方還由英國出版商
協會總幹事布拉德利（Clive Bradley）當場宣讀了事先準備好的意見
書（備忘錄）。該意見書主要闡述了版權保護的重要意義，最後表達
了希望中國加入國際版權組織的願望。當時雙方對版權的理解有著巨
大的差別。用David Mortimer先生的話來說，「簡直就是隔著一片海
灣」。雖然如此，但雙方卻都感覺到了收穫。David Mortimer先生回
憶說：「不過鼓舞人心的是，我們把這樣一種感覺帶回了英國，那就

圖11.6　中國出版代表團到Henry Graham Greene家作客

前排左二為英國出版商協會主席Graham C. Greene（Henry Graham Greene的侄子），左三為中國代表團團長陳翰伯，左四為英國著名作家Henry Graham Greene，右一為中國商務印書館館長陳原，第二排站立者中為宋木文。　　　　　　　　　　　（照片提供：宋木文）

是，（中方）有著對尋求理解的真正的興趣，這成為在那片海灣之上搭建一座實際橋梁的現實的第一步。那次代表團的訪問在緊接著的幾年中催生了這座橋梁。」宋木文先生則回憶說，英國代表團來訪，促使中國國家出版局將版權問題列入了重大工作日程。而中國也正是從這時起，考慮起草本國的版權法（中國的版權法在1949被廢止後，就一直沒有版權法）。

　　1979年，中國出版代表團應英國出版商協會的邀請訪問英國。這也是中國第一次向西方派出出版代表團。從那時至今天，英國始終是中國購買外國版權的第二大貿易夥伴。

　　轉瞬間三十一年過去了，雖然David Mortimer先生還能提到（或許是通過查到當時的資料）的中國出版人就只有宋木文和丁波（時任中國圖書進出口總公司總經理）兩人，但他對那次中國之行的印象依然非常深刻。而宋木文先生也清晰記得訪問英國及到Graham Greene叔叔家作客的情景，還記得後來Graham Greene再來中國彼此會面的情景。

　　1978年，第一次訪問中國的英國代表團成員還有：Per Saugman (Blackwell Scientific)、George Richardson (Oxford University Press)、Philip Attenborough (Hodder & Stoughton)、Alwyn Birch (Grenada)、Robin Hyman (Bell & Hyman)、Nicholas Thomson (Pitman)、David Kingham (John Wright & Son)。我之所以用較多的筆墨來敘述這些，既是要對這些中英出版交流的開拓者表示敬意，也是為了使後來者記住他們。

　　英國是與中國出版業交往最密切的西方國家，是中國瞭解與學習現代出版的重要窗口。1979年中國出版代表團回國後，在北京舉辦了一場大型報告會，由副團長陳原向500餘出版人做了訪英觀感報告。伴隨著中國改革開放，重新敞開國門，從這時起，中國邁開了大規模的與西方出版界交流的步伐。

　　1984年10月，英國培格曼出版公司和中國出版工作者協會在中國駐英國大使館簽訂協議，由培格曼出版公司出版英文版《鄧小平文集》。

　　從2004起，倫敦書展連續多年設立中國論壇，向世界介紹中國出版市場。

　　2007年4月，中國派出200人的強大陣容參加倫敦書展。

　　2006年，熟悉中國出版的英國教授保羅‧瑞查森（Paul Richardson）、阿倫‧格瑞尼等在英國共同組建了「中國出版有限公司」。第

二年 3 月，中國青年出版總社在英國倫敦設立了倫敦分社。

2005年11月，英國牛津布魯克斯大學還授予中國外語教學與研究出版社社長李朋義出版學榮譽博士學位，以表彰他二十餘年來在中國出版業改革發展中所取得的成績，以及在促進中英文化出版交流與合作方面所做出的突出貢獻。這是中國出版人首次獲得這樣的榮譽。

英國也是最早幫助中國培養出版與版權專業人才的國家。1979年中國出版代表團與英國出版家協會達成協議，由英國幾家較大的出版公司幫助中國培訓編輯人員。1981年 1 月，中國派出第一批學員陳力等 6 人前往英國學習 6 個月。這也是中國首次向外國派出出版專業學習人員。1979年，中國最著名的知識產權學者鄭成思赴英國學習包括版權在內的知識產權法律。今天，中國出版界僅從英國牛津布魯克斯大學出版專業畢業的研究生就已達數十人。中國出版與版權界的人士都會記得給予中國幫助的英國出版人，如Lynette Owen女士、麥克米倫主席Christopher Patterson先生、安德魯・紐柏格協會的Ian Taylor先生、著名教授保羅・瑞查森先生等。

今天，英國依然是與中國出版交流最密切的國家。以最近的2008年為例，這一年中英之間就舉辦了多個出版交流活動，如英國大使館、中英文化連線項目在北京舉辦的中英出版論壇，中國新聞出版總署與英國企鵝出版集團合作在杭州舉辦的中英文學翻譯培訓研討班，上海市新聞出版局和劍橋大學出版社在上海聯合舉辦的數字化出版主題講座等等。

進入2009年，英國文化協會、中英文化連線項目與中國新聞出版總署、上海市新聞出版局聯合舉辦的「中英文學譯著市場推廣論壇」在上海登場，中英出版交流「四年計畫」又拉開了序幕。

在20世紀90年代前，英國出版公司與中國大陸的版權貿易及其他出版合作主要是通過香港（包括其在香港的分公司）等中介完成的。

1997年之後，英國出版公司開始成規模的進入中國大陸尋求業務。目前，已進入中國大陸開展業務的英國出版公司有牛津大學出版社、劍橋大學出版社、朗文出版公司、培生教育、霍德—海德蘭（Hodder & Headline）、BBC、麥克米倫、藍燈書屋、DK（Dorling Kindersley Limited）、哈波‧柯林斯、Hodder & Stoughton、康廷紐姆國際出版集團（The Continuum International Publishing Group Ltd.）、布萊克威爾（Blackwell）、章魚出版集團（Octopus Publishers Group）、AC布萊克出版公司（A&C Black Publishers Ltd.）、克瑞斯利司圖書公司（Chrysalis Books Ltd.）、安德魯‧紐伯格協會等。牛津大學出版社、劍橋大學出版社、朗文出版公司、培生教育、DK（後三者現在已都屬於培生集團）、Litter Tiger Press、Franklin Watts等是其中與中國出版貿易較為出色或版權交易數量較多的出版公司。這些出版公司目前多數都在中國大陸設立了分公司，有的甚至還分別在北京、上海、廣州等多個城市設立分公司。

版權貿易是中英出版商間開展的最普遍的業務。在中國加入伯恩公約之前，中國大陸出版的英國圖書就已占相當比例。1989年，中國大陸翻譯出版了超過353種英國圖書，居當時出版的外國圖書排名的第四位。1995年，中國大陸購買英國圖書版權超過208種，英國的排名上升到第二位。這排名一直保持到現在。1998年，中國大陸出版社從英國購買了594種圖書版權，2002年則增長到1821種，四年裡成長了三倍多。2007年，中國引進英國圖書版權為1600多種。加入WTO以來的六年裡，中國平均每年簽約引進英國圖書版權超過1820種，其中2003年達到2505種，為歷史上最多的一年。

除版權貿易外，在其他方面的合作也有所進展。有關研究者從不同管道得到的數據顯示，一些英國出版公司在中國大陸的其他業務成績也很出色。如培生公司在中國大陸的原版書貿易就曾以35～50%的

表11.7　2007年向北京地區發放版權許可證數量最多的前十名英國公司

| 排名 | 公司名稱 | 參考數量 |
|---|---|---|
| 1 | Cambridge University Press | 95 |
| 2 | Pearson Education | 43 |
| 3 | Dorling Kindersley Limited | 40 |
| 4 | Litter Tiger Press | 27 |
| 5 | Oxford University Press | 22 |
| 6 | Elsevier Limited | 18 |
| 7 | Agatha Christie | 18 |
| 8 | Franklin Watts | 18 |
| 9 | Taylor & Francis Group | 17 |
| 10 | Virginia Evans Jenny Dooley | 16 |

注：1. Pearson Education培生教育，總部在英國，在英、美都有業務，本表是依據外國出版社所報而統計。
　　2. 本圖表的數據只是一個機構的統計，實際數據應多於此表。

速度在增長，布萊克威爾在中國大陸的書刊經營額也在增長，而里德國際商務資訊公司（Reed Business Information）創辦的《中國電子工業設計》（*The Design Magazine of China's Electronic Industry*）也為該公司帶來了不小的收益。

中國大陸與英國出版社開展合作的出版社很多。外語教學與研究出版社、商務印書館、北京大學出版社、高等教育出版社、上海外語教育出版社、世界圖書出版公司、遼寧教育出版社等都與許多英國出版公司建立了非常緊密的合作公司。

與美國一樣，英國從中國大陸購買版權的數量也少而又少。1999年是中國加入WTO之前，英國購買中國版權數量最多的一年，也僅為20種，是當年中國大陸引進英國圖書版權的約1/50。中國加入WTO之後，情況有所改觀。2005年，英國與中國簽訂了引進約70種圖書的版權，至2007年簽訂的引進合約達到空前的109種。

圖11.8　2002-2007年英國從中國取得圖書版權許可數量示意圖

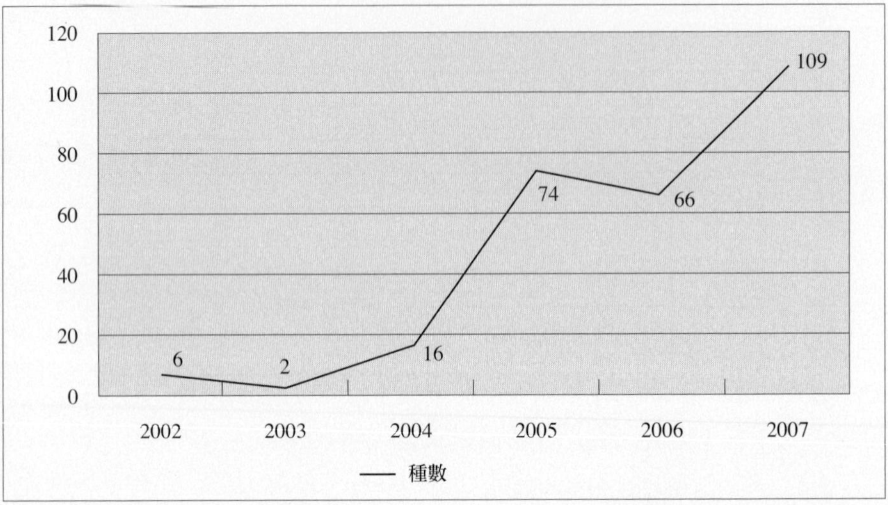

注：此表僅統計了通過中國出版社發放的許可，不包括作者獨立發放的許可數量。

資料來源：中國國家版權局

## 二、引進英國圖書內容分析

中國大陸從英國引進的圖書內容非常廣泛。英國的諸多政治、經濟、法律、歷史、文藝、語言等圖書都很受中國讀者歡迎。在中國出版社引進的外國同類圖書中，英國圖書無論是種類還是銷售數量都占有舉足輕重的位置。而其中，英語學習類圖書又是最重要的種類。

在中國大陸從外國引進或與外國合作出版的英語學習類圖書中，英國占有最重要位置。目前中國大陸的各類引進版英語學習類圖書，大多數都來自英國。引進版排行榜上位居前列的也幾乎都是英國圖書。

外語教學與研究出版社是中國出版社與英國出版公司成功合作的代表。該社經牛津大學出版社授權出版的「世界文學名著叢書」，曾

在1993年到1995年間贏得了中國大陸英語讀物市場份額的80%。由它出版的《朗文當代英語辭典》、《牛津簡明英語詞典》、《劍橋英語語法》、《朗文英語語法》、《牛津實用英語指南》等成為中國著名的英語工具書。而外研社與朗文集團合作改編出版、雙方共享版權與利潤的《新概念英語》，自1997年以來已銷售了50萬套、200萬冊。外研社為此專門為英國作者路易・亞歷山大（Louis George Alexander）在出版社大樓前樹立了銅像，這在中國是前所未有的。

圖11.9　亞歷山大夫人與豎立在外研社大樓前的亞歷山大銅像合影

（照片提供：外研社）

　　近年中國大陸引進出版的一些社會科學類書籍有「第二次世界大戰叢書」、「世界百年掠影」、「當代世界前沿思想家系列」、「劍橋插圖歷史系列」、《原則政治，而非利益政治——通往非歧視性民主》（ *Politics by Principle, Not Interest: Towards Nondiscrimination* ）、《古代世界的政治》（ *Politics in the Ancient World* ）、《民事程序論》（ *On Civil Procedure* ）、《英美法的形式與實質》（ *Form and Substance in Anglo-American Law* ）、《政治學導論》（ *Introduction to Politics* ）、《未來國際思想大師》（ *The Future of International Relations* ）、《世界歷史中的國際體系——國際關係研究的再建構》（ *International Systems in World History—Remarking the Study of International Relations* ）、《國際關係中的野蠻和文明》（ *Barbarians and Civilization in International Relations* ）、《失控：21世紀的全球安全》（ *Losing Control: Global Security in the 21st Century* ）等。

　　一些英國重要學術著作的銷售還取得了令人驚喜的成績。上海人民出版社從牛津大學出版社購買版權出版湯恩比（Arnold Toynbee）的《歷史研究》（ *A Study of History* ）修訂插圖本，中文版為大16開、厚達470頁，定價88元人民幣，在其出版後的一年零四個月裡已連續印刷三次，近3萬冊。該社出版的湯恩比的另一著作《人類與大地母親》（ *Mankind and Mother Earth* ）中文版也是大16開、580頁，定價60元人民幣，一年裡印刷三次，近2萬冊。

　　新近在中國出版的英國財經類圖書有《管理創新》（ *The Essence of Management Creativity* ）、《經營經濟學》（ *The Essence of Business Economics* ）、《職業能力顧問測試手冊》（ *Career, Aptitude and Selection Tests* ）、《默多克的任務》（ *The Murdoch Mission* ）、《經營原則與管理實務》（ *Business Principles and Management* ）、《對策論與經濟模型》（ *Game Theory and Economic Modeling* ）、《神奇的指數》（ *First*

Steps in Economic Indicators)、《全球化》(Globalization)、《E趨勢》
(E-Trends: Making Sense of the Electronic Communications Revolution)
等。

英國文學書籍在中國也有一定的市場,近年市場上較受矚目的有
《又來了,愛情》(Love, Again)、《換位》(Changing Places)、《小世
界》、《哲學的慰藉》(The Consolations of Philosophy)、《旅行的藝
術》(The Art of Travel)等。

近年英國的一些藝術、科普類圖書也較受歡迎。在中國大陸有一
定影響的有《溫迪嬤嬤的藝術之旅》(Sister Wendy's Odyssey)、《時間
簡史》等,後一種書已銷售了15萬冊以上。

新近在中國大陸出版的英國少兒圖書有《藍色星球》(The Blue
Planet)、《與野獸同行》(Walking with Beasts)、《與恐龍同行》(Walk-
ing with Dinosaurs)、《武裝裝甲車》(Rescue Vehicles)、《透明飛行器》
(Ships, Cars)、《視覺驚奇》(Eye Wonder)、《誰毀了我的轎車》(Jets
Planes Record Breakers)、《船內祕密》(Space Tanks Trains)、《A-Z恐
龍》(A-Z of Dinosaurs)等。總體來看,英國少兒圖書在中國市場的
反映尚屬一般。當然,最走紅的英國少兒圖書一定是羅琳的《哈利波
特》了。

## 第三節　中國與日本

### 一、綜述

與歐美國家比較,中國和日本的出版交流與合作要更早。

中國現代第一家出版公司商務印書館,在1903年至1914年期間,
就曾是中日合資的股份公司,當時雙方各持股份資本10萬元。公司還

引進了日本先進的印刷技術，並聘請日本技師從事彩色石印和雕刻銅版技術。

從1947年起至今，日本岩波書店每年都把出版的書籍贈送給中國的北京大學、武漢大學等五所大學的圖書館。

1949年新中國成立後至1978年期間，中國幾乎停止了與所有資本主義國家的交往。但與日本卻有幾次例外。1956年6月29日，以亞洲文化交流出版會會長、平凡社社長、日本出版俱樂部會長下中彌三郎為團長的日本出版交流代表團一行8人抵達北京進行訪問。這是新中國成立後第一個資本主義國家的出版代表團來華訪問。中方由邵公文、王益以中國國際書店名義出面接待。雙方簽訂了包括中日出版物、出版技術的交流，以及互訪、互辦書刊展覽等協議。

1964年4月，應日中文化交流協會邀請，王益率中國印刷代表團訪問日本，這是新中國建立後第一個到日本考察的出版代表團。代表團回國後，通過會議、舉辦展覽等方式向中國同行介紹了訪問情況。

1966年5月由日本書籍出版協會會長、講談社社長野間省一率領的日本出版代表團訪問中國。廖承志會見了代表團，中日友協名譽會長郭沫若接見並宴請了代表團全體成員。期間，野間和平凡社下中邦彥訪問文物出版社，商談出版「世界博物館」叢書中的《故宮博物館》卷事宜。此後，講談社得到文物出版社等中國出版界的支持，相繼在日本出版了「中國的博物館」等數套介紹中國優秀文化的大型叢書。在中日關係尚未正常化的年代，講談社、平凡社與文物出版社為中日合作出版邁出了可貴的第一步。

1973年8月，以嚴文井、王仿子為正副團長的中國出版印刷代表團訪問日本，這是「文革」後中國出版界派出的第一個訪日代表團，也是第一個出訪西方資本主義國家的代表團。第二年5月，由相賀徹夫、澤村嘉一為正副團長的日本印刷代表團對中國進行了回訪。

圖11.10　白楊社在北京開設的兒童書店外景

蒲蒲蘭繪本館開在北京著名的高檔商務區──建外SOHO的一棟大樓內。

（攝影：辛廣偉）

　　1978年中國開始改革開放後，中日出版交流才得以全面開展，並走上了快速發展的道路。

　　1979年5月，日本平凡社與中國文物出版社在日本就合作出版《中國石窟》大型圖冊（17卷）達成協議，此套圖冊包括《敦煌莫高窟》5卷。10月，講談社同中國美術出版社合作出版《中國之旅》，把中國的名山大川和人文歷史介紹給日本，在日本掀起一股中國熱。

　　1995年，日本小學館（Shogakukan）開始在上海設立代表處。2004年，白楊社（Poplar Publishing）在北京設立代表處。2005年，講談社在北京設立分公司。

　　1997年，中國國家版權局在日本綜合版權代理公司的協助下，在

重慶舉辦了「中日版權貿易洽談會」，近百位中日出版人參加會議。

2005年10月，白楊社在北京建外SOHO的專業兒童書店蒲蒲蘭繪本館（KID'S REPUBLIC）開業。2008年9月，蒲蒲蘭繪本館上海店開張。

1997年起，中日韓三國大學出版社協會協商決定，舉辦三國大學出版社研討會。按照日、中、韓的順序輪流承辦，每年一次，以加強三國大學出版的交流。首屆於1997年8月在日本諏訪市舉行，至今已舉行了12屆。

2005年，日本大塚信一、加藤敬事、龍澤武三位退休的著名出版家，為促進日本、中國、韓國之間的出版、特別是人文出版的交流和相互瞭解，凝聚東亞地區出版人的力量，共同面對困境，探索人文出版的未來，發起了「東亞出版人會議」。

自1991年起，日本出版學校與中國上海出版印刷高等專科學校進行了長達十年的「日中出版教育校際學術交流活動」。

2007年9月，本書作者應日本書籍出版協會的邀請，以《中國出版業》一書作者的身分，在東京做了題為「中國出版業的新變化」的專題演講，100餘位日本出版人參加演講會。

在中日出版交往過程中，日本曾有諸多人士或機構為兩國的出版交流做出了貢獻。除了前面提到的外，還有像日中文化交流協會的白土吾夫先生、講談社的野間省一先生、野間維道夫婦、小學館的相賀徹夫先生、岩波書店的岩波雄二郎先生、平凡社的下中彌三郎先生、日本凸版印刷公司的鈴木和夫先生、日本版權代理公司的宮田升先生，等等。1984年，講談社與中國出版工作者協會簽訂了接受中國出版人到講談社進修的計畫，已有40多位中國編輯到日本進修，這項計畫目前仍在繼續。1987年11月，日本照相打字機發明家森澤信夫向中國印刷技術協會捐款設立了「森澤信夫印刷獎」，主旨是增進中日印

圖11.11　　1984年日本講談社與中國出版工作者協會簽訂
資助中國編輯赴日研修的協議

前排簽字者，左為中國出版工作者協會副主席王仿子、右為日本講談社社長野間維道。
後排站立者，左起日本講談社秘書高島伸和、專務董事加藤勝久、中國國家出版局局長
邊春光、中國出版工作者協會副秘書長方厚樞、國家出版局官員鄭全來。

（照片提供：中國出版工作者協會）

刷界友好往來，鼓勵中國印刷行業青年科技人才。1991年，日本出版
教育家吉田公彥先生在上海出版印刷高等專科學校設立了「吉田公彥
出版育英基金」。當然，中國人也不會忘記用其他方式幫助自己的日
本人，如2008年中國四川地震後，日本凸版印刷公司常務董事、國際
本部本部長大門進吾一行就專程趕到中國向地震災區捐款1500萬日元
（約合100萬元人民幣）。

　　日本是中國圖書版權貿易三大夥伴之一。它既是中國版權貿易重
要的引進地，也是中國版權的重要輸出地。中國加入伯恩公約以來，
日本一直居中國購買版權國家排名的第三位，而日本也一直居購買中

圖11.12　1998-2007年中國大陸取得日本圖書版權許可數量示意圖

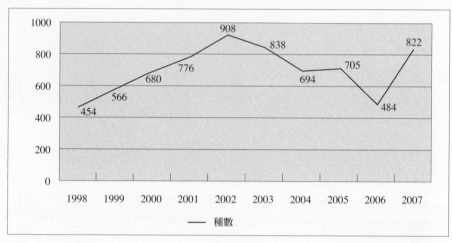

資料來源：中國國家版權局

表11.13　2007年向北京地區發放版權許可證數量最多的前十名日本公司

| 排名 | 公司名稱（英文） | 參考數量 |
|---|---|---|
| 1 | 主婦之友社 | 34 |
| 2 | 集英社 | 28 |
| 3 | Kamei Shinya（龜井伸也） | 17 |
| 4 | 白楊社 | 14 |
| 5 | Nikki Electronics | 12 |
| 6 | 角川春樹事務所 | 12 |
| 7 | 歐姆社 | 11 |
| 8 | 日本大寶石株式會社 | 10 |
| 9 | 東京外國語大學留學生日本語教育中心 | 8 |
| 10 | 文藝春秋株式會社 | 6 |

注：本圖表的數據只是一個機構的統計，實際數據應多於此表。

資料來源：中國國家版權局

圖11.14　在重慶舉行的中日版權
貿易洽談會會場

（照片提供：中國國家版權局）

國版權國家排名前三位之列。

　　中國國家版權局1989、1995年的兩次統計顯示，在這兩年的中國
翻譯出版外國圖書的國家排名中，日本分別居第二與第三位（1995年
與第二位的英國僅差1種）。兩年中，中國分別出版日本圖書629種
與207種，印數為750萬冊與106萬冊，分別占當年總數的18％與7％。
從1998年到2002年，是中國購買日本圖書版權上升最快的階段。1998
年，中國購買日本版權為454種，到2002年，達908種，五年裡翻了一
番。2004年起至今，引進數量開始有所下降，但平均每年依然在700
種以上。

　　目前與中國出版界開展業務合作較多的有講談社、小學館、白楊
社、集英社、學研社、岩波書店、文藝春秋、主婦之友、角川書店、
新潮社、旺文社、歐姆社等。日本的一些版權代理公司如綜合版權代
理公司、日本著作權輸出中心、東販國際合作事業部等也從事了大量
中日間的版權代理業務。一些日本公司還在中國設立辦事處，如小學
館、白楊社、大日本印刷公司、講談社等。講談社、小學館等都是授
權較多的日本出版公司，像講談社2003年授權中國出版社的圖書版權
就在200種左右。據講談社（北京）文化有限公司副總經理劉岳先生介
紹，2005年講談社同中國出版界的版權貿易已達數百萬人民幣，而

且品種廣泛，除一般圖書、漫畫外，還有 3 本女性時尚雜誌分別以版權合作的形式在北京、上海出版（見2008年 1 月30日《中國新聞出版報》）。

　　中國政府非常重視與日本出版界的合作，曾經組織或支持了諸多中國與日本的合作活動。像前面提到的「中日版權貿易洽談會」，就是中國國家版權局提出主辦的。當時，主辦者在長江上包下了一條豪華遊輪，沿美麗的三峽而下，數十家中日出版公司代表邊洽談版權，邊領略兩岸美麗的風光（本書作者當時在國家版權局工作，是這次活動的提議與主要策劃人，當時的國家版權局副局長沈仁幹先生則是這次活動的主導者）。

## 二、引進日本圖書內容分析

　　中國出版社從日本引進的圖書不僅數量多，內容也十分廣泛。

　　文學與漫畫類圖書是引進數量最多、市場份額最大的兩部分。日本文學在中國有著非常大的影響，讀者也很廣泛。當代日本作家作品同樣受到矚目，川端康成、井上靖、三島由紀夫、大江健三郎、村上春樹、吉本芭娜娜等都是中國讀者熟悉的人物。近年在中國影響較大、作品銷售較多的是大江健三郎、村上春樹、渡邊淳一等，他們的大部分作品都已為中國出版社出版。特別是村上春樹，諸多作品都有較好的銷路，為推廣他的系列新作，出版者上海譯文出版社打出了「與村上春樹的彩色約會」廣告詞，村上春樹的代表作《挪威的森林》截至2008年底已銷售了134萬多冊。如果加上中國加入伯恩公約前出版的數字，《挪威的森林》中文版的銷售量將可能超過 3 、400萬，它無疑是在中國流傳最廣的日本文學作品。近一、二年熱銷的還有渡邊淳一與鈴木光司的書籍。文化藝術出版社與南海出版公司出版的兩人

的系列作品在市場上都有不錯的成績。而據開卷圖書市場調查提供的數字，這三人的圖書銷售數量占了日本文學書市場總銷量的一半多。

中國出版社對歐美文學的關注度要高於日本。所以，中國出版社成規模、連續出版日本文學的並不是很多。曾有一個「關於日本文學作品在當代中國大學生中影響的調查」，結果顯示，中國大學生對日本文學「讀過一點兒」的占57.1%，「經常讀」的人占8.57%；因為日本文學作品的知名度而喜歡日本文學的占28.5%。多數人都是為了消遣而接觸日本文學的。而日本文學令他們印象最深刻的則是其中的故事情節刻畫。但真正買日本文學作品的只占17.1%，大多數人都是通過圖書館借閱或者租借。

但日本出版人也不必太在意這個調查。因為隨著娛樂的多元化、網路的普及、就業壓力增大等因素，中國當代大學生們對中國文學的熱度也同樣在減少。而從長期觀察就會發現，日本文學作品在中國雖然有某一段或許不太暢銷的狀況，但總體上其影響力還是穩定與持久的。

東京大學文學博士、現任中國社會科學院研究員的董炳月認為，最近十年前後，隨著日本留學生的回潮，相關翻譯也多了起來，質量也更好。他們語言過關，對日本社會比較瞭解，將會對日本文學的引進翻譯有一個很大的促進作用。中國文壇或者翻譯界對日本文學的介紹越來越系統，選擇越來越準確，有質量和有代表性的日本作品相繼會介紹到中國來。「我們（中國）現在社會的發展跟日本經濟的發展越來越接近，或者有相似的地方，使我們對日本文學作品越來越容易產生共鳴。生活方式接近後，文化產品的消費就會有相似性，這將是日本文學作品的前景之一。」（《中國圖書商報》2008年5月）

特別是近年，日本文學書籍在中國大陸出現了兩種現象，一是早年日本曾經有極大影響的經典作品，開始在中國走俏。第二是，當下

一些在日本走紅的作品，也會立刻在中國受到青睞。前者如《德川家康》、《窗邊的小豆豆》，這些日本的舊作，經中國的南海出版公司翻譯出版後，在中國大陸卻成了最新暢銷書。《德川家康》這套洋洋500萬字、13大卷的日本歷史小說，從2007年11月推出第一部，到2008年12月全部出齊（13本），一年之內銷售已超過150萬冊，還帶動了其他日本歷史圖書的熱賣。這一現象讓人覺得不可思議。並因此被中國讀書界專家評為2008年十大閱讀熱點。而黑柳徹子的《窗邊的小豆豆》，在經過2003年1月剛出版時半年的冷淡後，市場開始看好，截至2008年4月已突破110萬冊。後者如2007年獲得「芥川龍之介獎」的年輕女作家青山七惠的《一個人的好天氣》、2006年日本文藝類小說暢銷書排行榜第三名的手機暢銷小說《戀空》等一些日本最新暢銷書或最新獲獎作品。這幾種書均由上海譯文出版社翻譯出版，其中《一個人的好天氣》出版不到一年多，就已銷售13萬冊。正因此，2009年初，該社又出版了日本2007年度暢銷書排行榜小說類第一名的日本當紅諧星田村裕的《無家可歸的中學生》。

日本是漫畫大國，日本漫畫從電視到圖書在中國都廣受歡迎。從《鐵臂阿童木》、《花仙子》、《機器貓》、《七龍珠》、《城市獵人》到《忍者神龜》、《灌籃高手》、《蠟筆小新》、《寵物小精靈大搜索》，都曾在中國熱銷。近幾年銷售成績出色的是《名偵探柯南》系列、《機器貓哆啦A夢》系列與《寵物小精靈大搜索》系列，這幾套書各自總銷售數都在百萬冊以上。2007年前後熱銷的則是中國少兒出版社引進的《龍珠》，自2006年7月份上市至2007年4月，已售出300多萬冊。需要指出的是，中國一些不法之徒，盜印了許多日本漫畫，既侵害了日本版權人的權益，也使得中國正規出版者的權益受到侵害。近年，中國政府進一步加大了打擊盜版的力度，使得這一狀況正在改變。值得一提的是，一些取得授權的中國出版社也開始積極主動出擊，用法律

圖11.15　集英社與中國連環畫出版社在北京舉辦《網球王子》中文版新書發表會

2005年12月，日本集英社與中國連環畫出版社聯合在北京王府井書店舉行《網球王子》中文版新書發表會，與會者包括集英社國際版權部部長八阪健司、集英社副總裁鳥島和彥、中國出版集團出版部主任宋煥起、新聞出版總署圖書司處長辛廣偉、日本駐華使館文化參贊井出敬二、中國美術出版總社總編輯程大利、日本貿易促進會真家陽一、日本ADK廣告公司臻田芳彥。　　　　　　　　　　　　　（照片提供：中國連環畫出版社）

維護自己的權益。例如2007年初，獲得日本小學館正式授權出版《名偵探柯南》中文版的長春出版社，就聯合小學館上海公司將涉嫌非法出版《名偵探柯南》的一家位於中國山東的盜版者告上法庭。該盜版者被迫停止侵權，並於2008年向漫畫版權人支付了賠償。

　　近年，中國與日本漫畫界的合作日益密切。在2008年舉辦的第二屆中國漫畫家大會上，中國的漫友文化傳播機構與日本角川控股集團正式簽訂戰略合作協議。內容包括漫友文化傳播機構每年選派漫畫作者赴日本研修，引進日本等國家的經驗及營運機制。角川派遣漫畫編輯短期居住於廣州，與中國漫畫同行進行選題策劃、圖書編輯製作、市場營銷等合作。漫友文化將角川旗下的《新世紀福音戰士畫集DIE STERNE》和《七瀨葵畫集 Angel Flavor》引進到中國內地市場。除漫畫之外，漫友文化也計畫引進角川的輕小說作品。

　　日本的電子類書籍也是近年中國引進版權較多的種類。此外，社會科學、企業管理、財經、藝術、生活及語言等圖書所占比重也較大。財經類圖書如《中小企業互助組織的變革──20個成功案例的啟

示》、《農學原論》、《演習地球環境論》、《價值連城的50堂課》、《價值的社會學》等，政治、法律類圖書如《政治與知識分子》、《政治與人》、《犯罪構成要件理論》、《國際刑法入門》等。2008年5月，南京大學出版社翻譯出版了「日本社會與文化」叢書，包括《「日本人論」中的日本人》等。

　　據講談社國際室室長蒞原隆介紹，2000年前後起，中國購買日本

表11.16　近年在中國大陸暢銷的部分日本套書排行榜

| 銷售冊數排名 | 書　名 | 種數 | 中國出版者 | 銷售數（萬冊） | 發行金額（萬人民幣元） |
|---|---|---|---|---|---|
| 1 | 名偵探柯南 | 63 | 長春出版社 | 884.75 | 6145 |
| 2 | 機器貓哆啦A夢系列 | 45 | 吉林美術出版社 | 525 | 3124 |
| 3 | 哆啦A夢彩色作品系列 Doraemon Color Series | 28 | 21世紀出版社 | 352.8 | 3963 |
| 4 | 神奇寶貝系列 Pocket Monster | 60 | 21世紀出版社 | 347 | 3358 |
| 5 | 寵物小精靈大搜索系列 | 3 | 吉林美術出版社 | 192 | 2208 |
| 6 | 德川家康 | | 南海出版公司 | 110 | |
| 7 | 劈里啪啦系列 Pachi Pachi Series | 7 | 21世紀出版社 | 90 | 882 |
| 8 | 百變小櫻魔法卡 | 12 | 接力出版社 | 86.9 | 678 |
| 9 | 寵物小精靈趣味迷路繪本系列 | 4 | | 76 | 1292 |
| 10 | 寵物小精靈立體折紙大全系列 | 3 | 吉林美術出版社 | 74 | 2205 |
| 11 | 機動戰士高達系列 Mobile Fighter Gundam | 25 | 接力出版社 | 68.5 | 549 |
| 12 | 頭文字D漫畫版系列 Initial D | 32 | 接力出版社 | 51 | 404 |
| 13 | 寵物小精靈數字啟蒙繪本系列 | 4 | 吉林美術出版社 | 40 | 720 |
| 14 | 淘氣寶寶系列 Pyon Pyon Ehon Series | 12 | 21世紀出版社 | 40 | 200 |
| 15 | 神奇寶貝電視繪本系列 | 14 | 吉林美術出版社 | 37 | 296 |

數據截至於2008年

表11.17　近年在中國大陸暢銷的部分日本單本書排行榜

| 排名 | 書名 | 出版社 | 銷售數量（萬冊） | 初版時間 | 價格RMB |
|---|---|---|---|---|---|
| 1 | 挪威的森林 | 上海譯文出版社 | 134.54 | 2001年2月 | 不同版本價格在18.8元～30元 |
| 2 | 窗邊的小豆豆 | 南海出版公司 | 110 | 2003年1月 | 30元 |
| 3 | 海邊的卡夫卡 | 上海譯文出版社 | 36.1 | | 25元/27元等 |
| 4 | 可愛的鼠小弟 | 南海出版公司 | 28 | 2004年5月 | 18元/20元等 |
| 5 | 再見了！可魯 | 南海出版公司 | 26 | 2003年1月 | 25元 |
| 6 | 名偵探柯南（第63種） | 長春出版社 | 16.5 | 2009年1月 | 7.50元 |
| 7 | 一個人的好天氣 | 上海譯文出版社 | 10 | 2007年10月 | 15元 |
| 8 | 佐賀的超級阿嬤 | 南海出版公司 | 10 | 2007年3月 | 20元 |
| 9 | 蛤蟆的油 | 南海出版公司 | | 2006年10月 | 25元 |

數據截至於2008年

版權呈現出兩個新特點：第一是「部頭大」，如河北教育出版社引進的《平山鬱夫美術全集》，原版共7卷，每卷定價8000多日元，海燕出版社引進的《UNESCOS世界遺產》共有13卷。中國出版社所支付的版權費用皆不菲。第二是成系列、成規模，如中國紡織工業出版社、中國輕工業出版社引進的圖書，每套都在10幾冊以上，且引進書目較有系統（蔣道鼎〈蒞原隆眼中的中日版權交流〉，《光明日報》2003年8月30日）。

近年出版日本版圖書較多的中國出版社有上海譯文、南海、吉林美術、長春、中國輕工業、中國紡織、接力、文化藝術、北京大學、中國青年、山東文藝等。上海譯文出版社每年引進的日本版權數量約在5、60種。

## 三、日本引進的中國圖書

與其他國家相比，日本也是購買中國版權較多的國家。據中國國

家版權局統計，從1991年至1996年底，日本共購買了74種中國圖書版權，占外國購買總數的19%，居外國購買中國版權國家排名的第二位。如果不考慮第一位的新加坡購買的是中文版版權這一因素，則日本是這段時間裡購買中國翻譯版權最多的國家。1996年以後，日本一直在外國購買中國版權排名的前四位內。在2002年之前的十餘年，日本通過中國出版社年平均購買中國圖書版權數約為14種。

中國加入WTO後，日本引進中國圖書版權數量開始有所增多。2006年，當年簽約數量達到了空前的116種，是往年平均數量的七倍多；2007年為73種。

日本購買中國的版權從內容看主要可以分為四類，分別為傳統文化（文史哲醫）、當代政經、藝術（包括漫畫）及語言文學。

最多的是有關中國傳統文化中的文學、歷史、哲學、醫學類書籍。文藝類如《中國遊俠史》、《反三國志》、《大河奔流》、《中國鬼文化》、《權力塔尖上的奴僕——宦官》、《中國禁書大觀》、《「演曹操」——吳晗文集》、《三國演義中的懸案》等，哲學宗教類圖書有《中國佛教史》、《宗教故事叢書——道教》、《中國民間祕密宗教》等，中國傳統醫學養生類有《現代中醫臨床新選》、《中國藥膳大詞典》、《中國民間療法》、《散手入門》、《太極拳基本功》等。近兩年中國的超級暢銷書《論語心得》也被翻譯成了日文出版，當時的日本首相福田康夫還在首相府會見了作者于丹小姐。雖然中國當代作家的作品被翻譯出版的不算很多，但有兩類作品例外，一是被拍成電影在日本上映過的，二是在中國有爭議的作品。前者如《芙蓉鎮》、《紅高粱》、《師傅越來越幽默》、《老井》、《孩子王》、《沒有鈕扣的紅襯衫》、《哦，香雪！》、《我的父親母親》、《那山那人那狗》等，後者如《廢都》、《豐乳肥臀》、《上海寶貝》、《烏鴉》、《糖》（《上海キャンディ》）與《三重門》（《上海ビート》）等。

圖11.18 2002-2007年日本從中國取得圖書版權許可數量示意圖

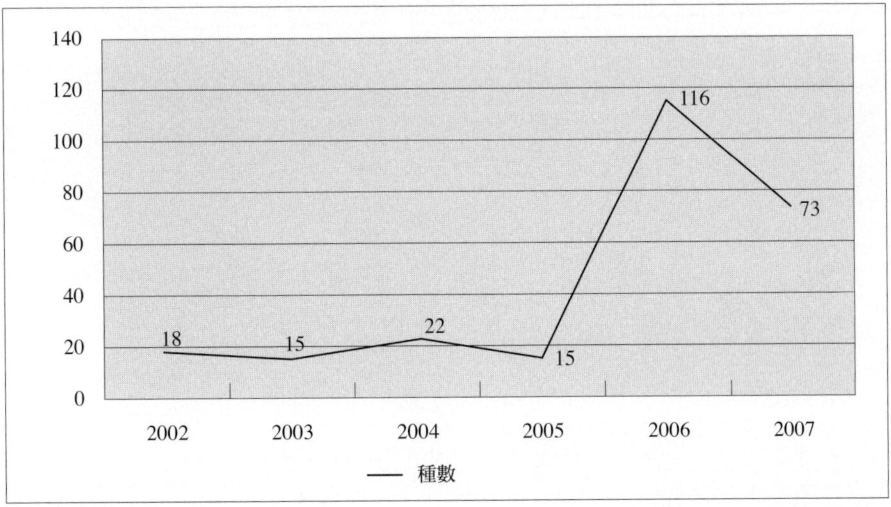


資料來源：中國國家版權局

其次是有關當代中國的政治經濟類書籍。如《國事憶述》、《鄧小平文選》、《鄧小平的歷程》、《她還沒叫江青的時候》、《中華人民共和國演義》、《什麼是社會主義市場經濟》、《經濟白皮書：中國經濟形勢與展望(1994-1995)》、《中國石化總公司年鑒(1994)》、《1996年中國國民經濟與社會發展報告》等。日本出版界對中國出版業很關注，曾先後翻譯出版了宋木文先生的《中國的出版改革》與方厚樞先生的《中國出版史話》。

有關中國傳統藝術方面的書籍如中國書法、美術、服飾、民族風情等也是日本出版界較感興趣的項目，如《絲路傳說》、《敦煌》、《雲南花之旅》、《齊白石作品集》、《中國篆刻大辭典》、《中國書法史圖錄》、《中國歷代婦女妝飾》、《北京老天橋》等。漫畫書籍有《繪畫本中國古典文學講經故事叢書》、《繪畫本中國通史》、《孫子兵法連環畫》、《小平說：什麼是社會主義》等。

# 第十二章

# 中國與德、法、韓、俄的
# 出版及版權貿易

# 第一節　中國與德國

## 一、綜述

2008年，包括新聞出版總署在內的中國出版界的諸多機構，都在為一個共同目標而忙碌著，這就是將於2009年法蘭克福書展中舉辦的中國主賓國活動。這是中國第一次成為這個世界上最大書展的主賓國。

而此前的2007年，德國成為中國國際圖書博覽會的主賓國，在這個亞洲最大的國際書展上，德國成了一道獨特的風景線。

德國是中國出版與圖書版權貿易的重要夥伴之一。在中國加入兩個國際著作權公約前，中國翻譯出版的東、西德圖書種類約居中國翻譯出版外國圖書名次的第六位。20世紀90年代，中國購買德國圖書版權數量不斷增加。據設在北京歌德學院的德國圖書信息中心的統計，1992中國翻譯出版的德國圖書為28種，到1996年則上升到135種，占當年德國對外輸出總數的3%。中國開始大量購買德國版權是在1998年，這以後，中文圖書市場（中國大陸、臺灣和香港）已是德國出版社賣版權數量最多的市場。

另據德國2000年公布的《圖書和圖書貿易數字》報告，1999年德國出版社向國外賣出的中文版版權占總數的8.7%，為471種（售出的英文版權為7.4%，占第二位，再次為荷蘭語 6.9%）。1999年中文成了德國向國外出售版權的最重要的語言。中國成為德國圖書增長最快的市場，自1995年以來，向中國售出的版權增加了五倍。自1999年至

今，中國多次據德國對外輸出圖書版權國家排名的首位（或前三名位置）。

　　而中國國家版權局統計顯示，自1998年起至2004年，德國繼美、英、日之後，一直居中國年度引進外國圖書版權許可證國家排名的第四位。直到2005年，這一位置被韓國替代，德國退居第五位。但2007年德國又重新超過韓國占到第四的位置。中國年度購買德國圖書版權許可證數量最多的年份是2003年，為653種。

圖12.1　1998-2007年中國引進德國圖書版權數量示意圖

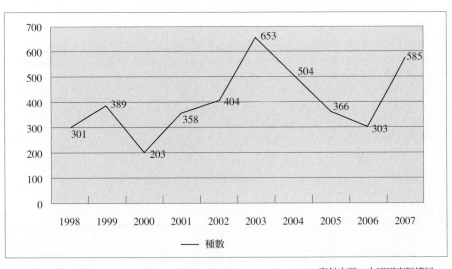

資料來源：中國國家版權局

　　中國引進的德國版權以少兒、哲學、歷史、醫學、資訊等圖書為多，當代文學書籍一直較少。在2005年中國簽約引進的近400種圖書中，兒童書籍數量最多，達118種，其次是教科書和醫學書籍，分別為62和56種。

　　北京地區的圖書版權貿易額占中國大陸總數的約60%左右，據北

表12.2　2007年向北京地區發放版權許可證數量最多的前十名德國公司

| 排名 | 公司名稱 | 參考數量 |
|---|---|---|
| 1 | Springer-Verlag | 44 |
| 2 | Richard Schneider | 26 |
| 3 | Carlsen Verlag GmbH | 21 |
| 4 | XENOS Verlagsgesellschaft m.b.H. | 20 |
| 5 | Thienemann Verlag GmbH | 15 |
| 6 | Galileo Press | 12 |
| 7 | Gruner-Jahr AG&CO.KG | 12 |
| 8 | Tessloff Verlag | 10 |
| 9 | Junius Verlag GmbH | 8 |
| 10 | Cbj Verlag | 6 |

注：本圖表的數據只是一個機構的統計，這裡供參考，實際數據應多於此表。

京市版權局的統計，2007年向北京地區出版社發放版權許可證數量較多的德國出版社是Springer-Verlag、Richard Schneider、Carlsen Verlag GmbH、XENOS Verlagsgesellschaft m.b.H.、Galileo Press與Junius Verlag GmbH等。

德國向中國發放的版權許可證數量雖然排在中國引進國家名單的第四位，但德國與中國出版界的交流開始的確很早，且非常深入。德國出版人在中國市場某些領域已經取得的成果，也是其他國家尚沒有的。

研究顯示，新中國最早簽訂購買外國版權的合同是與德國的斯普林格（Springer-Verlag）簽訂的，時間是1980年。也正是從那時起，斯普林格成為中國出版界最重要的合作夥伴。根據斯普林格版權部經理Rainer Justke向中國媒體透露，2003年，該公司預計將與中國簽訂130個版權合約。平均每兩個工作日就有一本書銷往中國。斯普林格在中國的業務是多方面的，最新的業務是通過Springer Link系統提供學術期刊及電子圖書的線上服務，中國的訂購者可在線上閱讀近500種電

子全文期刊，涉及化學、電腦科學、經濟學、工程學、環境科學、地球科學、法律、生命科學、數學、醫學、物理與天文學等11個學科，其中許多為核心期刊。2002年5月，中國科學院文獻情報中心和中國醫學科學院圖書館率先在中國訂購並開通了Springer Link檢索服務系統。目前，中國眾多大學也都訂閱了該系統，僅中科院下屬單位開通的已約60個。

與此同時，2006年起，斯普林格以「斯普林格向東方行進」為口號，又著手進行一項大型合作項目，建立了一個名為「中國科學圖書館」的網路平臺，通過網路付費提供中國的各種專業書籍（英文）。為此，它選擇了兩家優秀的中國出版社——科學出版社與高等教育出版社為合作夥伴。並將中國著名的上海譯文出版社社長葉路（畢業於北京大學數學系）挖到了斯普林格中國公司，專門負責這一項目。

2008年4月，斯普林格出版社宣布，與位於中國杭州的浙江大學出版社共同設立科技出版基金，聯合出版「中國科技進展」叢書。這是一套由中國科學家用英文寫作、面向全球發行、旨在向世界介紹中國科學研究最新成果的叢書。這套叢書涉及資訊、材料、生命科學等眾多領域，計畫五年內出版100種。首批6種已於2008年4月出版，分別是《軟件體系結構》、《機器學習：局部和整體的學習》、《現代智能動畫技術：理論與實踐》、《集成控制與調度》、《語義網格：模型、方法和運用》、《有限元在植牙學的應用》。斯普林格的亞洲總部目前設在香港。

貝塔斯曼是另一個在中國有出色表現的德國公司。雖然，2008年中該公司宣布關閉其在中國的書友會及連鎖書店業務。回顧它的歷程，貝塔斯曼中國公司在中國的書友會人數曾超過150萬，年銷售額超過1億元人民幣。2003年底，它還收購了中國第一家獲得圖書連鎖執照、在全國擁有18家大型直營圖書連鎖超市的二十一世紀錦繡圖書

連鎖有限公司40%的股份，成為該公司的第二大股東。這也是中國大陸書業的第一起外資併購案（參見第十三章第四節）。

目前已經和中國出版人開展業務合約的德國出版公司已有數十家。除了前面描述的以外，還有Rowohlt Taschenbuch Verlag GmbH、Bärenreiter、康乃馨出版集團（Comelsen）、Wiley-Vch Verlag、Ravens-burger Buchverlag Otto Maier GmbH、Eichbom Verlag、Deutsche Taschenbuch Verlag、Lowe Verlag、Gerstenberg Verlag、索特國際音樂出版公司（Schott Musik International）等。不過，多數德國出版公司都是在1998年前後進入中國的。

雖然德國授權中國出版的圖書數量在美、英、日之後，中國授權德國出版的書籍也極少，但兩國的出版交流正在向更廣泛、深入的領域開展。

中國與德國間有著非常友好的信任關係，有著深入瞭解的需要，這是最重要的基礎。據德國前任駐華大使薄德磊（Joachim-Groger）介紹：自2000年起，中國在德國的留學生有1萬多人，加上科技、進修及在語言學校學習的人員，總共在德國的中國人達3萬多，在亞歷山大‧洪堡基金會2001年優秀外國科學家項目中，中國以165位研究獎獲得者位居第一。德國20多所著名大學開設有漢學講座，僅在柏林註冊漢學專業的學生就達500多人。中國將在柏林設立一個與歌德學院類似的中國文化中心。

還應該指出的是，中國與德國出版界目前的合作比以往任何時候都更加積極。中國出版人已成為法蘭克福書展數量眾多、且最積極的參加者。同樣，德國出版人也成為北京書展的熱情參加者。不僅如此，自2001年起，中國最主要的出版媒體——《中國圖書商報》與北京德國圖書中心合作，連續三年在北京國際書展期間，都出版了《德國》專刊。每期專刊不僅大篇幅介紹德國出版業的方方面面，詳細刊

登德國出版公司、德國圖書的介紹等，還登載中德出版合作的成功案例、發展現狀等。法蘭克福書展主席、德國駐華大使等都曾親自為專刊撰文致辭，次數之多、規範之大，是其他國家所沒有的。設在北京的歌德學院德國圖書中心，為兩國出版交流做了大量出色的工作，其中柯樂迪（Claudia Kaiser）小姐貢獻彌多（她自2004年起，已轉任法蘭克福書展國際部主任）。該中心現任主任王競（Dr. Jing Bartz）小姐也非常得到中國出版人的肯定。2007年4月「世界讀書日」之際，德國圖書信息中心還曾專門策劃、投資製作了三集電視專題片《閱讀，讓生命起航》，在中國的中國教育電視臺播出，該片用生動的畫面和實例，把德國當今促進國民閱讀的創意、舉措與經驗呈現給中國的觀眾。新聞出版總署副署長鄔書林、德國駐華大使史丹澤博士和法蘭克福書展主席岳根‧博思擔任了該片的總顧問。而在德國，旅居德國的中國學者蔡鴻君註冊的、專門向中國推介德國圖書版權的代理公司Hercules Business & Culture Development GmbH已運行十年多，代理了約1000種圖書。

所有這些，必將使中德出版界間的合作有更大的發展。

## 二、引進德國圖書內容分析

儘管中國購買德國圖書版權數量在美、英、日之後，但德國圖書乃至於整個德國文化在中國人心中都依然占有非常重要的位置。

在中國，馬克思、恩格斯當然家喻戶曉，康德、黑格爾、叔本華、尼采同樣大名鼎鼎，從事藝術的人很少不知道萊辛的《拉奧孔》與布萊希特（Bertolt Brecht），一般文學青年也許不知道浮士德與歌德誰先出現，但一定會知道《少年維特的煩惱》，知道席勒與海涅。關心當代文化的人，則一定還知道托馬斯‧曼（Thomas Mann）與君

特‧格拉斯（Günter Grass）。而對於中國的出版人，貝塔斯曼無人不曉，法蘭克福則是出版人的聖地。

少兒圖書是近年來中國購買版權數量較多也較引人矚目的部分。在1999、2001年與2005年分別達到157、177與118個。據德國圖書信息中心王星的《德語少兒圖書在中國的調查報告》，中國大陸最重要的18家少兒出版社中，只有兩家還沒有出版過德語圖書，其他均有出版。其中排在前三名的是二十一世紀出版社、中國少兒與浙江少兒出版社，二十一世紀出版社是引進德國少兒圖書種數最多的出版社，目前已達200多種。而據新聞出版總署信息中心相關人員統計，僅在2001-2007年間，中國大陸出版的各種德國童話書籍就達540種。參與出版德國童話的出版社多達130餘家。

銷售最出色的是浙江少兒出版社引進自奧地利的德語圖書《冒險小虎隊》，該書共30本，在最初的一年裡銷售最好的單冊就已發行了超過20萬冊。發行量較高的書籍還有中國少兒出版社出版的「阿爾弗萊希區柯克三問號偵探系列」、二十一世紀的《鬼磨房》、《毛毛》、《四個半朋友》等。二十一世紀出版社社長張秋林先生對德國圖書情有獨鍾，這使得該社在經營德國版少兒圖書方面表現較出色。為推廣《四個半朋友》，他們除在各類媒體廣泛宣傳外，還邀請該書作者約阿希姆專程從德國來北京，舉辦了多場讀書會、簽名售書等活動，在八個月裡《四個半朋友》就銷售了8萬冊。歐汀格爾出版社、卡爾森出版社、阿列那出版社、拉文斯堡出版社等一批德國出版社都是他們的合作夥伴。而另一套「彩烏鴉」系列圖書（20本），目前已銷售了100萬冊。

其他有一定影響的還有譯林出版的德國漫畫大師埃里希‧施密特（Erich Schmitt）、漢斯‧尤爾根‧普雷斯（Hans Jügen Press）與博芬格（Bofinger）的漫畫作品，北京科技出版社的「大眼界百科認知

書」，浙江少兒出版社的「老K探長系列」，江蘇少兒出版社的「馬幫小偵探系列」，經濟日報出版社的《錢生錢的故事包》、《故事中的經濟史》等。當然，德國的經典童話如《豪夫童話全集》、《格林童話全集》、《吹牛大王歷險記》等則是常銷不衰的圖書。

2001-2007年，中國出版了約2400種德國哲學與文藝圖書，但絕大多數為古典作品。雖然當代德國文藝圖書總體引進不多，與德國古典文藝作品在中國出版的狀況形成了極大的反差，但當代一些指標性作家或新銳作家的作品仍被翻譯出版。如上海文藝出版社就出版有多卷本的《君特‧格拉斯文集》，而人民文學出版社出版了尤迪特‧赫爾曼（Judith Hermann）的《夏屋，以後》（*Sommerhaus, Später*）。

自加入WTO成員國起，中國翻譯出版德國圖書還有一個顯著的特徵：就是出版了一批成規模的德國學術精品叢書。這些書以社會科學及藝術圖書為多，代表性的有中國法律出版社的「當代德國法學名著系列叢書」（22種）與「德國法學教科書譯叢」（16種），中國人民大學出版社的「康德著作全集」（6種），廣西師範大學出版社的「韋伯作品集」（12種），人民音樂出版社的「羅沃爾特音樂家傳記叢書」（48種）與上海教育出版社的「維也納原始版本樂譜」（12種）等。這些高水平的圖書受到了中國讀者特別是學術界的高度肯定。

2000年以來在中國出版的其他一些德國圖書還有：財經類有《重新想像：激蕩年代裡的卓越商業》、《個體的崛起》、《股市歷險記》（*Die Welt der Boerse*）、《破譯品牌成功的密碼》（*Der Wachstums-code fur Siegermarken*）、《項目管理介紹》（*Eiufuehrung in Projektmanagement*）、《企業經濟學的基礎與問題》（*Grundlagen und Probleme Der Betriebswirtschaft*）等；政治、法律類有《法學方法論》（*Methodenlehre de Rechtswiss enschaft Rechtsphilosophie*）、《英德公共部門改革比較》（*Comparing Public Sector Reform in Britain and Germany*）、《數字時代

的資本主義》（*Das Unbehagen im Kapitalismus*）、《德國民事訴訟法》（*Grundkurs ZPO*）等；文學類有《金幣不翼而飛》（*Kinderdetektiv-Buero Alina und Hung*）、《巧妙周旋》（*Björn und die Autoknacker*）、《愉快而神祕的假期》（*Olli Marco und Riesenbabys Bande*）、《希特勒的女外交官》（*Hitler's Geheime Diplomantin*）、《童話月球的繼承人》（*Maerchen Monds Erben*）等；科技類圖書有《注塑成型手冊》（*Injection Molding Handbook*）、《注射與擠出故障》（*Troubleshooting the Extrusion Process*）、《需求工程》（*Requirements Engineering*）、《低電壓系統防雷保護》（*Overvoltage Protection of Low Voltage Systems*）、《催化膜與催化膜反應器》（*Catalytic Membranes and Catalytic Membrane Reactors*）等。

## 三、德國引進的中國圖書

與中國購買德國版權相比，中國向德國輸出版權非常少。據統計，1991到2002年十餘年間，通過中國出版社德國總共購買了約80種中國圖書的版權。包括中國作家的作品、實用類圖書及《非線性階偏微分方程》等科技圖書。從2004年起，德國引進中國圖書版權的數量開始有所增加。2006年度的簽約數量為104種，為歷年之最。

說來有趣，德國出版中國作品的歷史其實還是很早的。據筆者所知，德國的歐根‧狄特利希斯（Eugen Diederichs）出版社在1911年就曾將中國作者辜鴻銘——一個能熟練用中英文寫作、思想保守、怪誕的中國學者的英文著作《中國牛津運動故事》（*Oxford Movement*）翻譯成德文《中國反對歐洲觀念的辯護：批判論文集》出版，譯者是德國人衛禮賢（Richard Wilhelm），印數是5000冊，平裝本2.5馬克，精裝本3.5馬克。1924年該出版社又出版了辜鴻銘的《中國人的精神》

（英文*The Spirit of the Chinese People*、德文*Der Geist Des Chinesischen Volkes*），由施密茨（Schmitz）翻譯。資料顯示該書是辜鴻銘同意翻譯出版的。在中國沒有加入國際版權公約的情況下，這大概是有據可查的中國著作權人授權外國翻譯出版的第一部作品。

近幾年德國引進的中國圖書以科技、藝術類圖書為多。除前面提到的「中國科技進展」叢書外，藝術類圖書有《中國音樂史圖鑑》、《中國戲劇史圖鑑》、《中國旋律──西洋樂器演奏中國民歌》等。斯普林格出版社、索特音樂出版集團是近幾年與中國出版合作較突出的德國出版公司。索特音樂出版集團與人民音樂出版社（中國最大的音樂出版社）早在二十多年前就已開展合作。近幾年從該社引進了多種圖書版權。該集團與中國的湖南文藝出版社也有較密切合作。目前雙方正在進行一個大的合作項目──共同策劃和出版「世界50部經典管弦作品」叢書，以中、德、英、法、義五種語言向全球同步發行。該叢書由德國著名音樂學家根據奧伊倫堡版本重新整理編訂總譜，共50冊，每一本書均附有世界著名樂團錄製的原版CD。

## 第二節　中國與法國

### 一、綜述

2005年，北京國際圖書博覽會有史以來第一次設立主賓國，選定的對象就是法國。於是，一個空前龐大的代表團──由110多家出版商組成的法國出版代表團飛到了北京。他們在法國展臺上展出了2500種新書，舉辦了多場研討會和討論會，法國全國出版協會的主席塞爾日·艾羅爾（Serge Eyrolles）、法國國際出版署的主席阿蘭·格倫德（Alain Gründ）、中國出版工作者協會主席于友先及中國最大的出版

圖12.3　2004年中國成為法國巴黎圖書沙龍的主賓國

當時的法國總統雅克・希拉克在當時的中國新聞出版總署署長石宗源（左二）和中國駐法大使趙建軍（左一）的陪同下，參觀中國展臺。（照片提供：Syndicat National de L' Edition）

集團公司之一中國出版集團副總裁聶震甯都出現在了圓桌會議上。此外，數名法國作家與中國讀者見面。

　　而之前的2004年，中國成為法國巴黎圖書沙龍的主賓國，這是中國首次成為外國大型國際書展的主賓國。100多人的中國代表團包括了作家、編輯、記者及出版、文化界的各方面人士。當時的法國總統雅克・希拉克親涖開幕式，在當時的中國國家新聞出版總署署長石宗源和中國駐法大使趙建軍的陪同下，為中國代表團舉辦的新書首發式活動揭幕。

　　也是在2005年，法國文化中心在北京正式落成。

　　2006年，法國教育部正式設立「漢語總督學」一職，長期在中國

居留的法國人白樂桑成為首任漢語總督學。他的主要職責就是推動法
國學校設立漢語課程，協助中國對外漢語教學辦公室每年在法國組織
漢語水平考試（法國是歐洲最大的漢語水平考試點，像義大利、瑞士
等國的考生都要來法國考試），組織法國漢語教師、學生來中國進
修、旅行。

　　截止到2007年，法國外交部與駐華使館自1995年起設立的「傅雷
計畫」，已資助了600多部法文圖書在中國出版。而中國設立的「中國
圖書對外推廣計畫」自2005年啟動以來，也已資助了幾十部中文圖書
在法國出版。

　　2008年，法國樺樹集團專程在中國舉辦活動，慶祝旗下《ELLE》
雜誌進入中國開展版權合作20周年。樺樹集團母公司——拉加代爾活
力媒體集團還與中國新聞出版總署共同簽署五年培訓合作備忘錄，此
前，該集團已與中國新聞出版總署合作，於2002年至2006年為中國期
刊界舉辦了5期培訓班，採取派專家到中國或組織中國期刊編輯前往
法國方式，幫助中國培養了許多期刊編輯。該集團還向中國四川地震
災區捐贈100萬元人民幣，用於在災區建設一所「樺樹希望學校」。

　　所有這些都表示著一點：中法出版交流非常熱絡。

　　法國圖書被翻譯成中文的數量很多，北京大學中法文化關係研究
中心和北京圖書館參考研究部中國學室聯合編輯有《漢譯法國社會科
學與人文科學圖書目錄》，書中收錄了從19世紀末到1993年3月中國
翻譯出版的法國社會科學圖書目錄，計有約1800種（包括重譯書）。
另據中國著名法國文學專家許均統計，20世紀法國文學作品被翻譯成
漢語的超過500種。

　　不過在1992年中國加入兩個國際公約前後，法國作品被引進數量
開始明顯減少。

　　在國家版權局對1989與1995年出版外國圖書的兩次統計中，法國

圖書都位居第五。1989年中國出版法國圖書超過128種，占出版外國圖書總數的近7%，印數超過127.6萬冊，占總數的8%以上。從1995年起，中國出版引進法國圖書數量開始回升，這一年的出版數量超過165種，占總數的4.7%；印數超過160.3萬冊，占總數的1.3%。1998到2002年的五年來，中國每年購買法國圖書版權平均約在200種左右。法國一直排在中國版權引進國排名的第五位，但2002年則降到了第六位，韓國成為第五位。

從加入WTO起，中國引進法國圖書數量大幅增多，2003年至今，平均每年取得的法國版權許可證超過300種。但2004年至今，法國一直居中國購買版權國別排名的第六位。

從法國方面的統計看，中國是世界上第七大法國版權購買國，在亞洲則是第二位，排在韓國之後。

中國已有一批出版社與法國出版社建立了密切合作關係。引進法國人文社科書籍較出色的有中國人大出版社、廣西師大出版社、社科出版社、商務印書館、三聯書店等，引進現代文學較出色的出版社有湖南出版集團、上海譯文出版社、人民文學出版社、灕江出版社、海天出版社等，引進少兒圖書較出色的有中國少年兒童出版社和接力出版社等。

## 二、引進法國圖書內容分析

法國人也許不知道，中國近代的外國文學翻譯始於法國文學，那是1898年的事了。更會讓法國人驚奇的是，最早將法國名著《茶花女》翻譯成中文的林紓，是個不懂外語的中國學者——他中文造詣很深，又有強烈的翻譯外國文學的嗜好，於是靠與懂外文的人合作翻譯了大量外國文學作品。

　　法國文學在中國有著巨大的影響，說法國文學影響了中國幾代作家毫不過分。不僅如此，翻譯法國文學還湧現了一大批著名翻譯家。中國當代最著名的翻譯家即是從事法國文學翻譯研究的學者——傅雷，因此，法國外交部與駐華使館設立的資助中國出版法國圖書計畫才以他的名字命名。

　　雖然目前法國文學書籍在中國的銷售與過去比較已很不理想，但中國引進的法國版權仍以文藝、人文科學類圖書為多，且許多都是成規模、有系統的叢書。

　　近年中國大陸出版的法國文藝叢書有中國傳媒大學（CUC）出版社的「法國當代經典戲劇名作系列」、江蘇教育出版社出版的「彼岸人文譯叢」、上海譯文的「法國當代文學叢書」、譯林的「法國當代文學名著」、商務印書館的「當代法國思想文化譯叢」、廣西師範大學的「法蘭西文庫」、湖南文藝的「午夜文叢」、灘江的「杜拉斯小叢書」、河北教育的《加繆全集》等。這些叢書非常便於讀者系統地瞭解法國文化與社會。如「法國當代經典戲劇名作系列」包括了《小樹林邊》、《巴比羅大街》、《無動物戲劇》、《風雨依舊》、《森林正前夜》和《遠離阿貢當市》6本，就可以使中國讀者從多角度較全面地瞭解到法國的當代戲劇。一些法國文學書籍的銷售也有亮點，近年較暢銷的是米蘭・昆德拉與莒哈絲（Marguerite Duras）的作品。目前這兩位作家的中文版權都落戶到了上海譯文出版社。該社的米蘭・昆德拉作品，共14種書，每本都有不俗的銷售量，其中的《不能承受的生命中之輕》，自2003年出版至今，已銷售了超過83萬冊。而莒哈絲的作品系列更達30種，其中的《情人》也已銷售了近27萬冊。

　　新近以出版法國文學作品而引人矚目的是坐落在中國南部沿海城市深圳的海天出版社，它出版的「西方暢銷書譯叢」，幾乎包含了近些年法國各類獲獎作品及其他暢銷書。不僅如此，它還舉辦了兩屆

「法國圖書日」活動，邀請了包括龔古爾獎得主帕特里克‧格蘭維爾在內的法國作家來華參加活動。該社法語編審胡小躍是目前中國最活躍的法國文學編輯，他也是中國法國文學研究會理事。

近幾年，中國引進法國少兒圖書數量有一定增加。引進數量較多的是接力出版社，目前該社已出版了7、80種法國少兒書。其中「魔眼少女佩吉‧蘇系列」（3冊），已銷售了4萬套，累計約12萬冊。而二十一世紀出版社引進的《不一樣的卡梅拉》（7種），銷售了150萬冊，他們還邀請作者約里波瓦（Christian Jolibois）和艾利施（Christian Heinrich）到中國參加推廣活動。

近幾年，有關法國人文思想類圖書的引進也較引人矚目。廣西師範大學出版社是引進此類書較多的一家，2002年至今，它已出版了120多種此類圖書。該社還引進出版了米其林旅遊出版公司的著名旅遊叢書，目前已出版了7、8種。其中定價58元人民幣（8.3美元）的《歐洲經典遊》已銷售了3萬多冊。

一些法國出版社與中國的版權合作也較有成績。如伽利瑪出版社，僅在幾年時間裡就已與中國30餘家出版公司開展了合作，已簽訂版權合約160餘項。該社擁有版權的三位著名學者加繆、沙特、西蒙‧波娃的全集均已在中國出版。伽利瑪還積極開展中國作品在法國的翻譯與出版，先後推出了羅貫中、施耐庵、曹雪芹等的名著及巴金、老舍、韓少功、賈平凹等的作品。

但總體看，法國版圖書與法國電影類似，在中國市場反映平平，更無法與英美圖書抗衡。胡小躍認為，之所以出現這種情況，主要原因包括法國文藝圖書不適合中國讀者口味，實用圖書也因兩國背景差異而受冷落，科技圖書法國競爭不過美國，近兩年在中國熱銷的成長勵志類圖書則是自由自在慣性了的法國人最不屑的門類。在中國方面，法語在中國的普及程度遠落後於英語，直接導致法國文化推廣較

表12.4　2007年向北京地區發放版權許可證數量最多的前十名法國公司

| 排名 | 公司名稱 | 參考數量 |
|------|----------|----------|
| 1 | Edition Larousse | 51 |
| 2 | Albin Michel Jeunesse | 14 |
| 3 | Editions Jalou | 12 |
| 4 | Editions Gallimard | 12 |
| 5 | Elserier Masson S.A.S | 11 |
| 6 | Editions Grund | 10 |
| 7 | Editions du Seuil | 7 |
| 8 | Editions Didier | 6 |
| 9 | DECD | 6 |
| 10 | Editions Jean-Paul Gisserot | 5 |

注：本圖表的數據只是一個機構的統計，這裡供參考，實際數據應多於此表。

難；目前中國能講法語的人在 5 萬左右。懂法語的人很少，優秀的譯者更少；中國讀者現在文化生活的選擇餘地又太多，這些都是導致法國版圖書被冷落的原因。

也許是因為中國的發展，讀者已不滿足神遊於法國文學書籍，而是要目睹當代法國時尚，感受法國風格。所以，與法國版圖書的低靡相反，法國各類時尚雜誌在中國的中文版卻都大放異彩。樺榭菲力柏契也成為在中國大陸、臺灣、香港最出色的雜誌合作者。它在中國大陸合作經營的一系列雜誌，如《Elle世界時裝之苑》、《名車志》、《搏》、《嘉人marie claire》等，目前合作出版的雜誌已達 9 種，且都成為同類雜誌中的佼佼者（參見第十三章第二節）。

另一個有趣的現象是，多位法籍華裔作家用法語創作的作品不僅在法國轟動，也成為中國爭相引進的對象。如戴思傑的國際暢銷書《巴爾扎克與中國小裁縫》、山颯獲得龔古爾高中生文學獎桂冠的《圍棋少女》，及程抱一分別獲得法國婦女文學獎與法蘭西學院法語文學大獎的《天一言》等。這些圖書的中文版均已在中國出版，且反響熱

烈。

　　在法國出版的中國圖書數量很少。在2004年之後，這一狀況有所改變。據法方統計，法國出版中國圖書在2005年為70種，2006年達到破天荒的103種。2006年法國共翻譯出版外國圖書8248種，數量下降了3%，幾乎涉及到所有的語種，但是漢語圖書卻增加了47%，居於首位。漢語圖書快速進入法國，得益於在2005年9月，法國與中國互為對方最重要的國際書展的主賓國。在這期間，中國有關單位選擇了約100種中國圖書介紹給法國出版社，中國資助它們翻譯成法文在法國出版銷售，目前已出版數十種，包括許多中國當代文學作品，如王蒙的《笑而不答》（*Les Sourires du Sage*）、鐵凝的《第十二夜》（*La 12 Lune*）、《棉花垛》（*La Fleur de Blé*）、劉震雲的《官人》（*Officier*）與阿來的《遙遠的溫泉》（*Les Sources Chaudes*）等。

　　目前，中法兩國相關人士正在更加努力地推動出版界的交流。

　　2006年8月，在中國工作四年即將離任的法國駐華使館文化處文化專員滿碧灑女士（Mme Fabyène Mansencal）深情地對中國出版人說：北京國際圖書博覽會已成了中國和法國出版界進行交流和互相發現的一個極好機會，我邀請大家仍然帶著好奇之心，踴躍地來參觀法國的圖書展臺，來看看有什麼新書，來會見法國的出版者，來參與研討會和討論，來參加由法國大使館組織的地區翻譯中心的培訓，與很多法國作者——每年都有30多名作者到中國來——以及他們的作品的翻譯者來共同分享他們對於文學的熱愛。

　　2009年2月，引進法國人文思想類圖書最多的中國廣西師範大學副社長劉瑞林小姐對本書作者說：雖然法國圖書不如美英圖書那麼好賣，但我們依然對它情有獨鍾。因為我們看中法國書籍中閃現的人類的思想智慧。

# 第三節　中國與韓國

## 一、綜述

2009年6月，中國出版集團公司、中國圖書進出口總公司與韓國熊津出版集團共同出資在韓國成立了木蘭出版社。

2008年5月與9月，中國圖書商報與韓國中央日報合作，分別在首爾國際書展與北京國際書展上出版了韓文版的《中國專刊》與中文版的《韓國專刊》。

2008年9月2日，中韓兩國各自最大的出版集團──中國出版集團公司與韓國熊津出版集團在北京舉行了建立戰略合作夥伴關係的簽約儀式。

此前的5月，中國成為韓國首爾國際書展主賓國，中國派出了有270多人的代表團參加書展。

2007年是中韓交流年，兩國出版界也舉辦了多項交流活動。中國鳳凰出版傳媒集團在南京舉辦了「第一屆中韓推理懸疑文學影視論壇暨中韓出版界交流會」，中韓雙方近50名出版界、文化界、影視界的專家學者出席。中國人民對外友好協會和中韓友好協會聯合編輯製作了圖文書《映像中韓》，由廣西師範大學出版社出版。

2006年5月，中國著名的人民出版社翻譯出版了大韓文化出版協會前副會長、韓國出版學會名譽會長、綜合出版汎友社代表尹炯鬥先生的著作《一位韓國出版家的中國之旅》。

2005年，韓國 Book's Hill Publisher 將美國 Thomson Learning 出版的 *Publishing in China: An Essential Guide* 翻譯出版（譯者為 Random House 駐韓國公司代表 Eric Won Suk Yang），韓文版名稱為《中國出版》，即本書的第一版。這是韓國出版的第一部有關中國當代出版業

的韓文著作。

之前，中國的東方出版社翻譯出版了韓國出版人安春根先生的著作《雜誌出版論》，這是中國出版的第一部韓國出版人的出版專著。

目前，韓國已有130多所大學設有中文系，在華的韓國留學生達5.4萬；中國已有60多所高校設有韓國語專業，在韓的中國留學生達2.4萬，分別占對方國家外國留學生首位。

中韓兩國1992年8月建立外交關係，但成規模的中韓出版交流卻是近十年左右的事情。

在1999年之前，韓國圖書還幾乎不在中國版權貿易研究的視野內。雖然在1997年前後，中國購買韓國圖書版權的數量有時已超過俄羅斯，韓國有時位居中國版權引進國的第七位。

韓國圖書引起人們普遍關注是2002年的事情。當一本叫《我的野蠻女友》的書隨著同名電影的熱播出現在市場時，人們才開始注意到韓國版圖書。隨後，當號稱在韓國發行了200萬冊的《菊花香》登場時，韓國圖書在中國出現了高潮。

韓國圖書是隨著韓國影視作品進入中國的。2000年前後，韓國的影視作品在中國大陸、臺灣呈現了前所未有的熱度，許多地方男女老少都在看「韓劇」，一時「韓流」席捲中國。類似的其實還有韓國的網路遊戲軟體。在2003年前後的中國網路遊戲市場，已是韓國遊戲的一統天下。當時，只是主要消費者是青少年，大人不太注意，才不如影視劇那樣受人關注而已。「韓流」在中國持續了約六、七年時間，直到2007年，熱度才開始逐步下降。

從1998年前後起，中國大陸引進韓國圖書版權許可證數量就一直在增長。2000年為82種，2001年為97種，到2002年達到了空前的275種。超過法國，躍居中國引進外國版國家排名的第五位。雖然在之後的兩年，韓國又退居到第六位，但2005、2006兩年，又超過德國與法

圖12.5　2002-2007年中國引進韓國圖書版權數量示意圖

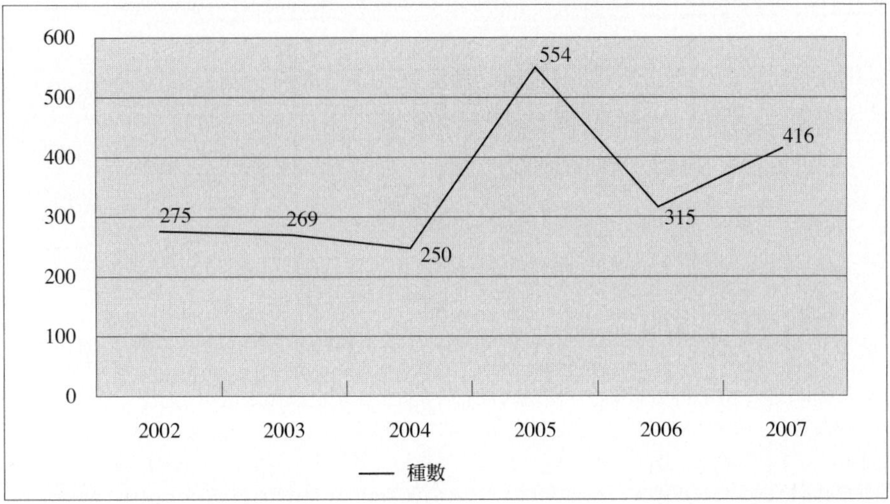

資料來源：中國國家版權局

國，連續上升到了前所未有的第四位。自2000年至今，中國每年平均
取得韓國版權許可達到280餘個。

　　最初幾年，中國大陸購買韓國版權的出版社主要集中在北京及與
韓國較近的東北和華北地區，北京、吉林、山東、遼寧、黑龍江購買
韓國版權最多。但後來參與的出版社越來越多，購買韓國版權的出版
社數量增長很快，目前已超過50家。購買韓國版權較有影響的中國出
版社有延邊大學出版社、南海出版公司、二十一世紀出版社、中國城
市出版社、當代世界出版社、世界知識出版社、北京科技出版社、中
信出版社等。

　　由於中國市場的快速增長，加之兩國相鄰，中國東北及北方有人
數眾多的與韓國講同樣語言的少數民族──朝鮮族，所以韓國公司與
中國出版社建立業務關係相對要容易些。目前，韓國進入中國發展的
出版公司有熊津集團（Woongjin Group）、YBM Sisa、時事教育出版

表12.6　2007年向北京地區發放版權許可證數量最多的前十名韓國公司

| 排名 | 公司名稱 | 參考數量 |
|------|----------|----------|
| 1 | YMB English | 44 |
| 2 | Darakwon, Inc | 15 |
| 3 | YeaRimDang Publishing Co., Ltd | 10 |
| 4 | Yonsei University Press | 10 |
| 5 | Young Jin | 9 |
| 6 | Sungkyunkwan University Press | 6 |
| 7 | Woongjin ThinkBig Co., Ltd | 6 |
| 8 | Korean Educational Development Institute | 5 |
| 9 | Language plus | 5 |
| 10 | HanKookMunHwaSa | 3 |

注：本圖表的數據只是一個機構的統計，這裡供參考，實際數據應多於此表。

社（SISA Education）、大韓教科書出版社、知耕社出版公司、韓國VISTAEM 出版社、藝林堂、Cyber Publishing Co.、Kyelim 與Book's Hill Publisher Co.等。進入中國的韓國版權代理公司數量也很多，較有影響的包括信元代理、愛力楊公司等。一些韓國公司已在中國設立分公司或代表處，如YBM Sisa、大韓教科書出版社、信元代理、愛力楊公司等。其中YBM Sisa在北京設立的北京外思教育文化有限公司已有約十年，表現也較為活躍。

今天，中國與韓國出版、版權界的交流已是全方位、多角度與制度化的。在政府層面，中國新聞出版總署（國家版權局）、國務院外宣辦都積極推動與韓國的交流。2006年5月，中國國家版權局與韓國文化觀光部簽訂了《交流合作協議》。《協議》約定：雙方將交換保護著作權的相關技術及法規訊息，不定期舉行官方會議，就著作權領域的政策制定、人才培養及訊息交流等進行磋商，加強兩國著作權相關政府官員之間的交流及培訓，在WTO及世界知識產權組織WIPO等國際機構舉辦的會議及工作項目中互相協助，謀求兩國共同利益等。中

韓行業協會、中介機構、出版研究與教育機構間的交流也非常活躍，中國出版工作者協會、中國編輯協會與韓國文化出版協會有著密切的合作關係，中國期刊協會與韓國雜誌協會早在十五年前就締結了友好交流協議，中國大學出版社協會與韓國大學出版社協會、日本大學出版社協會聯合舉辦的三國大學出版協會研討會至今已經舉辦了12屆，中國版權保護中心與韓國著作權委員會聯合舉辦的「中韓著作權研討會」已舉辦了4屆。由中國出版科學研究所與韓國教育出版學會聯合舉辦的中韓教育出版論壇至今已舉辦了10屆。中華版權保護中心還開始接受韓國版權人的委託，在華調查被侵權問題及法律訴訟。

　　韓國政府也積極支持與中國的交流。韓國文化產業振興院於2001年在中國設立了辦事處，專門負責推廣韓國文化。為鼓勵中國出版社翻譯出版韓國圖書，從2008年6月起，韓國開始啟動圖書對華出版資助項目，該項目不僅資助翻譯、出版韓國圖書，還資助出版後的圖書營銷活動。中國出版社可在線上提出申請該項目（www.korean books.or.kr）。同時，韓國還設立了圖書著作權交易綜合網，中國出版社可登陸網站，進行版權洽談和交易。目前，已有中國的二十一世紀出版社和北京科技出版社等獲得資助，出版了韓國圖書。

## 二、引進韓國圖書內容分析

　　中國引進的韓國圖書主要有文藝、生活、少兒、財經與管理、學習、科普及電子資訊類等。

　　韓國圖書在中國文藝圖書市場可謂是異軍突起。影視圖書、暢銷小說、嚴肅文學都開始大舉進入中國。多位韓國作家也一時成為中國的知名人物。金河仁、可愛淘成了中國暢銷書作家瓊瑤、海岩之後的新暢銷作家。也有人將金河仁視為韓國的村上春樹，其《菊花香》

2002年引入中國後即成為當年全國文學類圖書排行榜冠軍，並連續16個月雄踞全國暢銷書排行榜。之後金河仁的其他一些新作也都持續受到關注。而可愛淘的《狼的誘惑》應是近年在中國大陸發行量最大的韓國圖書，共銷售了60多萬冊。據出版她的圖書的中國城市出版社編輯室主任王立女士介紹，她已進入中國的9種圖書總共發行了約240萬冊。在中國大陸市場有影響的韓國文藝圖書還有《那小子真帥》、《冬季戀歌》、《藍色生死戀》、《巫女圖》、《我可以愛你嗎》、《鮭魚》等。

　　韓國文學圖書之所以能受到中國讀者的青睞，除與兩國文化和歷史非常接近有關外，也與兩國青年的生活狀態及價值觀的接近密不可分。據中央民族大學韓國文學研究專家金春仙分析，朝鮮半島分治導致成千上萬的家庭破裂，所產生的心靈創傷，使韓國文學創作帶有很強的悲劇情結。但是，韓國的年輕一代對「悲」的感知顯然不如老一代，經濟的發展，西方文明的侵入，都讓他們更多地倒向拜金主義。電視劇和文學創作中經常表現的是：金錢如何左右了一個家庭或者一段愛情。人們熱中於欣賞中產階級的生活及愛情，而韓國傳統的儒家文化價值觀正在被年輕一代淡漠中。而《菊花香》的出現帶來了文化地震一般的效應。在很長一段時間內，人們都沒有見過如此單純的、超越一切的愛情，以及堅硬的家庭道德觀。《菊花香》喚醒了藏在韓國年輕人內心深處的屬於自己民族的根性的東西。而改革開放以來沒有經歷過苦難、與韓國青年有著類似經歷的新一代中國城市青年也同樣需要這樣的東西。

　　另外一個原因是，中國20世紀80年代後出生的青年（在中國簡稱為「80後」）與韓國同齡人的生活狀況、審美情趣越來越相似，所以，導致了對可愛淘作品的喜愛。

　　文學圖書外，引進較多的還有財經、少兒、設計、電子等方面的

圖書。其他在中國熱銷的還有《流氓兔》、《千萬別學英語》等書籍。其中世界出版公司引進的《千萬別學英語》，目前已銷售了近20萬冊。

近幾年在中國出版的韓國版圖書中，少兒類的有「我的第一套科學漫畫書」、「尋寶記系列」、「我的科學漫遊記系列」、「Why？新世紀少年科普知識動漫百科全書」、《開發想像力智力猜謎》、《如何成為好成績的孩子》、《男生特區》、《女生特區》、《智慧之樹》、《太陽系的三維圖像》、《海洋的三維圖像》、《土豆Dori歷險記》、《尋找七顆魔法種子》等，其中中國二十一世紀出版社從大韓教科書引進的「我的第一套科學漫畫書」（20本）出版四年來已銷售了200餘萬冊，總金額達5000餘萬元人民幣。另一套「幼兒神奇貼紙CQ系列」（9種）也銷售了60萬冊，收入768萬人民幣。政治、歷史、財經、管理類圖書有《經營未來：李明博自傳》、《韓國世界史》、「漫畫歐洲叢書」、《商道──一個卑微的雜貨店員成長為天下第一商》、《激情勝於能力──韓國通用總裁告訴你》（*A Million Dollar Passion*）、《三星之父李秉喆》、《小夥子蔬菜店》、《抓住黃金機遇──韓國的文化產業及主要政策》、《韓國勞使關係論》、《全球化時代，知識化及經濟化時代之經濟學》、《韓國工人：階級形成的文化與政治》（*Korean Workers: The Culture and Politics of Class Formation*）等，其中世界知識出版社出版的《商道》銷售超過30萬冊，中信出版社出版的「漫畫歐洲叢書」已出版了7種，在市場產生很大反響。生活類圖書有《和丈夫做胎教約會》、《室內重新設計》（*Hello, Remodeling*）、《田園式住宅設計》（*Green House Design Book*）、《韓國數位設計經典作品賞析──D.I.V.A》（*D.I.V.A─Digital Idol Visual Artwork*）等，電子類圖書有《Flash MX 網頁動畫特效》（*Flash MX Web Animation*）、《Dreamweaver MX從入門到精通》等。

## 三、韓國引進的中國圖書

　　韓國是引進中國版權數量最多的國家。與歐、美、日相比較，韓國是唯一成規模購買中國版權的國家。據中國國家版權局的統計，自2000年起，除2001年日本居首位外，韓國一直居引進中國版權許可的首位。2000年至2007年八年間，韓國共從中國取得了約1300個版權許可，平均每年約155種。這期間，中國從韓國引進版權平均每年為280餘個，兩者之比為1：1.8。韓國是中國圖書版權貿易主要夥伴國中與中國逆差最小的國家。

　　韓國引進的中國圖書主要有文藝、古代文化、語言及當代政經類圖書。

　　中國文學在韓國引進圖書中占有重要地位。自20世紀90年代末起，一些中國當代作家作品開始受到韓國出版社的歡迎，蘇童、余華、莫言、姜戎、葉兆言等成為較為韓國讀者矚目的作家。余華的《許三觀賣血記》、《活著》、《兄弟》，蘇童的《離婚指南》、《米》、《我的帝王生涯》，莫言的《酒國》、《食草家族》、《天堂蒜臺之歌》，姜戎的《狼圖騰》等陸續被翻譯出版。中國當代作家張愛玲的作品如《傾城之戀》、《沉香屑第一爐香》等也被翻譯出版，她的《色戒》最近隨著電影的成功被翻譯出版，且銷量在不斷提高。此外，中國少兒文學作家如曹文軒、楊紅櫻、黃蓓佳的作品也被韓國引進。韓國藝林堂通過接力出版社引進了楊紅櫻的《淘氣包馬小跳》，韓國金寧出版社從江蘇少兒出版社購得了黃蓓佳3部小說《我要做好孩子》、《我飛了》、《親親我的媽媽》的韓文出版權。

　　中國藝術與古代文化書籍也是被引進較多的門類。韓國引進的此類書有《中國音樂史圖鑒》、《中國美學史》、《中華文明大視野》、《老子與道德經》、《清代皇宮珍藏品》、《品三國》、《于丹莊子心

圖12.7　2002-2007年韓國引進中國圖書版權許可證數量示意圖

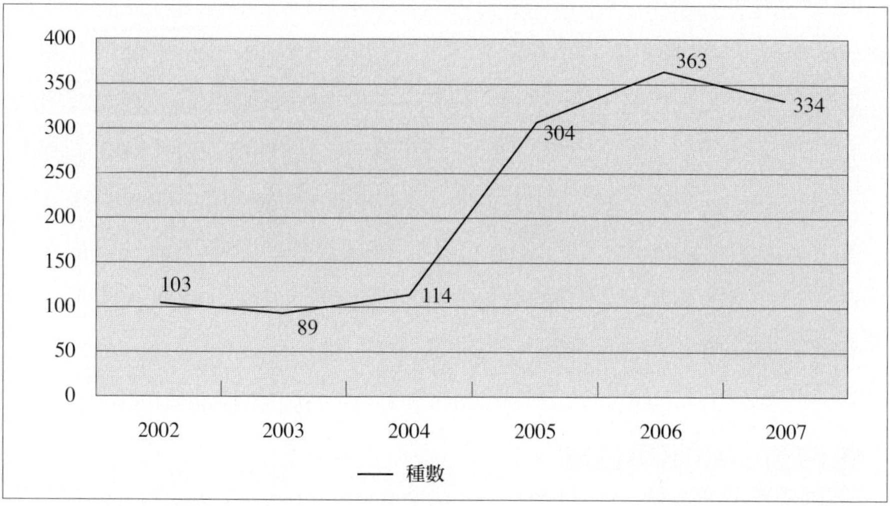

資料來源：中國國家版權局

得》、《孫子兵法連環畫》、《漢族的神話傳說》、「圖說天下‧國學書院系列」、《知識地圖》、《思想地圖》等。

　　漢語學習類圖書在韓國也很有市場，新近出版的有「Speaking Chinese」系列、《漢語九百句》、《中國百姓身邊的故事——初中漢語視聽說教程》等。目前，韓國約有150萬人在學習漢語。韓國有130多所大學設有中文系，每年的中文畢業生有3000多人。在世界各地參加漢語水平考試的11萬人中，有7萬名考生是韓國人。2006年有440萬人次訪華，平均每天超過1萬人，常駐中國的韓國人已達50多萬。所有這些都為此類圖書的出版奠定了基礎。

　　新近在韓國出版的中國政治、經濟類圖書有《大國崛起》、《百年小平》、《中國出版》、《浙商製造》、《張瑞敏如是說》、《穿越玉米地》、《阿里巴巴——天下沒有做不成的生意》等。

　　2005年，韓國Book's Hill Publisher還將本書第一版翻譯出版，韓

文版的名稱為《中國出版》，這是韓國出版的第一部有關中國當代出版業的韓文專著。

當然，中國圖書在韓國的影響，及韓國圖書在中國的影響，目前與美、英、日比較還有相當大的差距。這一點，兩國出版人都非常清楚。但兩國出版人都對中韓出版交流的前景充滿期待。在中國，雖然「韓流」已不再如前幾年那樣強盛，但韓國圖書在中國的影響依然很強，且地位已較穩固。在韓國，雖然中國圖書的影響還無法與歐、美、日相比，但發展勢頭越來越好。展望未來，中韓出版交流必將會有更大的成果。

## 第四節　中國與俄國

### 一、綜述

在2006年前的約二十年時間裡，中國與俄羅斯（包括前蘇聯）的出版與版權交流一直處於平靜的低谷中。直到2006年，這一局面才開始發生較大改變。

2006年3月，「俄羅斯文化年」在北京人民大會堂盛大開幕，各種文化交流項目閃亮登場：俄羅斯國家模範小劇院來華演出奧斯特洛夫斯基的著名喜劇，北京三大圖書城——北京圖書大廈、王府井書店和中關村圖書大廈與人民出版社、人民文學出版社聯合舉辦「經典與傳承——俄羅斯作家作品展示展銷」活動，中國美術館舉辦了「俄羅斯藝術300年——國立特列恰科夫美術博物館珍品展」，等等。而出版界最關注的則是8月底舉辦的北京國際圖書博覽會，俄國成為本屆書展的主賓國。在1000平方米的俄國展臺，擺滿了64家俄羅斯出版社的圖書。與俄羅斯相關的新書發表會、圓桌討論會、研討會等60項文

化交流活動次第登場。這是俄國與中國間最大的出版與版權交流活動。

2007年9月，中國成為莫斯科國際書展的主賓國，中國派出了來自170多個出版社、300多人的代表團。這是中國參加莫斯科國際書展最大的代表團。主賓國的主題是「閱讀中國書，瞭解中國人」。在1120多平方米的站臺展出了8000餘種、2萬餘冊中國圖書。其中的俄文出版物受到了讀者的熱烈歡迎，所有出版物幾乎都銷售一空。

兩個主賓國也都受到官方的高度重視。包括俄羅斯第一副總理梅德韋傑夫和中國國務委員陳至立及中國國家新聞出版總署署長、國家版權局局長柳斌杰等在內的高級官員出席了開幕式。

倒退二十多年前，俄國是中國對外出版交流的主要國家。

在前蘇聯時代，中國曾出版過眾多蘇聯作品。從1949年到1988年前後，前蘇聯一直是中國翻譯作品最多的國家，前蘇聯也曾出版過一定數量的中國作品，但中俄圖書版權貿易的正式開展是在1993年前後。

1992年10月中國先後成為伯恩公約與世界版權公約成員國。俄羅斯（蘇聯）原是世界版權公約成員國，1993年加入伯恩公約。這時起，兩國進行版權貿易才有了法律基礎。1992年9月，中國的中華版權代理總公司與俄羅斯著作權協會（俄最大的版權代理機構）簽署了合作議定書。從此，兩國的版權貿易逐步開展起來。到1996、1997年，雙方每年簽定的版權合約都超過50份，涉及的作品已超過300餘種。中俄間的版權貿易主要是中國從俄羅斯引進作品。

1989年前後，前蘇聯居中國翻譯外國作品第一的位置被美國取代，中國翻譯其作品的數量開始逐年減少。1989年中國出版蘇聯圖書387種，占出版外國圖書總數的11%，居國家排名的第三位；印數在227萬餘冊，占總數的13%。1995年出版俄羅斯圖書139種，占總數的

7.22%，居國家排名的第四位；印數超過113萬冊，占總數的7.42%。1996年後，中國購買俄羅斯版權的數量進一步減少，其國家排名也降到了第七位。2002年中國向俄羅斯購買了10種圖書的版權，國家排名降到了第八位。從2003年開始，中國每年取得俄羅斯版權許可證的數量又開始回升，平均每年超過50種，但國家排名則始終在第八、九位。

自1999年至2006年底，中國大陸共引進俄羅斯版圖書約2400種。中華版權代理總公司在引進俄羅斯作品方面起到了非常重要的作用，上述許多俄羅斯作品都是通過該公司引進的。

俄羅斯引進中國作品很少。據中方統計，2002年至2007年，俄羅斯僅向中國取得了170個版權許可證。而據俄羅斯統計，2001年到2006年間，俄羅斯出版了1270餘種關於中國的圖書，但其中直接譯自中國作者的作品數量很少。目前，俄羅斯每年出版有關中國的圖書約200種，其中大部分是俄羅斯人撰寫，還有相當部分是從其他外語轉譯過來的，從漢語直接翻譯的只占極少數，俄羅斯讀者看到的很多中國經典文化和哲學書籍都是從其他外語轉譯的。這些圖書中，社會、政治、經濟類圖書超過了一半多。

近幾年裡，俄羅斯引進中國圖書數量有所增加。在中國駐俄羅斯大使館和中國作家協會的協助下，中華版權代理總公司和俄羅斯著作權協會策劃並代理了「緬懷過去，展望未來——中國現當代文學經典叢書」，叢書收入60多位中國現當代著名作家的80餘種作品，其中《散文詩歌卷》已由俄羅斯中央書局出版。此外，俄羅斯36.6圖書俱樂部出版社翻譯出版了中國最走紅的懸疑小說作家蔡駿的小說《病毒》與《詛咒》。

2006年5月，俄羅斯鳳凰出版社與中華版權代理總公司達成引進75種中國圖書版權協議。涉及的圖書包括《道教風俗談》、《孔子與世

圖12.8　1995-2007年中國引進俄羅斯圖書版權數量示意圖

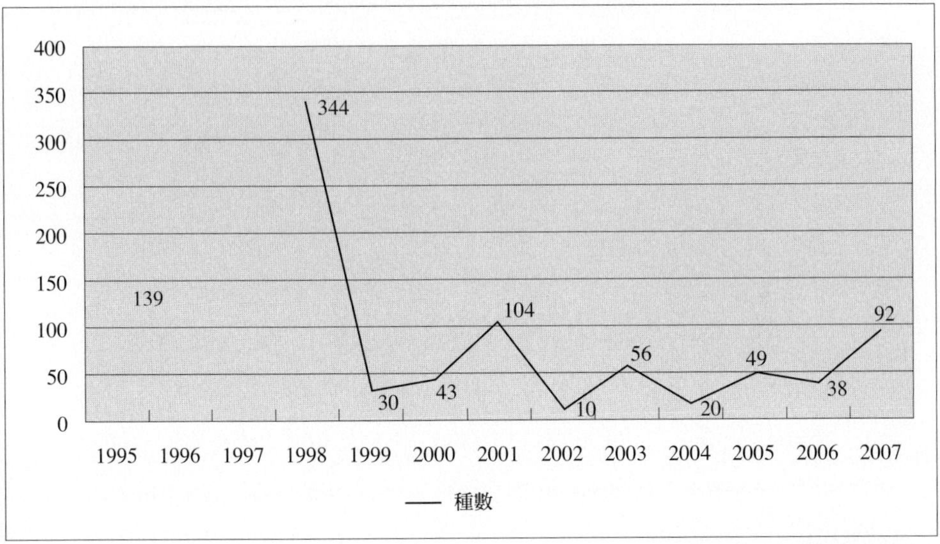

資料來源：中國國家版權局

界》、《中國西藏寺廟》等，這是中俄版權貿易史上迄今為止最大的一筆交易。

　　近年在俄羅斯出版的中國圖書還有《漢俄大辭典》、《漢俄俄漢精選詞典》、《漢俄經貿詞典》、《漢俄法律詞典》、《毛澤東自述》、《中國茶文化》、《中國旅遊》、《君臨天下——漫畫中國帝王》、《東方哲學百科全書》（第一卷）和《中國宗教百科全書》等。


## 二、引進俄國圖書內容分析

　　在中國從俄羅斯引進的圖書，絕大多數是文藝作品。俄羅斯文學在世界文壇一直有著自己獨特的地位，而由於歷史的緣故，前蘇聯時期的諸多文學作品在中國有著極廣泛的影響。進入80年代中期前後，

蘇聯作品的影響開始明顯減弱。但進入90年代中期前後，一些此類作品又開始有新的讀者群產生。前蘇聯較有影響的文學作品的作者多為俄羅斯人，少數為從蘇聯獨立的其他國家。中俄間的版權貿易就是在此背景下進行的。

自2000年左右起，中國引進的俄羅斯作品有蕭洛霍夫的《靜靜的頓河》，法捷耶夫的《青年近衛軍》、《毀滅》，綏拉菲莫維奇的《鐵流》，費定的《早年的歡樂》，西蒙諾夫的《日日夜夜》、《戰爭三部曲》，愛倫堡的《暴風雨》、《解凍》，卡維林的《船長與大尉》，瓦西里耶夫的《這裡的黎明靜悄悄》，科斯莫米揚斯卡婭的《卓婭和舒拉的故事》，邦達列夫的《選擇》、《岸》，帕斯捷爾納克的《日瓦戈醫生》，索爾仁尼琴的《古拉格群島》與庫尼亞耶夫的《葉賽寧》等。到目前為止，前蘇聯在版權保護期之內的著名作品幾乎都已為中國出版社引進。

不僅如此，中國的出版社還開始系統出版俄羅斯當代作家的作品。1999年解放軍文藝出版社出版的「新俄羅斯文學叢書」，打破了近十年沒有出版俄羅斯當代文學的局面，也使得俄羅斯當代文學重新回到中國讀者的視野之中。而灕江出版社出版的「俄語布克獎小說叢書」和中國青年出版社出版的「俄羅斯新實驗小說系列」，都代表了當今俄羅斯小說創作的較高成就。

自2002年以來，人民文學出版社每年評選並出版「二十一世紀年度最佳外國小說」，到目前已連續出版了《無望的逃離》（*Escaper*）、《黑炸藥先生》（*Mr. Hexogen*）、《伊萬的女兒，伊萬的母親》（*Ivan's Daughter, Ivan's Mother*）和《忠實您的舒里克》（*Sincerely Your's Shu-rek*）等四部俄羅斯當代作品。該社目前正在出版包括《俄羅斯當代小說集》、《當代俄羅斯短篇小說選》與《當代俄羅斯詩歌選》在內的作品。該社自1951年建社開始便致力於俄蘇文學的出版，迄今已出版的

俄蘇文學圖書多達500餘種。另外出版俄羅斯文學較多的出版社是譯林出版社與灘江出版社。譯林社出版的俄蘇作品已近40餘種。目前則每年出版一至兩部俄羅斯當代通俗小說。

文學作品外，引進較多還有時政、傳記、人文科學、語言及科普類等作品。如《午夜日記——葉利欽自傳》、戈爾巴喬夫的《「真相」與自白》、亞·尼·雅科夫列夫的《一杯苦酒》、沃羅寧的《巴甫諾夫傳》、亞科布松的《情感心理學》、葉利欽時代九名總統顧問的《葉利欽時代》（*The Yeltsin Epoch*），俄共中央主席久加諾夫（Zyuganov）的《全球化與人類的命運》（*Globalization and the Future of Mankind*）、科列斯尼科夫（Kolesnikov）的《零距離普京：克里姆林宮特派記者看總統》（*I Saw Putin, Putin Saw Me, From the First Person: Conversations with Vladimir Putin*）、斯利普琴科（Slipchenko）的《第六代戰爭》（*Sixth Generation Warfare*）及麥德維傑夫（Roy Medvedev）的《普京：克里姆林宮四年時光》（*Vladimir Putin: Four years in Kremlin*）和《讓歷史審判》（*Let History Judge: The Origins and Consequences of Stalinism*）等。

引進的科普類圖書如青少年科普百科全書「認識世界」叢書、「俄羅斯之最」叢書，語言類圖書如外研社從雄辯家出版社（Zlatoust）引進的「走進俄羅斯」等。

現在，雖然與歐、美、日、韓有差距，但中俄兩國出版人都在努力拓展合作空間。

2005年11月，中國官方創辦的俄文雜誌《中國》在莫斯科出版。

2006年底，中國出版界富有影響力的《中國圖書商報》開始設立《俄羅斯版權書訊》，專門介紹俄羅斯最新出版的書籍。

2007年9月，俄羅斯鳳凰出版社又從中國的外文出版社一次取得4種圖書的版權許可。

　　2007年9月，中國新聞出版總署署長柳斌杰在莫斯科國際書展上表示：中國將採取三項措施鞏固與提升中俄出版交流。第一是總結兩國互辦文化年互作主賓國活動的好做法，盡快把一些可以長期合作的項目制度化。第二是兩國新聞出版行政管理部門將簽署協議，採取新的措施促進兩國版權貿易、出版合作、新聞交流與圖書貿易。第三是兩國政府正在考慮舉辦俄語年與漢語年活動，以加強兩國出版界的交流與合作。

# 第十三章

# 外資進入中國出版市場概述

# 第一節　基本情況

## 一、進入歷程

　　打開2009年5月份的中國出版界最有影響的報紙——《中國圖書商報》，從8日至19日，連續四期的頭版，都刊登有劍橋大學出版社的大幅廣告。每期廣告的左上角，都是劍橋大學出版社的標誌；右上角則標注著劍橋的歷史：1584-2009，425 years of Cambridge Printing and Publishing。廣告中間是諸多照片，從出版社的標誌性建築——皮特樓（The Pitt Building），到現任CEO潘仕勳（Stephen Bourne），從出版社的主要業務與代表性出版物，到中國公司的諸多活動與員工合影。特別是載有潘仕勳照片的那期廣告，不僅在照片下面特別用中英兩種文字標出「2009年5月20日，我們將於北京慶祝劍橋大學出版社425周年華誕！」（On May 20th 2009, we will celebarte Cambridge University Press 425th Anniversary in Beijing!），還特別用中文寫著「中國是劍橋海外銷售增幅最快的市場」。每期廣告的最下面，都寫著劍橋大學出版社北京辦事處的詳細地址與聯繫方式。這一系列廣告，既向中國出版界傳達著劍橋大學出版社的悠久、輝煌與活力，又在不動聲色地向中國人招手。

　　這只是外資進入中國出版市場的一個縮影。

　　外資最早進入中國出版界是在一百多年前。1903年時，就有日本人被允許參股商務印書館——當時是中日資本各50％。商務印書館後來成為中國最大、最著名的出版公司（參見第二章第四節「教育出

版」)。1916年，英國牛津大學出版社進入上海開展出版業務。

　　1949年，新中國成立。中國大陸不再有外資。1966-1976年，中國經歷了十年的「文化大革命」動亂。從1949年到1978年，沒有外資進入中國大陸。

　　1978年前後，中國重新確立了以經濟建設為中心的發展路線，開始了改革開放的新里程。這一局面才開始逐步改變。2001年12月11日，中國正式成為WTO成員。

　　1973年，中國政府邀請德國斯普林格到中國舉辦圖書巡展。這是那個時期極為罕見的與西方出版界的交流活動。也正是有了這個基礎，1980年，中國出版社與斯普林格簽訂了購買外國版權的第一份合約。

　　1980年9月13日，美國IDG獲准與中國公司合資成立了中國計算機出版服務公司，《計算機世界》成為中國第一家合資報紙。

　　1988年中國圖書進出口總公司與英國培格曼公司合資成立了新中國第一家合資出版社——萬國學術出版社。1998年，樺榭菲力柏契與上海譯文出版社合作出版《Elle世界服裝之苑》。這是中國批准的首個中外期刊版權合作項目。1993年6月，由艾閣盟（Egmont）國際有限公司與人民郵電出版社合作出版的《米老鼠》雜誌中文版正式創刊。

　　外資較集中且成規模的進入中國大陸是在90年代後期。1997年，德國貝塔斯曼公司在上海成立了讀者俱樂部。這前後，許多外國出版公司開始在中國設立分支機構。2002年2月，美國索尼音樂有限公司在上海成立新索音樂有限公司，成為中國加入WTO後第一個獲得批准的中外合作音像分銷企業。2003年12月，貝塔斯曼入股北京二十一世紀圖書連鎖公司，新的合資公司成為中國第一家中外合資全國性圖書連鎖企業。2004年8月，美國亞馬遜公司全資收購中國著名網路書

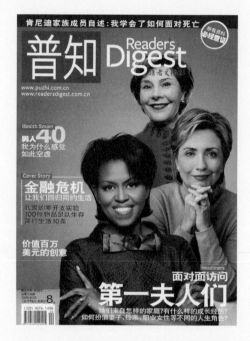

圖13.1　美國讀者文摘中國版——
《普知Reader's Digest》封面

店——卓越網。2005年10月，日本白楊社在北京設立的兒童書店蒲蒲
蘭繪本館開業。同年，美國當納利公司（RR Donnelley）又在北京成
立了北京當納利印刷有限公司，這是其在中國建立的第一家外商獨資
印刷包裝企業。2008年1月，美國讀者文摘雜誌與中國上海的普知雜
誌社合作，推出了《普知Reader's Digest》月刊。這是該公司首次進入
中國大陸。2008年9月，白楊社蒲蒲蘭繪本館上海店開張。

　　為開展在中國的業務，眾多外國公司在中國設立了辦事處、分公
司等機構。

## 二、外資在中國市場的經營方式

　　目前，外資在中國大陸出版市場的經營方式主要可以歸納為三

### 表13.2　在中國大陸設立分支機構的外國公司一覽表

| 公司名稱 | 在華機構名稱 | 城市 | 主要業務 |
|---|---|---|---|
| 斯普林格出版公司Springer Group | 代表處 | 上海 | 合作出版、版權貿易、圖書推廣等 |
| 德國貝塔斯曼集團Bertelsmann AG | 貝塔斯曼直接集團等 DirectGroup China | 上海 北京 | 圖書俱樂部、圖書音像產品零售、電子商務網站、娛樂媒體諮詢、印刷合作 |
| 德國鮑爾集團 | 辦事處 | | 期刊出版 |
| 德國古納亞爾Aktiengesellschaft | 上海古納亞爾管理諮詢有限公司 | 上海 | 期刊出版 |
| Vogel Burda Media | Beijing Vogel Consulting Co., Ltd. | 北京 上海 | 期刊出版、電子訊息等 |
| Hercules Business & Culture Development GmbH | 代表處 | 北京 | 版權代理 |
| 德國圖書中心 Buchinformationszentrum | 辦事處 | 北京 | 圖書推廣、版權貿易等 |
| 歌德學院Goethe-Institut Inter Nationes e.V Peking | Goethe-Institut Inter Nationes e.V Peking | 北京 | 出版與版權訊息服務、文化交流 |
| 海德堡印刷機械股份公司 Heidelberger Druckmaschinen AG | 分公司 | 北京 上海、深圳 | 印刷業 |
| 瑞士博斯特（BOBST）公司 | 分公司 | 上海 | 印刷設備 |
| 荷蘭威科集團（Veeco） | 辦事處 | 上海 | 法律資訊服務 |
| 荷蘭CCH公司 | 北京威科商律出版顧問有限公司 | 北京 | 資訊服務 |
| 威望迪Vivendi Universal | 辦事處 | 北京 | 娛樂影視節目、電信環保 |
| 培生教育出版集團 Pearson Education Group | Pearson Education (China) | 北京 上海 | 合作出版、版權貿易、圖書推廣等 |
| 牛津大學出版社 Oxford University Press | 牛津大學出版社（中國）有限公司 Oxford University Press (China) Ltd. | 北京 上海 | 合作出版、版權貿易、圖書推廣等 |
| 英國劍橋大學出版社 Cambridge University Press | 辦事處 | 北京 | 合作出版 |
| 英國查爾斯沃斯集團 Charlesworth Group | 北京查爾斯沃斯軟件開發公司 | 北京 | 圖書推廣、合作出版 |
| 英國DK公司Dorling Kindersley | 辦事處 | 北京 | 圖書推廣、包辦印務 |
| Elsevier | 北京公司 | 北京 | 產品銷售、合作出版 |
| 安德魯‧紐伯格協會 Andrew Nurnberg Associates | 辦事處 | 北京 | 版權代理 |
| The Charlesworth Group (UK) | Charlesworth China | 北京 | 軟體開發、版權代理、資訊服務 |
| 法國《費加羅夫人》（Madame Figaro）雜誌社 | 辦事處 | 北京 | 期刊出版 |
| 法國樺謝菲力柏契傳媒公司 Hachette Filipacchi Media | 辦事處 | 北京 | 期刊出版 |
| 丹麥EGMONT集團 | 童趣出版公司（合資） | 北京 | 書刊出版、發行 |

| 加拿大湯姆森 The Thomson Corporation | 代表處 | 北京 | 圖書推廣、版權貿易、資訊服務 |
|---|---|---|---|
| 美國IDG集團 | 中國計算機世界出版服務公司（合資） | 北京 | 期刊出版、版權代理、電子資訊等多種業務 |
| 美國麥格羅—希爾出版集團 McGraw-Hill Companies | 代表處 | 北京 | 圖書推廣、公關、期刊投資、網路電子出版 |
| 美國國家事務出版公司 Bureau of National Affairs 《舊金山紀事報》（兼） San Francisco Chronicle | 辦事處 | 北京 | |
| 約翰威利父子出版公司 John Wiley & Sons, Pte.Ltd. | 辦事處 | 北京 | 圖書推廣、公關 |
| 麥克米倫出版公司Macmillan USA | 辦事處 | 北京 | 合作出版 |
| 美國赫斯特集團Hearst Group | 辦事處 | 北京 | 期刊出版 |
| 美國新世紀成功集團 | 辦事處 | 北京 | 期刊出版、電子等 |
| 時代華納Time Warner | 辦事處 | 北京 | 娛樂、傳媒 |
| 新聞集團News Corporation | 代表處 | 北京 上海 | 娛樂、傳媒、電信等 |
| 美國里德出版公司LexisNexis | 代表處 | 北京 | 網路、紙版、光碟版的資訊服務 |
| 美國國家地理協會（NGS） | 辦事處 | 北京 | 期刊出版 |
| 哈波‧柯林斯HarperCollins | 代表處 | 北京 | 版權代理、產品宣傳 |
| 美國索尼音樂有限公司Sony Music | 上海新索音樂有限公司 | 上海 | 音像業 |
| 美國艾利（Aery）公司 | 分公司 | 上海 | 印刷設備 |
| 美國華納唱片公司Warner Music | 北京辦事處 上海辦事處 | 北京 上海 | 唱片業 |
| 美國當納利父子公司RR Donnelley | 分公司 | 深圳 上海 北京 | 印刷業 |
| 百代（EMI）國際唱片公司 | 辦事處 | 北京 | 唱片業 |
| BMG國際音樂集團 | 辦事處 | 北京 | 唱片業、音像業 |
| 環球唱片股份有限公司 Universal Record Co., Ltd. | 上海上騰娛樂有限公司（合資） | 北京 | 唱片業 |
| 曼羅蘭集團 MAN Roland | 分公司或辦事處 | 上海、北京、廣州、深圳、成都 | 印刷業 |
| 企鵝（澳洲）集團 Penguin (Australia) Group | 企鵝中國公司 Penguin's China office | 北京 | 版權代理、圖書銷售與代理 |
| 日本白楊社Poplar Publishing Co. Ltd. | 辦事處 | 北京 | 合作出版、版權貿易 |
| 琵雅PIA Corporation | 辦事處 | 北京 | 合作出版、版權貿易 |
| 小學館Shogakukan Inc. | 辦事處 | 北京 | 合作出版、版權貿易 |
| 講談社Kodansha (Japan) | 講談社北京公司 | 北京 | Co-publishing, rights licensing, export sales and marketing |
| 大日本印刷 Dai Nippon Printing Co., Ltd. | 分公司 | 北京 | 印刷業 |
| 日本的琳得科（Linte）公司 | 琳得科（天津）實業有限公司 | 天津 | 印刷設備 |

| 日本凸版公司 | 設廠 | 上海 | 印刷設備 |
|---|---|---|---|
| 新加坡泛太平洋股份有限公司<br>Pan Pacific Publications Group | 雲南圖書大廈（與雲南省新華書店合資） | 昆明 | 圖書發行、企業投資 |
| 大眾控股集團<br>Popular Holdings Limited | 辦事處<br>分公司 | 北京<br>深圳 | 出版、發行、版權貿易 |
| 世界科學出版公司（新加坡）<br>World Scientific Publishing Co. Pte. Ltd. | 辦事處 | 北京<br>上海<br>天津 | 合作出版、業務代理 |
| 印尼金光集團亞洲漿紙業有限公司<br>Asia Pulp & Paper Co., Ltd.（簡稱APP） | 設廠 | 上海等 | 紙業 |
| 韓國YBM Sisa | 北京外思教育文化有限公司 | 北京 | 合作出版、版權貿易 |
| 大韓教科書出版社<br>Mirae N Culture Co., Ltd. | | 北京 | 版權貿易、合作出版 |
| 韓國多家版權代理公司 | 辦事處 | 北京<br>上海 | 版權代理 |

種，一是項目合作，二是合資，三是獨資。

項目合作，多是就某一種或一套書籍的合作，可能是短期的，也可能是長期的。比較著名的如外研社與英國朗文公司合作出版《新概念英語》。《新概念英語》原是英國人為德國人編寫的英語學習書，後被引進到中國。1995年，外研社與英國朗文亞洲公司商定，對《新概念英語》進行重新修訂，由雙方在中國合作出版。新書由原英國作者路易‧亞歷山大與中國作者何其莘共同編寫，兩家出版社分別派出自己的編輯參加，歷時兩年完成。新版學生用書共4冊，由兩個出版社共同署名。2008年6月，外研社與培生出版集團再次聯袂，合作出版了《新概念英語青少版》，分三個級別，共6本學生用書。目前，新概念課本及系列產品總計發行超過2000萬冊，成為中國最著名的英語學習書籍。由該書還引申出了培訓、教輔、VCD等其他多媒體系列產品。

Thomson Learning 與人民教育出版社合作編輯出版的《英語（新目標）》也非常引人矚目。該書以Thomson Learning的*Go For It!*為藍

本，根據中國教育部頒發的「課程標準」編寫而成。2002年通過中國全國中小學教材審定委員會審查。從2003年9月開始在中國24個省的課改實驗區使用。全套書共5冊，分別為初一年級上、初一年級下、初二年級上、初二年級下及初三九年級，還包括學生用書、教師用書、練習冊、評價手冊、學生用書錄音帶、評價手冊錄音帶和教學掛圖。截至2008年底，僅學生用書就已銷售近2億冊。

長期合作主要是在期刊出版方面。典型的如日本主婦之友社、法國樺榭菲力柏契出版公司、美國赫斯特集團、德國鮑爾集團、美國康泰納仕（Condenast Introduction）等國際著名雜誌在中國的合作。

瑞麗雜誌是其中的代表。1995年，日本主婦之友社與中國輕工業出版社通過版權合作，在中國出版《瑞麗服飾美容》季刊。雜誌最初定價13.80元，是當時中國品質精良、定價也極高的女性雜誌。雜誌受到白領女性喜愛，市場反應熱烈。雙方隨後相繼推出系列刊物《瑞麗伊人風尚》、《瑞麗時尚先鋒》、《瑞麗家居設計》等，均受到歡迎。這些雜誌目前已全部改月刊出版。為配合雜誌的發行，輕工業出版社還出版了著名的女性叢書——瑞麗BOOK，設立了在中國有極大影響的女性網站——瑞麗女性網（www.rayli.com.cn）。《瑞麗》舉辦的「封面女孩全國選拔大賽」等多種活動也頗轟動。目前定價20元的《瑞麗服飾美容》每期發行已達92萬冊。

合資經營的出版業務，主要是通過雙方在中國設立的合資公司開展的。如美國IDG、德國貝塔斯曼、新加坡泛太平洋等公司在中國的經營。

獨資經營，即外國在中國設立的獨資公司，這類業務主要在印刷領域。如美國當納利公司、日本凸版印刷（Toppan Printing Co., Ltd.）在中國設立的一些企業就屬此類。

## 第二節　外資在期刊領域的經營

目前進入中國出版業的外資，以期刊領域最引人矚目。到2008年底，在中國以版權等形式合作合資經營的期刊已近60種。中外合作合資的期刊主要在科技、時尚及商業三大領域，其中科技類32家、時尚生活類26家。進入中國的外資企業，在國外都擁有自己的知名期刊，它們以此與中國公司合作，或在中國出版其知名期刊的中文版，或授權中國的同類期刊使用其內容。

在中國合作出版的商業類期刊有美國麥格羅—希爾與中國商務出版社的《商業周刊》中文版、哈佛大學與中國社會科學院文獻出版社的《哈佛商業評論》等。在中國合作出版的時尚類期刊有法國費加羅報刊集團與中國青年出版社的《虹》、日本和義大利Newton雜誌共同與科學出版社的《科學世界》、樺榭菲力柏契與上海譯文出版社的《Elle世界時裝之苑》、美國赫斯特與時尚雜誌的《時尚Cosmopolitan》等。美國赫斯特集團進入中國已經十年，目前在中國合作出版有《大都市》（*Cosmopolitan*）、《君子》（*Esquire*）、《時尚芭莎》（*Harper's Bazaar*）、《好管家》（*Good Housekeeping*）、《十七歲》（*Seventeen*）等。而康泰納仕集團進入中國僅三年左右，目前在中國合作出版有《Vogue服飾與美容》與《悅己SELF》。

許多外國公司都是通過合作、合資等多種方式經營。有多家公司在中國同時經營多種期刊出版業務。如美國Ziff Davis集團在中國就經營有《個人電腦》、《每周電腦報》、《電子與電腦》、《計算機產品與流通》等多個科技報刊，曾一度成為IDG在中國最主要的競爭對手。

而進入中國較早、經營多種期刊而並取得較引人矚目成績的要數IDG、Vogel Burda Media與樺榭菲力柏契等。

## 一、IDG在中國

1980年9月，IDG與中國信息產業部電子情報所合資成立了中國計算機出版服務公司CCW，由該公司創辦的《計算機世界》周報成為中國第一家合資報紙。當時的合約約定：中美雙方共同出資25萬美元，美方占49%，中方占51%；董事會成員中方3位，美方2位，中方出任董事長，麥戈文出任副董事長；合約為期十年。該公司是中國當時的第18家合資企業。

在20世紀80年代，《計算機世界》可謂一花獨放。CCW第一年就獲得約15萬美元的收入，第三年就收回了全部投資。20世紀進入90年代，電腦在中國開始普及，CCW也已成為IT行業的訊息快艇，走向全面發展之路。此後，它又先後創辦了《計算機世界月刊》等多個媒體，同時開始舉辦「中國計算機世界博覽會」等大型活動。1996年，《計算機世界》網站開通，成為中國媒體最早設立的網站之一。1998年，在上海、深圳設分公司。2000年舉辦首屆「中國IT財富年會」。

2002年，計算機世界傳媒集團成立，並成為中國最重要的電子媒體集團，它擁有3報4刊共7種媒體，員工近700人。2001年以後，年經營規模一直在4億元以上。其旗艦媒體《計算機世界》報，經美國BPA審計，每期發行量已達25萬份。每期傳閱覆蓋180萬有效讀者，成為中國少數幾個最有影響力的IT專業媒體。CCW傳媒集團總共有近100萬的訂戶和每期300萬的傳閱讀者，影響到中國IT市場的各個層次。2006年CCW傳媒集團銷售收入達到5.2億元，其經營規模進入全國報業前十強，在IT領域和科技類報刊中排名第一。

2000年，中國新聞出版總署報刊司曾在北京專門組織召開了「計算機世界現象研討會」，向中國媒體界介紹推廣CCW的發展經驗。2002年，中信出版社出版了記述CCW發展歷程的《新媒體征戰──中

圖13.3　IDG與電子情報研究所簽約

（照片提供：IDG中國公司）

美合資計算機世界媒體公司傳奇》（*New Media in War*）一書。

　　除CCW外，IDG還投資了其他諸多媒體。目前IDG在中國合資與合作出版的報紙與雜誌達30餘種，涉及IT、通訊、時尚生活、生物與汽車維修等領域。每年舉辦20場以上的計算機、電子、通訊的展覽會，並為國外資訊產業界主要生產商舉辦近60場專題研討與展示會。IDG還設立了市場研究與預測公司（IDC），在北京、上海、深圳等地設有服務中心，每年向客戶提供近200份專題研究報告及諮詢服務。

　　除科技期刊外，IDG與美國著名雜誌公司赫斯特建立合資戰略聯盟，並將《大都會》的版權轉讓給中國的《時尚》雜誌。之後，IDG又與美國Primedia、Conde Nast、National Geographic Society、Rodale、Reed Business Information等建立了聯盟關係。

　　IDG設立的技術創業投資基金（IDGVC Partners）是最早進入中國市場的美國風險投資公司之一，在北京、上海、廣州等地均設有辦事

圖13.4　計算機世界傳媒集團歷年銷售收入示意圖

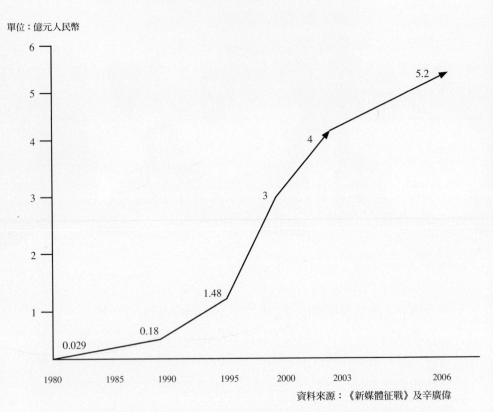

單位：億元人民幣

資料來源：《新媒體征戰》及辛廣偉

處。IDGVC目前管理約25億美元的風險基金。它在中國的投資主要集中於互聯網、通訊、數字媒體等領域，目前已投資100多個創業公司，其中不乏中國多家著名公司，如攜程、百度、搜狐、騰訊、金蝶、如家、好耶、網龍、搜房等公司，已有30多家所投公司公開上市或併購。2008年的第三天，IDGVC宣布獲得中國商務部批准，在中國成立人民幣基金，規模為10億人民幣。

　　IDG中國業務的總負責人與重要開拓者是熊曉鴿，他1986年懷揣38美金赴美國波士頓大學新聞傳播學院就讀，8個月後拿到了碩士學

位。1991年，進入IDG至今。目前，他同時也是IDG全球高級常務副總裁兼亞洲區總裁、IDGVC創始合夥人。如今他已成為中國傳媒界與創業投資界的著名人物（參見第一章圖1.4）。

## 二、弗戈在中國

　　德國弗戈博達媒體集團（Vogel Burda Media）在中國的經營也很出色，只是他們不像IDG那樣高調。弗戈博達媒體集團由德國兩家著名出版集團Vogel Media與Burda Media合資成立，自1995年進入中國大陸。最初是與機械部科技信息研究院（機械工業出版社）合作，從事科技雜誌的合作出版。1996年，在北京設立辦事處，並與中國機械工業信息研究院合作，引進出版了中文刊物《現代製造》和《汽車製造業》雜誌，從此開啟了合作里程。1998年和中國機械工業信息研究院合作設立北京弗戈諮詢有限公司，同年還在上海設立了辦事處。

　　北京弗戈諮詢公司的業務主要在機械機電領域，他們經營的範圍很廣，涉及出版、發行、會展、資訊等多個方面。出版方面，負責合作出版各種工業雜誌與專業書籍，提供產品樣品、說明書的翻譯、編輯、排版和印刷服務；銷售方面，主要是利用其專業資料庫開展直郵服務；會展方面，主要是舉辦各類機械展，配合重要工業展覽會進行宣傳。它還承擔中國與外國廠商的行業項目諮詢服務等。北京弗戈諮詢有限公司在中國還擁有自己的網站（www.vogel.com.cn）。

　　弗戈博達媒體集團在出版領域主要是通過自己的各類雜誌與中國公司進行版權合作。目前與中方合資合作出版的有《CHIP新電腦》、《MM機電信息》、《汽車製造業》、《化工流程》、《器具工業》、《啤酒和飲料工業》等。這些合作雜誌許多都已成為業界著名刊物，像與信息產業部電子第52研究所合作出版的《CHIP新電腦》，目前每月發行

量已達10萬左右，該刊還擁有「CHIP Online」網站（www.chip.cn）、「CHIP讀者俱樂部」、「CHIP CD」等資源與產品。弗戈博達媒體集團的《汽車製造業》則是中國較知名的一本推廣汽車製造技術、設備和產品的專業媒體，發行量每期2萬份。

除了辦刊外，弗戈博達媒體集團參與策劃出版的一些電子圖書，也有不凡業績。如協助電子工業出版社出版的「輕鬆學電腦」（Easy Computing）系列叢書，採用目前在歐洲十分流行的活頁裝訂方式，兩周出版一次，目前單輯發行量約20萬冊。

目前，弗戈博達媒體集團在中國的業務還包括中國行業市場的資訊服務。它與中國機械信息研究院、國際知名調研公司ARC合作，組織中國相關行業專家撰寫並出版了諸多行業市場研究報告，如《中國工程機械市場研究報告》、《中國載重汽車行業分析報告》、《中國高壓開關市場報告》、《中國變壓器市場研究報告》、《中國環保機械市場研究報告》等。同時，弗戈博達媒體集團還接受客戶委託，根據需要提供訂製服務。

弗戈博達媒體集團還主辦有許多國際展覽，如「先進製造技術與汽車製造業高層論壇──汽車製造企業信息化」等。它還代理德國漢諾威展覽公司（CeBIT Hannover）在中國舉辦的CeBIT Asia亞洲信息技術展覽會和CeBIT CE亞洲消費電子展兩大展會的業務，承辦CeBIT Asia《展覽日報》的編輯、採訪和出版工作，並直接參與品牌推廣、論壇策劃等工作。

## 三、樺榭菲力柏契在中國

2008年11月，法國樺榭集團在北京著名的麗晶飯店舉行了一個大型答謝酒會，樺榭集團母公司──拉加代爾活力媒體集團（Lagardère

Active Group）執行總裁迪迪爾‧奎羅特、中國新聞出版總署副署長李東東、中國期刊協會會長石峰、法駐華使館政務參贊郁白、文化參贊齊安傑、樺樹集團在中國的各合作夥伴的負責人及中國傳媒界眾多高層等近百人到場，共同舉杯。原來，法國樺樹集團旗下的《ELLE》雜誌進入中國（大陸）開展版權合作已經20周年。

　　也許是經營時尚期刊比科技類期刊更容易被人注意，樺樹菲力柏契進入中國大陸雖然比IDG晚，在中國期刊界的名氣卻最大，儼然成了外國名刊的別稱，就如人們提起跨國大出版公司就聯想到貝塔斯曼一樣。

　　到2009年，樺樹菲力柏契進入中國已有二十二年的歷史。而它在臺灣、香港的經營，也都取得了出色的成績。樺樹菲力柏契最早進入的是香港。1987年，它在香港創辦了最早的中文版《ELLE》，之後又創辦了《人車志》、《芙蓉雅集》。在臺灣，樺樹菲力柏契的全資子公司樺樹文化先後合作出版有《ELLE她》、《俏麗情報》（*Orient Beauty*）等，此外還與臺灣公司合作出版有《人車誌》、《美麗佳人》等，為知名企業BMW、LANCOME、 SK II、東信電訊（Roaming）及富達證券（Fidelity VIP Magazine）等編製企業刊物。

　　樺樹菲力柏契進入中國大陸是在20世紀90年代中期1998年，第一個項目是與上海譯文出版社（現在隸屬於上海世紀出版集團）合作出版《Elle世界服裝之苑》。這也是中國批准的首個中外期刊版權合作項目。目前在大陸的合作業務有與上海譯文出版社合作出版的《Elle世界時裝之苑》、《名車志》，與中國體育報業總社合作出版的《健康之友》、《搏》、《嘉人marie claire》等，共有9種。此外，據報導，樺樹在中國大陸還為其他約8種雜誌做總代理，負責這些雜誌的廣告業務、市場營銷及零售發行。

　　樺樹菲力柏契在中國的雜誌多有不俗的銷售成績，如在上海的

圖13.5　樺榭菲力柏契在中國大陸、臺灣、香港投資出版事業示意圖

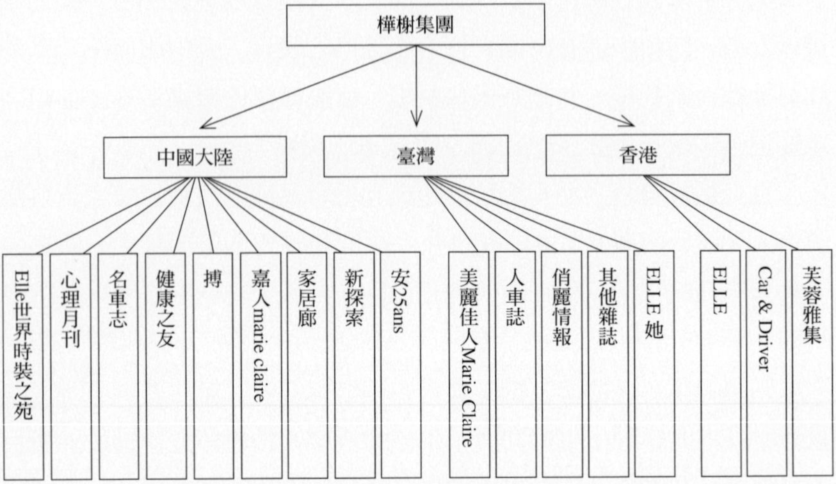

```
                        樺榭集團

        中國大陸            臺灣            香港

Elle世界時裝之苑
心理月刊
名車志
健康之友
搏
嘉人marie claire
家居廊
新探索
安25ans
美麗佳人Marie Claire
人車誌
俏麗情報
其他雜誌
ELLE她
ELLE
Car & Driver
芙蓉雅集
```

《Elle世界時裝之苑》與《名車志》每期發行量分別為76萬與15萬冊。

目前，樺榭菲力柏契集團在亞太地區的員工已超過700人，在9個國家出版40餘種雜誌，內容報導男女時尚、美容養生、生活家居、汽車、電影、運動等各個方面。 在中國大陸的員工約400人。樺榭菲力柏契在中國之所以成功，除了獨特的經營理念、知名品牌、出色的市場營銷外，還有一個主要的原因，就是雜誌的本土化。樺榭菲力柏契在中國的各雜誌都非常注重內容的本土化，以此來贏得讀者。以《Elle世界時裝之苑》為例，目前本土內容占到了60%～70%，國際化內容僅為30%～40%。

樺榭菲力柏契不僅經營出色，還和中國出版界進行多方面的合作。其中特別引人矚目的是與中國大陸同業開展的雜誌出版培訓活動。樺榭菲力柏契非常熱心於幫助中國同業提高經營水平，它曾與新聞出版總署合作，於2002年至2006年為中國期刊界舉辦了5期培訓班。2008年，拉加代爾活力媒體集團又與新聞出版總署簽署備忘錄，

在2008年至2012年開展新一輪期刊人才培訓。

2008年中國四川發生大地震後，拉加代爾活力媒體集團向中國捐贈的100萬元人民幣，用於在四川災區建設一所「樺榭希望學校」。

2006年11月15日，由拉加代爾活力媒體集團和中國新聞社合作，在法國創辦了《中國》（*China Plus*）雜誌。該雜誌通過短訊、產業分析、經濟指標、獨家報導和訪談，對中國經濟現象和前景進行總結，同時也刊登有關藝術和旅遊的文章。雜誌售價5歐元，每期發行量達5萬份。

二十年過去了，樺榭菲力柏契及其母公司拉加代爾活力媒體集團都對中國市場更加重視。2005年拉加代爾活力媒體集團特別把集團全球CEO年會選在了北京舉行。集團在全球30多個國家的高層首腦在京雲集，商討集團發展策略，這也彰顯著集團總部對中國市場的興趣。

2008年底，拉加代爾活力媒體集團執行總裁迪迪爾‧奎羅特先生在北京表示，拉加代爾活力媒體集團十分看好集團在中國市場的發展，中國經濟在金融危機中表現出較強的抗衝擊性。經濟發展促進了中國人多元化的精神文化需求，同時，中國精英階層的迅速崛起，也為時尚期刊的發展帶來無限動力。拉加代爾活力媒體集團會更加關注開拓中國市場，將集團國際資源與中國期刊本土化運作緊密結合，以全球品牌之名創地道的中國雜誌。

## 第三節　外資在圖書與電子書出版領域的經營

### 一、綜述

目前，外資進入中國大陸從事圖書出版活動的主要還是以版權貿易、出版策劃為多。正式設立合資出版社開展圖書出版業務的只有商

務印書館國際有限公司（簡稱商務國際）與童趣出版有限公司兩家。不過，以其他方式進入圖書出版的還有許多，如斯普林格與清華大學出版社、麥格羅─希爾和中國財政經濟出版社的合作等。前者通過共同設立的斯普林格編輯室進行出版活動，後者通過設立的合資公司財經易文開展出版業務，已推出中國第一套EMBA教材等。

商務國際由中國大陸、臺灣、香港及新加坡、馬來西亞五地的同名出版公司共同出資組建，至今已經營十五年。商務國際以出版語文工具書、人文書籍為路線，出版的《漢英雙解新華字典》、《當代美國英語》、《全唐詩光盤》等都有一定影響。目前擁有員工近40餘人，2007年出版新書273種，銷售金額5200餘萬元。

與商務國際比較，另一家合資出版公司就要活躍的多了，這就是童趣。

在電子書出版方面，外資與中國大陸業者也有一些合作。麥格羅─希爾與中國財政經濟出版社合資成立了北京財經易文電子科技有限公司，公司結合中國財政經濟出版社的出版、發行優勢及麥格羅─希爾的版權資源，開發財經類電子讀物。美國BTB Wireless公司與中國教育電子公司合作，研發移動學習瀏覽器服務。但近年，外資這方面的合作較2002年前後已有明顯減少。

## 二、童趣在中國

童趣出版有限公司是中國大陸第一家中外合資少兒讀物出版公司，經中國新聞出版總署批准設立於1992年10月。合作方是美國聯合發展有限公司（UDI）、艾閣盟國際有限公司與中國大陸的人民郵電出版社，業務內容是合作出版《米老鼠》簡體中文版月刊。UDI公司與艾閣盟公司係受美國迪士尼公司委託，1993年6月1日簡體中文版

圖13.6　童趣公司在北京的辦公樓

（照片提供：童趣公司）

《米老鼠》正式創刊。

　　童趣出版有限公司的註冊資金為50萬美元，中方控股。目前共有員工100餘人，總部設於北京，在上海、廣州設有辦事處，在全國25個城市設有商務代表。

　　目前，童趣的業務內容已發展為兩大板塊：雜誌出版和圖書出版。

　　在雜誌出版方面，目前童趣旗下共有雜誌11種，分別是《米老鼠》、《米老鼠特刊》、《小公主》（*Princess*）、《小公主特刊》、《魔

表13.7　2008年童趣公司圖書發行量前十名一覽表

| 排名 | 書名 | 發行量（萬冊） |
|---|---|---|
| 1 | 喜羊羊與灰太狼系列 | 250 |
| 2 | 馬小跳電視連環畫系列（1-15） | 80 |
| 3 | 金牌熊貓系列（1-8） | 50 |
| 4 | 大耳朵圖圖系列 | 32 |
| 5 | 海綿寶寶系列 | 30 |
| 6 | 巴啦啦小魔仙系列 | 30 |
| 7 | 米奇妙妙屋系列 | 23 |
| 8 | 女孩子必讀的100個公主故事 | 13 |
| 9 | 新版天線寶寶系列 | 12 |
| 10 | 百變公主換裝系列 | 12 |

資料來源：童趣公司

力》（*W.I.T.C.H*）、《終極米迷》（*Mickey Mouse Pocket Book*）、《小熊維尼》（*Winnie the Pooh*）、《米奇妙妙屋》（*Mickey Mouse Club House*）、《芭比》（*Barbie*）、《天線寶寶》（*Teletubbies*）和《卡酷全卡通》（*KAKU*）等。其中的《米老鼠》雜誌半月刊，經過15年的發展，每期發行量約45萬份（每月兩期近100萬份），每月讀者達300萬人，已成為中國著名的少兒卡通雜誌。

在圖書出版方面，童趣已成為中國著名少兒圖書出版者。2008年童趣出版新書已達350種，在中國少兒圖書零售市場占有率排名第四位。童趣的代表圖書有《獅子王》（*Lion King*）、《寶蓮燈》（*Lotus Lantern*）、《海綿寶寶》（*Sponge Bob*）、「迪士尼經典故事叢書」、《哪吒傳奇》（*Legend of Nezha*）和《喜羊羊與灰太狼》（*Pleasant Goat and Big Big Wolf*）等系列，多數為暢銷圖書，深受中國孩子及家長、老師們的喜愛。

童趣出版的圖書過去多以引進美國版權為主。但近些年，該公司也積極出版中國原創圖書，並取得不俗的成績。像《喜羊羊與灰太

狼》、「馬小跳電視連環畫」系列等，市場銷售都非常出色。

童趣在中國非常活躍，它贊助、參與的各類公益、宣傳活動，都產生了較好的效果。如與中國共青團中央少年工作委員會、中國少年報社等共同舉辦的「創新盃」夏令營活動，開展「全國社區特色小隊活動」，贊助一些城市的優秀少年評選活動等。

## 第四節　外資在發行與印刷領域的經營

### 一、發行領域

隨著中國大陸出版物發行領域的逐步開放，進入該領域的外國公司數量在不斷增多。特別是由於《外商投資圖書、報紙、期刊分銷企業管理辦法》的實施，更從法律上為外資進入中國經營發行業務奠定了基礎。該法律規定，自2004年12月1日起，外商可以在中國大陸投資設立圖書、報紙、期刊的批發與零售企業。

目前外國公司在發行領域開展的業務主要有兩個方面，一種是通過設立書店、讀者俱樂部與網路等銷售圖書，另一種是直銷。前者主要銷售的是中國大陸的中文出版物，後者則主要是英文原版書。

外國公司目前在中國大陸開展的外版書直銷業務，主要是通過其在中國設立的辦事處及中國的圖書進出口公司來進行。由於中國掌握外語人數的快速上升、政府教育部門的提倡等，使得對外版圖書特別是教材的需求開始增多，為外版書的直銷提供了市場。目前在中國大陸從事此項業務的主要是教育圖書出版公司，包括了Pearson PLC、McGraw-Hill、Thomson Learning、John Wiley、Random House等。這些公司在北京的辦事處，人數都在十幾人以上，它們的一個重要工作，就是向中國的高等學校推介自己的原版書。它們的圖書多數是通

過中國圖書進出口總公司進入中國的。

　　當然，原版書直銷只是它們進入中國的方式之一，這些公司多數也同時是中國出版社版權貿易方面的主要客戶。一些公司的策略更加遠大，如培生，除版權貿易、直銷外，更在努力開展以教育帶動出版活動。他們與中國中央電視臺合資設立了培生CCTV傳媒公司，製作英語教學節目向中國播放，並推出與節目配套的出版物。此外，英語培訓班也已開課。這些必將對其在中國的出版業務產生深遠的影響。

　　從20世紀90年代中期起，就已有外資進入發行領域。1995年，新加坡泛太平洋股份有限公司與雲南省新華書店合資設立了雲南新華大廈有限公司，共同建設雲南新華大廈。該大廈於1999年開業，從2001年起已開始贏利，近幾年利潤連續上升，發展勢頭良好。

　　2002年2月，美國索尼音樂娛樂（國際）公司與上海新匯光盤集團、上海精文投資有限公司合資在上海成立新索音樂有限公司，成為中國加入WTO後第一個獲得批准的中外合作音像分銷企業。2003年12月，貝塔斯曼入股北京二十一世紀圖書連鎖公司，成為中國第一家中外合資全國性圖書連鎖企業。

　　2004年8月，美國亞馬遜公司以7500萬美元全資收購中國兩大網路書店之一的卓越網路書店，並將該公司更名為卓越亞馬遜，成為在中國發行領域投資額排名第二的外國公司。據ChinaByte報導，2006年，卓越亞馬遜營業收入為2億元（參見第五章第二節）。

　　不過，談到外國公司進入中國書刊發行領域，多數人首先想到的一定是貝塔斯曼。

## 二、貝塔斯曼在中國

　　2008年7月，繼一個月前宣布終止部分業務後，貝塔斯曼又宣布

終止中國書友會即上海貝塔斯曼文化實業有限公司全部業務。貝塔斯曼在中國大陸圖書發行領域經營了十五年的業務就此全部停止。

就在這一消息令許多中國讀者惋惜之時，貝塔斯曼又宣布，其在美國經營書友會的直接集團也被出售；並隨後宣布，計畫出售直接集團在澳大利亞、捷克、荷蘭、比利時、紐西蘭、波蘭、俄羅斯、斯洛維尼亞、烏克蘭和英國的業務。這時人們才發現，貝塔斯曼已在調整其全球戰略，出售多數國家的書友會業務，正是其變化的一部分——這家傳媒巨頭的業務正在轉型。

雖然貝塔斯曼已退出在中國的書刊經營業務，但其在中國十五年的作為卻值得我們記錄與分析。

進入中國發行領域的外國公司，投資最多、影響最大的是貝塔斯曼。1995年，貝塔斯曼在上海與中國科技圖書公司合股設立了上海貝塔斯曼文化實業有限公司，1997年，該合資公司投資1500萬美元建立了貝塔斯曼書友會。開始了貝塔斯曼在中國的發行業務。2001年，貝塔斯曼中國讀者俱樂部的會員已達150多萬，成為中國最大讀者俱樂部。媒體披露該公司的年營業額超過1億元。

貝塔斯曼在中國的業務由貝塔斯曼直接集團統一管理。它下屬的貝塔斯曼書友會和BOL以離線和在線並進的方式拓展中國的圖書音像產品零售市場。貝塔斯曼經營的BOL網路書店（www.bol.com.cn）一時成為中國最知名的從事媒體產品分銷的電子商務網站之一。為推動本土化原則，貝塔斯曼直接集團還投資中國著名的原創網路文學網站榕樹下（Rongshuxia）等，與其建立了戰略合作夥伴關係。

2003年，貝塔斯曼收購北京二十一世紀圖書連鎖公司40%的股份，成為該公司的第二大股東。收購後名為貝塔斯曼二十一世紀圖書的公司由此成為中國第一家中外合資全國性圖書連鎖企業，這也是中國書業的第一起外資併購案。2005年，貝塔斯曼拿到第一張在中國經

圖13.8　貝塔斯曼在上海的辦公大樓

（照片提供：貝塔斯曼中國公司）

營圖書批發業務的外資牌照。很快，貝塔斯曼二十一世紀圖書在中國
18個城市開設了近40家零售門市。

　　此時的貝塔斯曼，在上海擁有非常寬闊的工作區，至少兩棟辦公
大樓、一個5000平方米的倉庫、一個有150名員工的書友會讀者呼叫
中心（為全國100多萬讀者提供服務，年平均處理來電超過400萬通，
外撥電話超過200萬通，簡訊發送、回覆電子郵件、信件總量也有近

150萬）。此時的貝塔斯曼，在以上海為軸心的中國華東地區構建了
國際水準的物流系統。貝塔斯曼書友會在多個城市開辦了上門服務、
貨到付款業務，在近百個城市開辦了快遞業務。它甚至還取得了郵局
特許，其寄給書友的圖書可以直接在貝塔斯曼倉庫裡蓋章寄出。貝塔
斯曼還與招商銀行聯手，發行了「招銀貝塔斯曼一卡通」聯名卡，該
卡除具備銀行卡的各種功能外，還可以在貝塔斯曼網站、會員中心購
物。這些在中國都是前所未有的。2003年、2004年貝塔斯曼中國書友
會的營業額達到了在中國的最好狀態，媒體發布的消息稱其年收入為
1.5～2.5億元人民幣。

　　貝塔斯曼先後在上海、北京、香港等地設立有貝塔斯曼諮詢（上
海）有限公司、貝塔斯曼亞洲出版公司、古納雅爾中輕（北京）出版
顧問有限公司和美國BMG中國公司北京辦事處等機構，向中國市場
提供圖書、雜誌和音樂娛樂等方面的媒體諮詢業務。為方便在中國的
發展，貝塔斯曼集團還在中國專門設立了貝塔斯曼中國控股有限公司
上海代表處，對內負責與總部的直接聯絡，對外負責組織策劃各種公
眾活動、與政府和媒體的公關及中德文化交流活動。

　　至2004年，貝塔斯曼在中國的目錄郵寄、呼叫中心、網上書店三
大塊業務三位一體的運作模式已基本編就。

　　但到了2006年年中，貝塔斯曼以門市調整為由，接連關閉了北
京、杭州等地10多家連鎖書店，轉而與法國投資的大型超市家樂福合
作開設「店中店」。

　　2008年6月13日，貝塔斯曼宣布，7月31日前關閉旗下在中國18
個城市的36家零售門市。7月3日，貝塔斯曼再發公告：全面退出在
華圖書銷售業務。

　　貝塔斯曼剛到中國時，當時既沒有網路書店，中國也沒有像樣的
讀者俱樂部。加上貝塔斯曼的一些新穎的宣傳手段，所以，在很短時

圖13.9    貝塔斯曼在中國投資出版業務示意圖

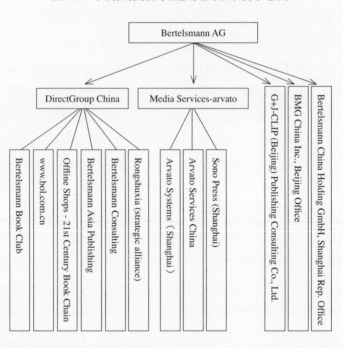

間裡，就贏得了數以百萬的會員。應該說，到2004年之前，貝塔斯曼雖然依然沒有贏利，但開局還是基本成功的。但之後，局面開始發生變化，直至失敗。

貝塔斯曼為何一直在中國沒有贏利？這倒是出版人應該認真思考的問題。

貝塔斯曼集團首席財務官、董事局成員Thomas Rabe在接受中國《21世紀經濟報導》等媒體採訪時，談到兩大方面原因。第一方面有兩點，首先是較之其他市場，中國的書價很低，而大量使用進口紙，可謂高昂國際成本，低廉中國售價。其次，貝塔斯曼在中國的書籍銷售主要依賴郵局，定價權掌握在別人手裡，並且「流通無序」。第二方面也是兩點：首先是對互聯網衝擊的反應不夠快，對多年虧損的中

國書友會的處理不夠快。他說,在中國「互聯網衝擊」的挑戰來自兩個著名的購書網站(當當與卓越)。當書友「拿著貝塔斯曼的宣傳冊,在當當、卓越上購買低折扣書」時,貝塔斯曼卻沒有想過要效仿競爭對手的做法。在最初面對中國書友會的多年虧損,嘗試過多種挽救方式未見效時,卻沒有斷然停止。

Thomas Rabe提到的第一方面原因,人們可能不太認同。但對第二方面卻多有認同。

中國專業人士則普遍認為,貝塔斯曼失敗的核心因素是它只簡單拷貝了德國書友會的做法,在中國始終水土不服。具體分析有五點:第一,中國的書友會成員以學生居多,流動性太大,導致會員不穩定。而強制購書制度,導致大量會員流失。因為貝塔斯曼之後成立的本土讀者俱樂部都採取免費會員制。第二,貝塔斯曼內部管理成本太高,且高層變換頻繁,對高投入低回報行為檢討不及時。如貝塔斯曼每年圖書銷售額幾千萬,卻需要700多名員工;如為招募會員而長期投入鉅額廣告,結果得不償失。第三,不瞭解中國讀者的口味,且推薦圖書範圍狹窄,過於集中在勵志書和青春言情小說等暢銷書。第四,無價格優勢,忽視中國讀者的購書心理。本來貝塔斯曼已取得低至4折的圖書進價,卻由於營運成本過高,使其銷售的圖書無價格優勢可言,甚至反而不如兩大競爭對手當當與卓越。在服務與價格之間,中國消費者多數會選擇後者。於是就出現了前面提到的書友拿著貝塔斯曼印製的精美的書目選書,卻到當當或卓越上購買的現象。第五,忽視網路書店的功能。本來,在2002年前後,貝塔斯曼的網絡書店是領先的,但貝塔斯曼只是把它作為配合目錄營銷的輔助設施,始終沒有全力去經營。即使發現當當、卓越等網上書店的銷售已對自己構成極大衝擊時,依然無動於衷。

在結束中國書友會的同時,貝塔斯曼又強調,書友會只是貝塔斯

曼在中國整體業務中的一小部分，貝塔斯曼並沒有撤出中國。結束書友會只是策略的調整，之後，將把投資重點轉向可以長期持續發展及高增長的業務，並將把原有對書友會的投資注入貝塔斯曼在中國的其他業務和投資計畫中去。貝塔斯曼非常重視中國市場，仍將其視為未來帶動貝塔斯曼全球業務戰略增長的三大重要市場之一。目前，貝塔斯曼僅在三個地方設有集團總部，中國就是其中之一。

雖然如此，但中國的眾多讀者與出版人依然對書友會的結束心存惋惜。

## 三、印刷領域

外資進入中國印刷領域數量最多。2007年的官方統計顯示，目前中國大陸有外商投資的印刷企業約2300家。投資中國大陸印刷業中的外國公司，主要有來自美國的當納利和艾利‧丹尼森（Avery Dennison），來自日本的凸版印刷和日邦（Nippo），來自新加坡的時代印刷和SNP（新加坡國家印刷出版集團）及來自菲律賓、泰國、馬來西亞、印尼與韓國的公司。

1994年美國RR當納利父子公司與深圳石化綜合商社合作成立了深圳當納利旭日印刷有限公司，是「中國黃頁」的最大印刷基地。2002年其和上海新聞出版發展公司共同投資3000萬美元設立上海當納利印刷有限公司，公司占地面積達6.67萬平方米。2005年，當納利又在北京成立了北京當納利印刷有限公司，這是其在中國建立的第一家外商獨資印刷包裝企業，建築面積超過1萬平方米。同年，它還併購了廣東東莞的一家大型印刷公司。

全球著名捲筒印刷機製造商——曼羅蘭集團在中國設立有曼羅蘭（中國）有限公司、7個辦事處及上海曼羅蘭印藝中心等多家公司。

2004年1月在中國西部都市成都設立的第七個辦事處，成為該集團進入中國西部的橋梁。該公司認為，中國西部在印刷品上的花費僅為中國全國平均額的一半，印刷業規模只占中國全國的10～15%，所以有很大的發展空間。特別是中國正在開發西部，西部的經濟也在快速發展。

外資在中國大陸印刷業的投資主要投向廣東、上海、江蘇與北京。廣東是中國最大的印刷業基地，也是外資投入最多的地區，2007年，廣東有各類外商投資印刷企業1100家。僅廣東所屬的深圳市，印刷業產值就占了中國大陸印刷業總產值的20%。許多外國公司的印刷企業都有不錯的成績，像新加坡國家印刷集團（SNP集團）所擁有的全資子公司利豐雅高印刷集團，2007年的營業額就達22.25億元。該公司2008年被日本凸版印刷集團以10.5億元收購。而在「2008年中國印刷企業100強」中，外商投資企業占了55個，RR當納利中國更以銷售收入26.27億元榮登榜首。

第十四章

中國市場的進入與生存法則

## 第一節　中國出版業已開放的領域

中國大陸、香港與澳門的出版市場對外資開放的程度各不相同。

中國大陸習慣上把出版業分做上、中、下游三個方面。上游指編輯製作（狹義上也叫「出版」）、中游指印刷、下游指發行（批發與零售）。大陸對出版業採取的是逐步開放的政策。

依據中國的法律，中國大陸出版業對外開放的範圍，目前主要是印刷與發行（中游與下游）兩個領域。出版部分（編輯製作）總體上並沒有開放，只有少數的合作與合資特許經營。如中外合作出版的《新概念英語》、合資經營的《計算機世界》、《米老鼠》等。這種特許經營多數被視為「試點」。所謂「試點」，是選擇某一個機構或地區，就某項新工作、新方法、新事情等進行試驗。主要是積累經驗，以便在時機成熟時加以推廣。但出版領域中的版權合作、出版策劃等都是沒有限制的。

中國大陸開放最早、也最全面的是印刷領域。依照中國的法律，外資可以通過獨資、合資、合作等各類形式在中國經營。

發行領域是隨著中國加入WTO後開放的。

在影音和娛樂軟體分銷服務方面，中國政府承諾：在不損害中國審查音像製品內容的情況下，允許外國服務提供者與中方夥伴設立合作企業，從事音像製品和娛樂軟體的分銷。

對於這些承諾，中國政府都已履行。

為履行承諾，中國新聞出版總署與商務部（當時稱對外經濟貿易部）聯合頒布了《外商投資圖書、報紙、期刊分銷企業管理辦法》，

並自2003月5月1日起正式實施。

依據《外商投資圖書、報紙、期刊分銷企業管理辦法》，自2003年5月1日起，可以在中國大陸設立外商投資圖書、報紙、期刊零售企業。自2004年12月1日起，可以在中國大陸設立外商投資圖書、報紙、期刊批發企業。

該管理辦法對在中國從事發行做了較為詳細的規定，如「分銷」是指零售與批發兩個方面，「企業銷售的書報刊」是指中國法定出版單位出版的書報刊，在各類企業形式中目前只批准設立有限責任公司或股份有限公司，所批准企業的經營期限均在三十年以內，等等。

雖然目前中國政府還沒有批准外國資本可以直接投資編輯與出版業務，但已允許中國的出版機構將本機構所屬的編輯出版以外的其他業務完全對外資開放。即出版公司、雜誌社、報社等機構可以將自己所屬的發行、印刷、廣告等業務對外資開放。北京青年報就採取了這一辦法，該報將自己的報刊編輯業務（內容製作）與經營業務（廣告發行等）分成兩大部分，將後者組建成一家公司（北青傳媒股份有限公司），並於2004年12月22日在香港上市（證券簡稱「北青傳媒」，代碼01000）。北青傳媒股份有限公司主要從事銷售廣告版面、報章製作及印刷相關物料貿易，還包括體育賽事等。該公司之主要廣告媒介為北京青年報社及所屬報刊。北京青年報共擁有八報一刊一網，是中國著名的綜合類報紙之一。它目前擁有北青傳媒股份有限公司63%的股份。

在北青傳媒股份有限公司的官方網站上，寫有如下聲明：「北京青年報社編寫北京青年報社報章之編輯內容，根據中國法律，該業務領域目前禁止由外資擁有。然而，根據廣告業務協議，北京青年報社已授予本公司收購其任何或所有有關北京青年報社報章之編輯及出版權，惟須待中國法律容許由本公司擁有及經營該等權利之時方可行

圖14.1　北青傳媒股份有限公司股東結構圖

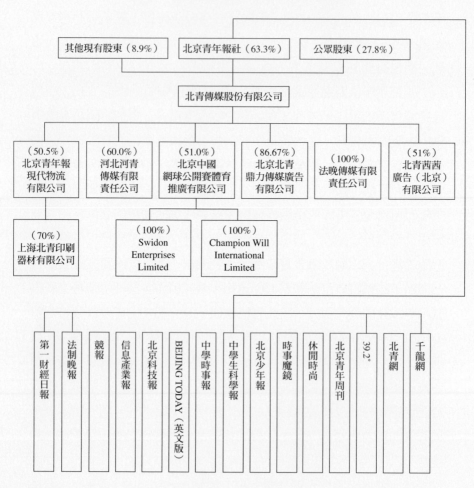

使。」

目前中國大陸在香港上市的還有四川新華發行集團投資控股的四川新華文軒連鎖股份有限公司（股票代碼為00811，參見第五章第一節之一）等。

與大陸相比，香港與澳門出版業的開放程度要高些，可以在出版、印刷與發行各領域進行投資。由於地域與人口的關係，外資對香港市場興趣更大些，外國人在香港可以與香港人一樣進行各種經營。

## 第二節　如何在中國大陸申辦各類發行企業

### 一、申請者的資格

要在中國大陸設立分銷企業，申請者必須具備如下條件：

A. 申請者須能夠獨立承擔民事責任，具有從事圖書、報紙、期刊分銷業務的能力，最近三年內沒有違法違規紀錄。

B. 法定代表人或總經理應取得出版物中級以上發行員職業資格證書，發行專業人員應取得出版物初級以上發行員職業資格證書。

C. 申請零售企業的，註冊資金不得少於500萬元人民幣；須有與經營業務相適應的固定的經營場所。

D. 申請批發企業的，須有與批發業務相適應的固定經營場所，營業面積不少於50平方米，獨立設置的經營場所營業面積不少於500平方米；註冊資金不少於3000萬元人民幣。

### 二、申請程序

申請者只要履行下面幾個程序，就可以拿到申請。

圖14.2　外商在中國大陸申請設立書店程序示意圖

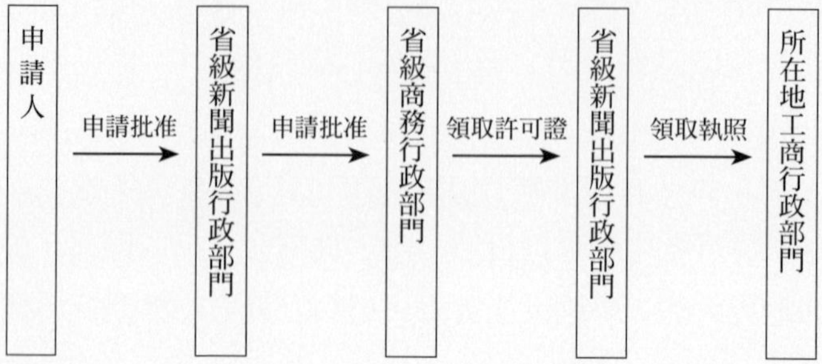

A. 向企業所在地的省級新聞出版行政部門（一般叫新聞出版局）提出申請。

B. 在獲得批准書之後，持規定文件向所在地省級經濟行政部門（一般叫商務廳）申請「外商投資企業批准證書」。

C. 在獲得「外商投資企業批准證書」後，持規定文件再向相關省級新聞出版行政部門領取「出版物經營許可證」。

D. 持「出版物經營許可證」與「外商投資企業批准證書」，向所在地工商行政管理部門領取營業執照。


## 三、需要的時間及需要提交的文件

依據規定，中國的政府主管部門必須在申請人提出申請的90個工作日內完成批覆工作。在得到「出版物經營許可證」與「外商投資企業批准證書」後，申請人必須在90天內到省級新聞出版行政部門領取「出版物經營許可證」。

申請人提出申請時，需要遞交相關文件。

第一次向省級新聞出版行政部門提出申請時，需要的文件有：

A. 設立外商投資圖書、報紙、期刊分銷企業申請書。

B. 投資各方法定代表人或總經理簽署的、由各方共同編制或認可的項目建議書及可行性研究報告。項目建議書應當載明下列事項：

（a）各方投資者的名稱、住所；

（b）擬設立外商投資圖書、報紙、期刊分銷企業的名稱、法定代表人、住所、經營範圍、註冊資本、投資總額等；

（c）各方投資者的出資方式和出資額。

C. 各方投資者的營業執照或註冊登記證明、資信證明文件和法定代表人的有效證明文件以及職業資格證書。

D. 中外合資、中外合作企業的中方投資者以國有資產參與投資的，應提供國有資產評估報告及評估結果的確認（或備案）文件。

關於進入中國大陸市場投資的更具體的規定，請參見本書附錄二：外商投資圖書、報紙、期刊分銷企業管理辦法。

## 第三節　如何進入中國大陸

要進入中國大陸開展出版業務，就必須有備而來，至少要做好以下工作。

### 一、瞭解相關法律

要進入中國出版業，首先應瞭解中國的相關法律法規。

在中國開展出版及其他商務活動，所依據的法律一般均為兩類，一類是行業法律，一類是外商投資方面的法律。中國出版行業的法律，最重要的是中國國務院頒布的《出版管理條例》，其他還有《音像管理條例》、《印刷業管理條例》、《出版物市場管理規定》、《圖書、期刊、音像製品、電子出版物重大選題備案辦法》等（參見第一

章第一節之四）。

在外商投資法律方面，最重要的有《外商投資圖書報刊外銷企業管理辦法》、《設立外商投資印刷企業暫行規定》、《中外合作音像製品分銷企業管理辦法》等。此外，還應根據自己擬選擇的經營方式去瞭解相關法律。如果擬在中國選擇合資經營，設立合資企業，就應瞭解《中華人民共和國中外合資經營企業法》；如擬進行合作經營，就應瞭解《中華人民共和國中外合作經營企業法》，如果擬獨資經營，就應瞭解《中華人民共和國外資企業法》。此外，還應瞭解的法律包括《中華人民共和國外商投資企業和外國企業所得稅法》、《中華人民共和國營業稅暫行條例》、《全國人民代表大會常務委員會關於外商投資企業和外國企業適用增值稅、消費稅、營業稅等稅收暫行規定》等。

## 二、瞭解出版行業現狀與習慣

中國大陸出版業無論是現狀或經營習慣，都既有與美歐國家相同或相近的地方，又有許多不同。所以，要進入這個市場，就必須大致瞭解這些異同。

例如，暢銷書的運作，中國的作家、接力、中信、長江文藝、外研等出版社目前的市場宣傳推廣方式與能力都已經和美國歐洲的出版社非常接近，這是相同的地方。不同的是，中國有這樣能力的出版社還不是很普遍，一些出版社尚可以，一些出版社目前還做不到。

中國大陸出版社在出版、印刷與發行方面都有許多自己的習慣與特點。

例如對作者報酬的支付，中國大陸在多數情況下是採用基本稿酬加印量稿酬的方式。付酬標準一般由雙方協商確定，但如果出版者沒

有與作者簽訂出版合約或雖簽訂合約但沒有約定付酬方式或標準，就要按照國家版權局制定的《出版文字作品報酬規定》支付報酬。作者與出版社間也有一些採取版稅付酬方式的，但許多不預付版稅，而是在圖書出版後數月內開始支付，只有少數暢銷書作者在簽約時可以拿到預付版稅。

又如書刊發行，書店銷售出版社的圖書，在絕大多數情況下是出版社先供貨，待書店銷售完圖書的一段時間後，才向出版社支付書款。而雜誌的發行，多數情況都是通過郵局代理發行，郵局掌握訂戶名單，一般也不向雜誌社提供。

再如對圖書質量的要求，中國大陸對圖書的編校、裝幀設計與印刷等質量都有一定的要求，達不到要求的屬於不合格產品，不合格產品不能在市場銷售。圖書編校質量的標準是看差錯率是否超過萬分之一，如果在萬分之一以上即為不合格產品。

有關中國出版業的主要特徵，本書第一章及相關章節已多有介紹，請參閱。

## 三、尋找合適的代理人或合作者

在中國經營，合作夥伴非常重要。尋找到一個恰當的合作夥伴，往往就成功了一半。好夥伴的含義當然不一，但至少要包括認真履行合約，有市場經營能力，努力取得雙贏。而出版作為文化企業，其合作夥伴最好還應具有一定的文化品味。

如何才能找到理想的夥伴？可以考慮如下幾個管道：一是通過研究、中介等機構瞭解，如向中國出版科學研究所、北京開卷圖書市場研究所、北京慧聰媒體研究中心等研究機構諮詢，或向各類出版、版權代理公司諮詢。二是通過行業協會瞭解，如向中國出版工作者協

會、中國期刊協會等諮詢。三是通過相關專業媒體瞭解，如向《中國圖書商報》、《中國新聞出版報》等諮詢。四是向出版專家、學者瞭解或請其推薦與介紹。五是通過政府瞭解，如可以向新聞出版總署或各省新聞出版局諮詢。

在瞭解合作夥伴訊息時，一定要諮詢兩個以上的機構或專家，這樣得到的資訊會更準確與全面。

目前，在中國大陸設立分支機構或辦事處的外國公司已很多。這些機構有些業務發展較好，有些雖合作時間已很長，但業務開展得並不理想。這其中的一個重要原因就是其合作夥伴或代理人不是很理想。

## 第四節　困難與對策

在中國經營，當然會遇到困難與問題。就合作方而言，中方合作者容易出現的較典型的問題包括：不嚴格履行合約，很少向對方反饋訊息，在合作過程中出現困難時不願意告知對方，等等。之所以如此，主要原因有三：1. 一些中方當事人缺少嚴格履行合約的習慣；2. 對合作的認識膚淺，往往是支付了版稅和首印費用後就以為萬事大吉了。當然這裡也有其他原因（參見本節之六）；3. 中方當事人對市場的深入開拓意識較差。比如對引進版權的圖書，往往在一次發行後，就不再深入拓展市場。即使市場還有一定的空間，也不願意繼續深入，而是忙著轉入下一本書的出版工作。其實，不僅對引進外國版權圖書是如此，對中國本土圖書也是一樣，因為許多出版社的市場經營意識還不到位。

那麼如何盡量避開這些麻煩或困難？遇到麻煩時又應如何處理？以下意見也許值得參考。

## 一、如何避免違約或其他麻煩？

　　當對合作者的信譽還不是完全瞭解時，為避免違約等現象發生，最初可以採取一些保護措施。如收取定金與在合約中確定違約金，這兩點中國的法律都是允許的。再如，可以在合約裡約定，違約一方要在指定的媒體公開道歉。又如，如果是授權中方合作者出版作品，為防止合作者隱瞞印量，可以要求合作者到指定的印刷廠印刷。

## 二、如何處理違約？

　　首先要盡快瞭解情況，提醒中方當事人請其加以說明。如果只是中方當事人忽略了合約的約定，那就直接告知他們盡快履行合約。這裡應當說明的是，許多中方當事人都有只重視合約中約定的大事項，而忽略其中的一些細節的習慣。如有的出版社，對合約中支付版稅的約定比較注意，也能按時支付，但對樣書的寄送就不太注意了，於是就出現了只按時付版稅、不按時寄送樣書的現象。這是許多外國出版人都曾遇到的問題。對此，可以明確告知中方當事人，不按時寄送樣書也是違約行為，要承擔違約責任。

　　如果是中方當事人故意不履行合約，那就要直接向其指出其所面臨的嚴重後果。

　　依照中國的《中華人民共和國民法通則》、《中華人民共和國合同法》等法律，當事人不履行合約義務或者履行合約義務不符合約定條件的，將承擔民事責任，這包括必須繼續履約、賠償損失等。

　　處理違約或糾紛，既可以通過法院判決，也可以採取調解方式，如果當事人在合約中有仲裁協議，還可以向仲裁機構申請仲裁。

### 三、如何看待盜版？

毋庸置疑，中國大陸存在盜版問題，有的地區還相當嚴重。

為什麼會如此？筆者認為，主要原因有四：第一，中國大陸自1949到1991年四十多年裡一直沒有頒布著作權法，這使得民眾的著作權保護意識不強，許多人特別是一些鄉村的農民不知道盜版與偷盜其他物品一樣是一種犯罪行為。第二，保護著作權的法律不完善。如1991年實施著作權法後，盜版者所承擔的處罰還只是民事責任，而非刑事責任，直到1994年法律才規定要承擔判處七年以下徒刑的刑事責任。此外，在賠償的計算，盜版的製作者、銷售者等要承擔的責任方面都有不完善的地方，這使得在依法處理盜版問題時，有處罰不力的現象。第三，中國幅員遼闊，人口分布廣，盜版取證不易。一些著作權人也嫌麻煩而不願取證，著作權人不舉報，執法部門自然也無從知曉盜版。第四，由於新技術的發展使得盜版非常容易，且有暴利可圖，一些不法之徒明知犯法依然鋌而走險。

盜版是一種嚴重侵犯著作權人權益的犯罪行為，它同時還嚴重地破壞市場秩序，損害合法經營者。比如，盜版品不僅使著作權人得不到收益，還因價格低於正版而衝擊正版的市場。正因如此，中國政府近年不斷加大打擊盜版的力度。比如，對舉報盜版者給予高額獎勵（如舉報一條非法光碟生產線，獎勵30萬元人民幣）。也因此，在過去的十幾年中，中國共破獲了200餘條非法光碟生產線（2008年查獲8條）。雖然取得了一些成績，但中國和其他一些發達國家比較，盜版的影響依然很大，中國還必須繼續努力。筆者認為，盜版在中國，猶如販毒在美國。雖然政府打擊很積極很努力，但由於暴利的驅使，加之國土的遼闊，使得這一現象很難在短期內徹底解決。

當然，有一些外國人對上述情況不瞭解，所以，在談到版權問題

時，可能會有些不是很準確的看法。比如，許多人依然以為中國尚沒有著作權法。再比如，有的人認為中國對著作權保護極不重視，在保護外國著作權時不積極。一家日本漫畫出版公司的員工就說，他聽說他們的漫畫在中國被盜版了，但中國對盜版聽之任之，所以，它既不授權中國出版公司出版其漫畫，也不會去中國法院提起訴訟盜版者。

如果一般人有此誤會尚可，但如果要到中國經營，你就不應如此了。你應該盡可能地掌握準確客觀的訊息，否則必然會影響到你的判斷。

這裡筆者不妨談一下個人對上述日本公司說法的看法。一家外國公司是否願意授權其他國家出版社出版其作品，當然完全由他們自己（及著作權人）決定，其他人無權干涉。但如果在他國（如中國）發現了盜版，就不應聽之任之。著作權是私權利，一般情況下，發生了盜版，如果著作權人不說明，其他人很難知曉。著作權人不起訴，法院當然也多不知曉。特別是在中國，目前每年出版的圖書已達20多萬種，市場上流通的圖書達50萬種，且著作權保護水平尚不是很高，如果著作權人自己不起訴，中國的司法或行政機關如何知曉與處理？

所以，筆者以為，遇到盜版，著作權人應該採取積極態度，要千方百計地設法制止盜版並取得賠償。當然，中國對盜版的處罰力度、主要是賠償額方面與一些發達國家比還不是很高，但也不是很低（參見本節之四中的案例）。有人說，跨國取證也很困難。這是事實，到外國取證肯定會困難多些，特別是到一個語言不通、且有文化差異的國家。但這是法律的要求，在各國皆如此。中國人要到其他國家去訴訟，也是一樣的。

事實上，自中國加入伯恩公約以來，已有多起外國人在中國法院起訴中國侵權者獲得勝訴與賠償的案件。如美國迪士尼公司起訴北京少兒出版社侵犯其美術作品著作權案、丹麥樂高公司因其玩具被侵權

而起訴天津可高玩具有限公司侵權案等。這些案例都是可資借鑒。

此外，依照中國的法律，中國政府也負有打擊盜版職責，外國著作權人也可以向政府有關部門（主要是中國國家版權局及各省版權局）投訴。

筆者以為，在今天，發生了盜版問題，最重要的是要找到熟悉中國著作權法與出版行業情況的律師或代理人，而不是隨便找一、二個朋友問問。要知道，有相當多的中國人，包括出版人對本國的著作權法規定或出版行業情況的瞭解也常常是似是而非的。

許多中國出版社對本社的圖書被盜版也多是呼籲呼籲而已，並不真的採取措施。這一方面是因為他們通過法律保護自己的意識不高，嫌取證麻煩。還有一個原因，就是出版社都屬於國營，是國家而非個人的，所以，許多人對此的關心自然比對私產的關心要差許多。加之中國版權保護的大環境不是很好，於是許多人就以打盜版太困難為托詞，不了了之。反正出版社的損失對他們個人影響也不大。

而事實上，少數認真下功夫取證、堅決捍衛自己權益的出版公司，在打擊盜版方面，多是取得了成效，雖然不都是非常圓滿，但效果總體不差。比如，上海辭書出版社（保護《辭海》版權），比如作家余秋雨，在打擊盜版方面都已取得一定的斬獲。上海辭書出版社對盜版者想盡辦法堅決依法追究，絕不手軟，迫使有的盜版者不得不主動自首。

## 四、如何處理侵權與盜版？

為有效阻止盜版，在簽訂合約時，應盡量明確，授權中國的出版社有權代表外國著作權人去追究盜版者的侵權行為。同時，要明確要求中國的出版社，在發生盜版時，必須盡全力去追究。

　　打擊盜版雖然有一定難度，但只要下功夫，取得證據，就可以獲得勝利。這裡的關鍵一環是取證，那麼如何取證？

　　這裡不妨先看一個前幾年發生的例子——中國法律出版社起訴盜版者與盜版銷售者案。法律出版社發現它們出版的《國家司法考試輔導用書》（3卷）及MP3光碟被盜版，遂開始調查。結果雖沒有找到盜版圖書的製作者，卻發現了盜版圖書的銷售者及盜版光碟的製作者。於是，出版社開始蒐證。

　　對於盜版圖書銷售者，出版社採取先後三次購買圖書取證的辦法。第一次，購買盜版書200套，取得發票一張；10天後第二次購買盜版書一套；1個月後，第三次購買一套，且請公證員陪同。取得上述證據後，出版社正式向法院提起訴訟。出版社出示三次購買盜版書的發票，證明該書店既有大量盜版書銷售，又是長期行為。法院因此判決該書店賠償出版社20萬元，並在三年內不得銷售該書。

　　對於盜版光碟製作者——保利星複製公司，法律出版社雖然拿到了該公司只複製了3000張盜版光碟的證據，但以行業常規只有複製2萬張以上公司才會以生產為由，要求法院繼續調查。結果法院取得了該公司複製了3萬張的新證據。最後，法院依此判決該光碟公司賠償30萬元。法律出版社共獲得賠償50萬元。

　　這裡再舉兩個判例。美國Autodesk股份有限公司（法定代表人Carol A. Bartz）起訴被告北京龍發建築裝飾工程有限公司侵犯電腦軟體著作權糾紛案。該案起因是北京市版權局執法人員對被告的經營網點使用電腦軟體的版權狀況進行檢查時，發現被告未經著作權人許可擅自安裝並使用了Autodesk的軟件。Autodesk在得知並取得證據後向法院起訴，要求判令被告立即停止侵權行為、賠償173.77萬元等。法院最後判決侵權公司賠償149萬元，且另支付訴訟合理開支與法院受理費用等（參見附錄三：中華人民共和國北京市第二中級人民法院民

事判決書）。

　　香港法院判決盜版知名卡通片《藍貓淘氣3000問》案。中國大陸知名的卡通系列產品製造銷售商湖南三辰卡通集團發現，旗下擁有的藍貓卡通被盜版，三辰立即展開調查。他們將收集到的16個不同版本的盜版「藍貓」VCD送至有關部門鑑定，結果認定盜版製作者為香港利宏科技有限公司與香港升傑科技有限公司，三辰集團遂向香港海關舉報。香港海關隨即開展查繳行動，共沒收10條生產線，價值8000多萬港幣（1026萬美元）。隨後，香港海關將盜版公司訴至香港法院，法院最後判處盜版者一人1年徒刑、一人6個月徒刑；沒收非法所得8000多萬元港幣，註銷公司、沒收財產、終身不得任企業法人，註銷加拿大移民證；訴訟費100萬元港幣（12.82萬美元）由被告方支付。

　　上述案件說明，只要真正下決心，方法得當，打擊盜版就會取得一定成效，自己的權益就可以通過法律得到補償。


## 五、如何看待地方保護主義？

　　許多人都說，中國大陸存在著地方保護主義（這裡的「地方」主要是指以省為區域），這在一些地方是事實。但隨著中國法制化進程的深入，隨著中國加入WTO，地方保護主義的影響正在逐步減小，其對外資經營的影響則更小。眾多進入中國經營的外國公司都可以證明這一點。無論是出版業中的童趣、培生、當納利或曾經的貝塔斯曼，還是其他行業的家樂福、沃爾瑪、麥當勞。這些外國公司在中國許多地區都設立有公司，他們可能遇到過不同的困難，但目前為止還很少聽到他們對地方保護主義影響的抱怨。

　　這裡不是說地方保護主義沒有了，而是說，這些年的事實證明，它對外國公司的經營影響不大。至於原因，或許是中國許多地方對引

進外資過於熱心，或許是外國公司更會利用中國的法律保護自己。

　　一旦發生地方保護主義侵害外國公司利益的事情，外國公司完全可以通過中國的相關法律及WTO的規定來保護自己。地方保護主義從根本上說，是與法律相背的，是狹隘思想在作祟。所以，即便得逞一時，也不可能長久。無論是中國本土公司，還是外國公司，都應堅決對它說「不」。

## 六、考慮語言因素

　　外國出版商對中國出版社有一點普遍不滿，即他們從中國合作夥伴那裡得不到什麼信息。中國的出版社很少將合作進展情況、其他相關訊息告知或反饋給他們，包括經營中遇到的困難與麻煩。至於外國公司的經營情況，中國夥伴似乎也同樣沒有多少興趣去瞭解。

　　這確實是一個問題。如此，不僅會影響到雙方正在進行的合作，也必然會影響到今後的合作。

　　為何會如此？中國出版人是冷淡的一群？沉默的多數？他們竟多數都不關心合作業務？答案顯然不完全如此。中國出版社中確實有對業務，包括合作業務不太關心的人，這種人今後也不會馬上消失，但這樣的人數量並不太多。多數出版人其實還是敬業的，對合作項目一般會更用心些。

　　那為什麼會出現上述情況？原因有多個。首先是中國出版社的領導層多數未能掌握外語，這在出版社社長、總編等決策層中更明顯。目前中國出版社領導層中，能直接講外語的還很少，這是導致缺少溝通的一個重要因素。第二是多數合作項目的負責人也不會外語。他們中的許多人在策劃與行銷方面本來很優秀，也願意與外國公司交流，但語言成了最大的障礙。懂業務但不懂外語，成為訊息交流的大問

題。第三，目前出版社負責版權貿易的人中，也有一些人不懂外語，他們與外方的交流只能借助臨時的翻譯幫忙。所以，合約簽了，合作也就基本快結束了。他們在簽約後也就只能想到一件事——屆時付版稅。少數人甚至連這個事情都忘記了，需要外國公司來提醒。這樣的出版社，領導與實際工作人員都不能與外國公司溝通，當然也就談不上訊息反饋了。當然，現在已有許多出版社擁有懂外語的人員，他們甚至專門負責版權貿易、版權合作等工作。但這類人中，絕大多數又是只懂外語，只負責簽訂合約，對出版業務的瞭解卻非常少，幾乎不介入。他們與外國公司交流沒有任何問題，但很少能講到出版業務。筆者在出版界就有多位這樣的朋友，他們的外語非常好，每年負責與外國公司簽訂許多版權合約，但他們對出版業務、對中國的出版情況都知之甚少或一知半解。所以，即使他們向外國公司反饋訊息，也是零星的、片面的。

筆者以為，以上是中國出版人缺乏與外國公司訊息交流的主要原因。當然，也還有其他一些因素，如中國人的性格。中國人相對比較內向，特別是目前年齡在45歲以上的人，而這些人中正好許多都擔任著出版社的經營者。

另一方面，一些與外國公司信息交流做得好、合作愉快的中國出版社，恰恰是出版社員工外語能力普遍較好，特別是有懂外語的社經營者、甚至於社長。如外語教學與研究出版社、中信出版社、法律出版社等，這些出版社也因此成為許多外國公司首選的合作夥伴。

鑒於此，在此提醒外國公司，在選擇中國的合作夥伴時，要將是否有語言障礙作為重要因素考慮進去。這樣，合作起來可能更順利。另外，也要考慮中國出版社的合作態度，如果中方態度比較積極、誠懇，外國公司也不妨多與之溝通。目前，中國的外語人才越來越多，出版社裡同樣如此。所以，只要真正願意合作，語言問題應不是大的

阻礙。

## 第五節　存在的風險

中國市場雖大，機會雖多，但在此經營，也面臨著一些風險。就出版業而言，至少在如下幾個方面，必須提醒外國公司注意：

第一，在中國大陸地區，有關出版的法律尚不健全，一些法規尚待推出，已經出爐的一些法律還不完善。比如，有的規定太籠統，不夠具體，在一些問題上法律的透明度不高，這就可能使有的經營行為法律地位不確定。而因忽視法律法規導致麻煩的現象已發生過。如位居中國連鎖經營企業第五位、在中國銷售額達到16億美元的法國家樂福，就曾在2002年因不瞭解中國法律盲目擴張而遇到過麻煩。不過，家樂福在發現問題後即迅速調整，保證了經營的正常進行。不明法律就經營，必然存在風險。

第二，中國市場潛力雖很大，但不同地區間差異也很大。且潛力變成現實，是需要一定時間的。那種期望短期內迅速得到投資回報的可能不是沒有，但不會很多。忽視這一點，盲目制定急於求成的不現實目標，就可能會失望或經營失敗。

第三，合作項目選擇不當可能失敗。中國市場有其自己的特點，中國銷售者也有自己的獨特喜好。出版屬於文化範疇，不同國家間、東方與西方間在文化上都存在很大的差異。在外國暢銷的產品或項目在中國可能暢銷，也可能根本沒有市場。所以，合作項目的選擇很重要。以兒童圖書為例，美國的卡通圖書在中國銷售得較好，但德國、法國同類圖書卻不很理想。原因當然很多，但文化差異也是其中的一個重要因素。美國卡通圖書借助電視、電影的宣傳而為中國讀者普遍熟悉，對美國文化已有一定的瞭解，所以，相關圖書自然也就好銷。

但中國小讀者對法國、德國同類產品的認可尚需要過程。而同樣是美國作家，海明威的作品暢銷不衰，其他作家則多命運不濟。

第四，合作夥伴選擇不當也可能導致風險。多數中國大陸出版社都有與外國公司合作的意願，會很熱情。但他們是否都具有開發市場的能力，是否都具備良好的信譽，答案是否定的。為了共同開拓市場，或得到外國公司的品項，許多出版社會對外國公司做出各種許諾，但實際上，其中的一些出版社做不到。所以，外國公司在選擇中國夥伴時，一定要慎重行事。多瞭解，多諮詢，多比較，這樣才可能找到理想的伴侶。否則，往往會事半功倍，甚至會帶來風險。

第五，不考慮中國實際情況，盲目使用或堅持在歐美國家的做法會有風險。中國國民的生活環境、閱讀習慣、購買方式、購物動機等都可能與歐美發達國家不同。不考慮這些實際情況，硬性把在歐美成功的做法全盤拿來使用，就可能導致水土不服。如果出現了問題又不及時調整，就更可能導致徹底失敗。貝塔斯曼讀書俱樂部就是一個例證。

今天，正有越來越多的中國人在進入世界其他國家，同時，也正有越來越多的外國人進入到中國。我期待著中國人到外國後事業取得成功，我也同樣衷心祝福到中國發展的外國人取得成功。這個世界彼此越來越緊密，也越來越相關依存。只有相互包容、相互幫助、相互開放，人類的生活才可能更美好。

# 附錄

## 附錄一
## 最新中國大陸出版業部分統計數據

2009年7月，中國新聞出版總署發布了《2008年全國新聞出版業基本情況》。以下是中國大陸2008年新聞出版業的部分最新統計數據，貨幣均為人民幣。

### 一、圖書

2008年中國大陸共出版圖書274123種，其中新版圖書148978種，再版、重印圖書125145種，總印數70.62億冊（張），定價總金額802億元。

其中，出版課本54013種（初版17762種，再版、重印36251種），總印數34.21億冊（張），定價總金額280億元。出版少年兒童讀物11310種（初版6638種）、25420萬冊（張），定價總金額28億元。

### 二、期刊

2008年中國大陸共出版期刊9549種，平均期印數16767萬冊，總印數31億冊，定價總金額187億元。

各類期刊中，綜合類479種，哲學、社會科學類2339種，自然科學、技術類4794種，文化、教育類1175種，文學、藝術類613種，少兒讀物類98種，畫刊類51種。

### 三、報紙

2008年中國大陸共出版報紙1943種，總印數約443億份，定價總金額318億元。

### 四、音像製品及電子出版物

2008年中國大陸共出版錄音製品11721種，出版數量2.54億盒（張），發行數量2.49億盒（張），發行總金額11億元。其中，錄音帶4581種，19645萬盒；CD 5578種，4404萬張；DVD及其他載體1562種，1349萬張。

共出版錄像製品11772種，出版數量1.79億盒（張），發行數量1.61億盒（張），發行總金額7.23億元。其中，VCD6365種，9764.29萬張；DVD5367種，8044.8萬張。

## 五、出版物發行

2008年中國大陸共有出版物發行網點約16.13萬處，其中國有發行網點 1 萬餘處，其餘為民營。

中國大陸的國有書店系統及出版社自辦發行單位純銷售額約540億元。

## 六、出版物進出口

2008年中國大陸出口圖書653.42萬冊、3130萬美元；進口437.65萬冊、8155萬美元。出口期刊92.05萬冊、218萬美元；進口448萬冊、13290萬美元。出口音像製品27.12萬盒（張）、101萬美元；進口16.38萬盒（張）、4556萬美元。

## 七、圖書版權貿易

2008年中國大陸出版社共引進圖書版權9087種，引進較多的國家依次如下：
美國4011種，英國1754種，日本1134種，韓國755種，德國600種，法國433種，新加坡292種，加拿大59種，俄羅斯49種。
2008年中國大陸共輸出圖書版權2440種，輸出較多的國家依次如下：
韓國303種，新加坡127種，美國122種，俄羅斯115種，德國96種，法國64種，日本56種，英國45種，加拿大29種。

## 八、印刷

2008年中國大陸共有出版物印刷企業6290家，工業銷售產值約977億元。

## 附錄二
## 外商投資圖書、報紙、期刊分銷企業管理辦法

第一條

為擴大對外交流與合作，加強對外商投資圖書、報紙、期刊分銷企業的管理，根據《中華人民共和國中外合資經營企業法》、《中華人民共和國中外合作經營企業法》、《中華人民共和國外資企業法》和《出版管理條例》等有關法律、法規，制定本辦法。

第二條

本辦法適用於在中華人民共和國境內設立的外商投資圖書、報紙、期刊分銷企業。

本辦法所稱圖書、報紙、期刊是指經國務院出版行政部門批准的出版單位出版的圖書、報紙、期刊。

本辦法所稱分銷業務，是指圖書、報紙、期刊的批發和零售。

本辦法所稱外商投資圖書、報紙、期刊分銷企業，是指外國企業、其他經濟組織或者個人（以下簡稱外國投資者）經中國政府有關部門依法批准，在中國境內與中國企業或者其他經濟組織（以下簡稱中國投資者）按照平等互利的原則，共同投資設立的中外合資、中外合作圖書、報紙、期刊分銷企業，以及外國投資者在中國境內獨資設立的圖書、報紙、期刊分銷企業。

外國投資者參股或併購內資圖書、報紙、期刊分銷企業，是設立外商投資圖書、報紙、期刊分銷企業的一種方式。外國投資者參股或併購內資圖書、報紙、期刊分銷企業的，該企業應按本辦法辦理變更為外商投資企業的相關手續。

第三條

申請設立的外商投資圖書、報紙、期刊分銷企業為有限責任公司或股份有限公司。

第四條

外商投資圖書、報紙、期刊分銷企業從事圖書、報紙、期刊分銷業務，應當遵

守中國法律、法規。

外商投資圖書、報紙、期刊分銷企業的正當經營活動及投資各方的合法權益受中國法律的保護。

第五條

外商投資圖書、報紙、期刊分銷企業在選址定點時，應當符合城市規劃的要求。

第六條

國務院新聞出版行政部門和國務院對外貿易經濟合作行政部門（以下簡稱國務院外經貿行政部門）負責外商投資圖書、報紙、期刊分銷企業的審批和監督管理。

縣級以上地方新聞出版行政部門和外經貿行政部門依照各自的職責分工，負責本行政區域內外商投資圖書、報紙、期刊分銷企業的監督管理工作。

第七條

設立外商投資圖書、報紙、期刊批發企業應當具備下列條件：

（一）中、外投資方能夠獨立承擔民事責任，具有從事圖書、報紙、期刊分銷業務的能力，最近三年內沒有違法違規紀錄；

（二）法定代表人或總經理應取得出版物中級以上發行員職業資格證書，發行專業人員應取得出版物初級以上發行員職業資格證書；

（三）有與批發業務相適應的固定的經營場所，營業面積不少於50平方米，獨立設置的經營場所營業面積不少於500平方米；

（四）註冊資金不少於3000萬元人民幣；

（五）經營期限不超過30年。

第八條

設立外商投資圖書、報紙、期刊零售企業應當具備下列條件：

（一）中、外投資方能夠獨立承擔民事責任，具有從事圖書、報紙、期刊分銷業務的能力，最近三年內沒有違法違規紀錄；

（二）法定代表人或總經理應取得出版物中級以上發行員職業資格證書，發行專業人員應取得出版物初級以上發行員職業資格證書；

（三）有與經營業務相適應的固定的經營場所；

（四）註冊資金不少於500萬元人民幣；

（五）經營期限不超過30年。

第九條

中方投資者以國有資產參與投資（包括作價出資或作為合作條件），應按照國家的有關規定辦理國有資產評估和評估結果的確認（或備案）手續。

第十條

設立外商投資圖書、報紙、期刊分銷企業，應先向企業所在地省、自治區、直轄市新聞出版行政部門提出申請，並提交下列申請文件：

（一）設立外商投資圖書、報紙、期刊分銷企業申請書。

（二）投資各方法定代表人或總經理簽署的、由各方共同編製或認可的項目建議書及可行性研究報告。項目建議書應當載明下列事項：

　　1. 各方投資者的名稱、住所；

　　2. 擬設立外商投資圖書、報紙、期刊分銷企業的名稱、法定代表人、住所、
　　　經營範圍、註冊資本、投資總額等；

　　3. 各方投資者的出資方式和出資額。

（三）各方投資者的營業執照或註冊登記證明、資信證明文件和法定代表人的有效證明文件以及職業資格證書。

（四）中外合資、中外合作企業的中方投資者以國有資產參與投資的，應提供國有資產評估報告及評估結果的確認（或備案）文件。

省、自治區、直轄市新聞出版行政部門自收到申請文件之日起15個工作日內提出審核意見，報送國務院新聞出版行政部門審批。

第十一條

省、自治區、直轄市新聞出版行政部門向國務院新聞出版行政部門報送外商投資圖書、報紙、期刊分銷企業的申請，應提交下列文件：

（一）本辦法第十條規定的申請文件；

（二）省、自治區、直轄市新聞出版行政部門的審核意見；

（三）法律、法規規定的其他文件。

國務院新聞出版行政部門自收到申請及審核意見之日起30個工作日內作出批准或者不批准的決定，並由省、自治區、直轄市新聞出版行政部門書面通知申請人；不予批准的，應說明理由。

第十二條

申請人獲得國務院新聞出版行政部門批准文件後，按照有關法律、法規向所在地省、自治區、直轄市外經貿行政部門提出申請，並提交下列文件：

（一）本辦法第十一條規定的申請文件和國務院新聞出版行政部門的批准文件；

（二）由投資各方法定代表人或其授權的代表簽署的外商投資圖書、報紙、期刊分銷企業的合同、章程；

（三）擬設立外商投資圖書、報紙、期刊分銷企業的董事會成員名單及證明文件；

（四）工商行政管理部門出具的企業名稱預先核准通知書；

（五）法律、法規規定的其他文件。

省、自治區、直轄市外經貿行政部門自收到申請及有關文件之日起15個工作日內提出審核意見，報送國務院外經貿行政部門審批。

第十三條

省、自治區、直轄市外經貿行政部門向國務院外經貿行政部門報送外商投資圖書、報紙、期刊分銷企業的申請，應提交下列文件：

（一）本辦法第十二條規定的申請文件；

（二）省、自治區、直轄市外經貿行政部門的審核意見；

（三）法律、法規規定的其他文件。

國務院外經貿行政部門自收到規定的全部文件之日起30個工作日內做出批准或者不批准的書面決定。批准設立申請的，發給「外商投資企業批准證書」。

第十四條

外商投資圖書、報紙、期刊分銷企業的申請人，獲得批准後90天內持批准文件和「外商投資企業批准證書」到省、自治區、直轄市新聞出版行政部門領取「出版物經營許可證」。申請人持「出版物經營許可證」和「外商投資企業批准證書」向所在地工商行政管理部門依法領取營業執照後，方可從事圖書、報紙、期刊

的分銷業務。

第十五條

經批准設立的外商投資圖書、報紙、期刊分銷企業，申請變更投資者、註冊資本、投資總額、經營範圍、經營年限的，應依照本辦法第十條、第十一條、第十二條、第十三條、第十四條辦理相應變更手續和註冊登記手續。

外商投資圖書、報紙、期刊分銷企業其他事項變更，按有關外商投資企業的規定，報國務院外經貿行政部門批准或備案。外商投資圖書、報紙、期刊分銷企業變更企業名稱、住所、法定代表人、主要負責人以及經營期滿終止經營活動的，應當在30天內向所在地省、自治區、直轄市新聞出版行政部門備案。

第十六條

外商投資圖書、報紙、期刊分銷企業經營期限屆滿，確需延長的，應當在經營期限屆滿180天前向國務院外經貿行政部門提出申請，國務院外經貿行政部門應當在收到申請書之日起30天內做出批准或不批准的書面決定。獲得批准的，應當在30天內向所在地省、自治區、直轄市新聞出版行政部門備案。

第十七條

香港特別行政區、澳門特別行政區、臺灣地區的投資者在其他省、自治區、直轄市設立圖書、報紙、期刊分銷企業，適用本辦法。

第十八條

外商投資圖書、報紙、期刊分銷企業從事網上銷售、連鎖經營和讀者俱樂部等業務的，按照本辦法第七條至第十四條的規定辦理審批手續。

第十九條

本辦法自2003年5月1日起施行。

本辦法中關於設立外商投資圖書、報紙、期刊批發企業的規定自2004年12月1日起施行。

（注：該《辦法》由中國新聞出版總署與商務部於2003年3月17日聯合發布）

**附錄三**
**北京法院關於Autodesk被侵權案的民事判決書**

中華人民共和國北京市第二中級人民法院民事判決書
（2003）二中民初字第6227號

原告Autodesk股份有限公司，住所地美利堅合眾國特拉華州紐卡斯爾郡華盛頓市奧蘭治街1209號企業信託中心。

法定代表人卡洛爾・巴茲（Carol A. Bartz），董事長兼首席執行官。

委託代理人蔣英雷，北京市嘉維律師事務所律師。

委託代理人劉家生，北京市嘉維律師事務所律師。

被告北京龍發建築裝飾工程有限公司，住所地中華人民共和國北京市東城區北新橋三條六十四號103房間。

法定代表人王顯，董事長。

委託代理人湯樹榮，北京市中誠律師事務所律師。

Autodesk股份有限公司（以下簡稱Autodesk公司）訴北京龍發建築裝飾工程有限公司（以下簡稱龍發公司）侵犯計算機軟件著作權糾紛一案，本院於2003年7月1日受理後，依法組成合議庭，於2003年8月21日公開開庭進行了審理，原告Autodesk公司的委託代理人蔣英雷、劉家生，被告龍發公司的委託代理人湯樹榮到庭參加了訴訟，本案現已審理終結。

原告Autodesk公司起訴稱：原告是計算機軟件3ds Max 3.0，3ds Max 4.0，3ds Max 5.0，AutoCAD 14.0和AutoCAD 2000的著作權人。3ds Max系列軟件是一種三維建模、動畫及渲染解決方案軟件，AutoCAD 14.0和AutoCAD 2000是二維製圖及詳圖和三維設計工具。被告是一家專業從事住宅及公用建築裝飾設計及施工的企業。2002年4月23日和2003年10月11日，北京市版權局執法人員對被告在北京的九個經營網點使用計算機軟件的版權狀況進行檢查，發現被告未經著作權人許可擅自安裝並使用3ds Max 3.0共2套，3ds Max 4.0共10套，3dx Max 5.0共2套，AutoCAD 14.0共31套和AutoCAD 2000共16套。2003年6月17日，原告向北京市第二中級人民法院申請對被告的另外四家經營網點進行訴前證據保全，發現被告未經著作權人許可擅自安裝並使用3ds Max 4.0共7套，3ds Max

5.0共 6 套，AutoCAD 14.0共 9 套和AutoCAD 2000共11套。故請求法院依法判令被告：1. 立即停止侵權行為；2. 在《北京晚報》和《北京青年報》中縫以外非廣告版面上向原告公開賠禮道歉；3. 賠償原告經濟損失1,737,700元；4. 賠償原告訴訟合理支出52,250元；5. 承擔本案全部訴訟費用。

被告龍發公司答辯稱：被告的計算機中安裝有可以替代涉案軟件的軟件。確有個別員工在計算機中私自安裝了涉案軟件。原告索賠數額過高，缺乏依據。請求法院依法判決。

原告為了證明自己的主張，向本院提交了以下證據材料：1. 3ds Max 3.0的註冊證明書及公證書、認證書；2. 3ds Max 4.0的註冊證明書及公證書、認證書；3. 3ds Max 5.0的註冊證明書及公證書、認證書；4. AutoCAD 14.0的註冊證明書及公證書、認證書；5. AutoCAD 2000的註冊證明書及公證書、認證書；6. 被告亞運村店的勘驗筆錄；7. 被告天通苑店的勘驗筆錄；8. 被告城外誠店的勘驗筆錄；9. 被告萬家燈火店的勘驗筆錄；10.（2002）京國證民字第8207號公證書；11.（2002）京國證民字第8208號公證書；12.（2002）京國證民字第8209號公證書；13.（2002）京國證民字第8210號公證書；14.（2002）京國證民字第8211號公證書；15.（2002）京國證民字第8212號公證書；16.（2002）京海民證字第2358號公證書；17.（2002）京海民證字第2359號公證書；18.（2002）京海民證字第2360號公證書；19. 被告居然之家店的現場筆錄；20. 被告環三環店的現場筆錄；21. 被告東方家園精品建材店的現場筆錄；22. 被告東方家園 3 層B1號店的現場筆錄；23. 被告怡和精品店的現場筆錄；24. 被告碧溪家具廣場店的現場筆錄；25. 被告瑞賽大廈店的現場筆錄；26. 被告明光家居廣場店的現場筆錄；27. 被告錦勝華安商務樓店的現場筆錄；28. 被告大鍾寺店的現場筆錄；29. 被告居然之家店的現場筆錄；30. 被告環三環店的現場筆錄；31. 被告東方家園精品建材店的現場筆錄；32. 被告東方家園 3 層B1號店的現場筆錄；33. 被告怡和精品店的現場筆錄；34. 被告碧溪家具廣場店的現場筆錄；35. 被告瑞賽大廈店的現場筆錄；36. 被告明光家居廣場店的現場筆錄；37. 被告錦勝華安商務樓店的現場筆錄；38. 被告大鍾寺店的現場筆錄；39. 北京市國信公證處下載AutoCAD 2000和3ds Max 4.0製作的 2 張光盤；40. 北京市海淀第二公證處拍攝的53張照片；41. 北京市第二中級人民法院訴前證據保全的電子證據；42. 北京市版權局對被告軟件使用狀況統計表；43. 京權處罰（2003）3 號著作權行政處罰決定書；44. 被告經營網點的相關信息；45. 北京市版權局的現場檢查紀錄清單；46. 購買3ds Max

3.0的專用發票；47. 購買AutoCAD14.0的專用發票；48. 購買3dx Max 4.0的專用發票；49. 購買3ds Max 5.0的專用發票；50. 購買AutoCAD 2000的專用發票；51. 購買AutoCAD 2000的專用發票；52. 購買3ds Max 3.0的專用發票；53. 文章〈微軟舞刀，企業如何應對〉；54. 原告軟件的報價單；55. 翻譯費發票；56. 工商查詢費發票；57. 律師費發票；58. 歐特克遠東有限公司與原告隸屬關係證明；59. 京權聯 [2001] 16號文件；60. （99）京勘設管字第85號文件；61. 北京榮創達軟件技術有限公司（以下簡稱榮創達公司）的說明；62. 北京納一爾科技有限公司（以下簡稱納一爾公司）的證明。

原告以證據1～5證明原告是涉案軟件的著作權人；以證據6～44證明被告未經許可安裝並商業使用涉案軟件的種類和數量；以證據19、29、45證明北京在北京市版權局多次執法檢查後，被告明知侵權仍故意繼續其侵權行為；以證據46～54證明涉案軟件的市場價格及原告的實際損失；以證據55～58證明原告為訴訟而支出的合理費用；以證據59證明涉案軟件的市場價格，優惠價格只針對特定主體和特定期間；以證據60證明涉案軟件的價格；以證據61證明涉案軟件優惠的原因，且只針對特定主體和特定期間；以證據62證明涉案軟件的報價及其有效期間。

被告對原告證據1～41、43的真實性和證明目的均無異議；認為證據42統計了10家而不是9家，還統計了被告這一家，對統計的涉案軟件的種類和數量無異議；對證據44的真實性無法確認，但認可涉案14家經營網點均隸屬於被告；對證據45的真實性無異議，但認為與本案無關；對證據46～53的真實性無異議，對證明目的有異議，認為這些證據不能完全證明涉案軟件的市場價格；對證據54的真實性有異議，認為原件與複印件不符；對證據55～58的真實性無異議，對證明目的有異議，認為與本案無關；對證據59的真實性無異議，對證明目的有異議，認為優惠仍在繼續，且適用於被告；由於原告未提供證據60的原件，故對其真實性有異議；對證據61的真實性有異議，認為原告與榮創達公司有利害關係；對證據62的真實性無異議，對證明目的有異議，認為不能完全證明市場價格。

被告為了證明自己的主張，向本院提交了以下證據材料：1.「CAD軟件正版化」合作協議書；2. 專用發票；3. 有關CAD正版化項目報價；4. 軟件報價單；5. 軟件報價單。

被告以證據 1 證明被告致力於推進正版化工作，安裝了可以替代涉案軟件的其

他軟件；以證據 2 證明被告曾經購買原告的正版軟件，具有正版意識；以證據 3 證明AutoCAD 14.0的用戶價為4950元；以證據 4 證明AutoCAD 2000的aec特惠價為15,500元；以證據 5 證明3ds Max 4.0優惠價為21,500元。

原告認為證據 1 與本案無關，且不能證明已經實際履行；認為證據 2 與本案無關，且並非CAD軟件；對證據 3 的真實性有異議，假設是真實的，也只適用於地區正版化批量購買的情況；對證據 4 的證明目的有異議，認為這是aec特惠價而非市場價，且被告侵權時並不能適用該特惠價；對證據 5 的證明目的有異議，認為侵權不應享受優惠價格。

本院對於上述證據材料中雙方無爭議的部分予以確認。原告證據42雖然寫為 9 家，但實際上是10家，本院予以認可。由於原告證據45針對的正是涉案軟件，故本院對其真實性和證明目的予以確認。雖然被告對於原告證據46、47、49～54的證據目的提出異議，但未能舉出有力的反證，故本院對上述證據材料的真實性和證明目的予以確認。原告證據48試圖證明3ds Max 4.0的價格為35,800元，但該價格與本院確認的原告證據46證明的3ds Max 3.0的價格為18,800元以及原告證據49證明的3ds Max 5.0的價格為24,000元顯然不一致，故本院對於原告證據48的證明目的不予確認。本院對於原告證據55的真實性和關聯性予以確認，但該律師費的數額超過有關規定確定的數額，故對其證明目的不予確認。本院對於原告證據56、57的真實性、關聯性和證明目的予以確認。原告證據58的複印件在增值稅專用發票以外的位置加蓋了納一爾公司的公章，這是為了證明該證據材料的提供者是納一爾公司，故本院對該證據材料的真實性和證明目的予以確認。雖然被告對原告證據59中優惠期間提出異議，但未能舉出有力的反證，故本院對其真實性和證明目的予以確認。由於原告未能提交證據60的原件，故本院對該證據材料的真實性不予確認。雖然被告對於原告證據61的真實性及原告證據62的證明目的提出異議，但未能舉出有力的反證，故本院對上述證據材料的真實性和證明目的予以確認。被告證據 1 針對「中望計算機輔助設計系統ZWCAD V1.0」軟件，證據 2 針對「3DVIZ」軟件，均非涉案軟件，故本院對上述證據材料的關聯性不予確認。被告證據 3 是下載的網路頁面打印件，未經公證，也無其他證據佐證，故本院對該證據材料的真實性不予確認。被告證據 4 的時間為2003年7月29日，被告證據 5 的時間為2003年 8 月 1 日，而根據本院確認的證據證明被告使用涉案軟件的時間不在此期間，故本院對上述證據材料的關聯性不予確認。

經審理查明：原告Autodesk股份有限公司是美利堅合眾國的一家公司。

美利堅合眾國於1989年3月1日加入《伯爾尼保護文學和藝術作品公約》，中華人民共和國亦於1992年7月1日加入該公約。

原告就涉案的五種計算機軟件 3ds Max 3.0、3ds Max 4.0、3ds Max 5.0、AutoCAD 14.0、AutoCAD 2000在美利堅合眾國進行了版權註冊。3ds Max系列軟件是一種三維建模、動畫及渲染解決方案軟件，AutoCAD 14.0和AutoCAD 2000是二維製圖及詳圖和三維設計工具。

被告是一家專業從事住宅及公用建築裝飾設計及施工的企業。2002年4月23日和2003年10月11日，北京市版權局執法人員對被告在北京市的九個經營網點使用計算機軟件的版權狀況進行檢查，發現被告未經著作權人許可擅自安裝並使用3ds Max 3.0共2套，3ds Max 4.0共10套，3ds Max 5.0共2套，AutoCAD14.0共31套和AutoCAD 2000共16套。2003年6月17日，原告向本院申請對被告在北京市的另外四家經營網點進行訴前證據保全，發現被告未經著作權人許可擅自安裝並使用 3ds Max 4.0 共7套，3ds Max 5.0 共6套，AutoCAD 14.0 共9套和AutoCAD 2000 共11套。上述軟件總計為：3ds Max 3.0 共2套，3ds Max 4.0 共17套，3ds Max 5.0 共8套，AutoCAD 14.0 共40套和AutoCAD 2000 共27套。3ds Max 3.0 軟件的市場價格為：18,800元，3ds Max 5.0 的市場價格為 24,000元，AutoCAD 14.0的市場價格為 10,000元，AutoCAD 2000的市場價格為 18,500元。

本院認為：原告是計算機軟件 3ds Max 3.0、3ds Max 4.0、3ds Max 5.0、AutoCAD 14.0、AutoCAD 2000軟件的著作權人。中華人民共和國和美利堅合眾國同為《伯爾尼保護文學和藝術作品公約》的成員國，該公約確定了「國民待遇原則」。根據我國相關法律的規定，外國人的軟件，依照其開發者所屬國或者經常居住地國同中國簽訂的協議或者共同參加的國際條約享有的著作權，受我國法律的保護。因此，原告作為涉案五種計算機軟件的著作權人，其著作權應當受到我國相關法律的保護。

被告是一家專業從事住宅及公用建築裝飾設計及施工的企業，未經著作權人許可而擅自複製、安裝涉案五種軟件用於其經營並獲取商業利益，屬於商業性使用行為。被告的上述行為構成對於原告依法享有的計算機軟件著作權的侵犯，依法應當承擔相應的責任。因此，原告關於被告立即停止侵權行為的訴訟請求，本院予以支持。

鑒於被告2002年4月23日因侵犯涉案軟件著作權被北京市版權局給予行政處罰

後仍繼續侵權行為，其侵權主觀故意明顯，故原告關於被告登報賠禮道歉的訴訟請求本院予以支持，本院將根據被告侵權行為的情節，確定被告在一家本市公開發行的報紙上就其侵權行為向原告賠禮道歉。

關於賠償經濟損失的數額問題，鑒於使用軟件侵權複製品給計算機軟件著作權人造成的損失相當於其正常許可使用、銷售該軟件的市場價格。因此，本院將以涉案五種軟件的市場價格為基準，綜合考慮被告使用涉案軟件的商業目的、被告的主觀故意狀態、實施侵權行為的方式及後果等因素，確定被告的賠償數額。原告雖提出證據48試圖證明3ds Max 4.0的價格為35,800元，但該價格與本院確認的同為3ds Max系列軟件的3.0版和5.0版軟件的價格差別過大，且與原告提交的其他證據不一致，故本院對於原告證據48的證明目的不予確認，將參照本案其他證據，根據軟件價格的一般規律，確定3ds Max 4.0的市場價格。

被告依法應當承擔原告為制止侵權行為所支付的合理開支，故原告關於被告支付翻譯費和調查取證費的訴訟請求本院予以支持；但由於原告律師費的數額超過有關規定確定的數額，故本院將根據有關規定確定該數額。

綜上所述，依據《中華人民共和國著作權法》第四十七條第（一）項、第四十八條，《計算機軟件保護條例》第五條第三款、第二十四條第一款第（一）項，《最高人民法院關於審理著作權民事糾紛案件適用法律若干問題的解釋》第二十一條的規定，判決如下：

一、北京龍發建築裝飾工程有限公司自本判決生效之日起立即停止對Autodesk股份有限公司計算機軟件 3ds Max 3.0，3ds Max 4.0，3ds Max 5.0，Auto-CAD 14.0和AutoCAD 2000著作權的侵權行為；

二、北京龍發建築裝飾工程有限公司自本判決生效之日起三十日內在《北京晚報》上就其侵權行為向Autodesk股份有限公司賠禮道歉，消除不良影響（內容須經本院審核，逾期不執行，本院將在一家本市發行的報紙上公布本判決主要內容，相關費用由北京龍發建築裝飾工程有限公司負擔）；

三、北京龍發建築裝飾工程有限公司自本判決生效之日起十日內向Autodesk股份有限公司賠償經濟損失人民幣一百四十九萬元，賠償Autodesk股份有限公司為訴訟而支出的合理費用人民幣三萬二千二百五十元；

四、駁回Autodesk股份有限公司的其他訴訟請求。

案件受理費18,968元，由北京龍發建築裝飾工程有限公司負擔（於本判決生效後七日內交納）。

如不服本判決，Autodesk股份有限公司可在判決書送達之日起三十日內，北京龍發建築裝飾工程有限公司可在判決書送達之日起十五日內，向本院遞交上訴狀，並按照對方當事人的人數提交副本，上訴於中華人民共和國北京市高級人民法院。

　　審 判 長　　劉薇
　　代理審判員　　宋光
　　代理審判員　　梁立君

　　二〇〇三年九月十六日

　　書 記 員　　馮剛

（注：本案一審宣判後，龍發公司不服判決，向北京市高級人民法院提出上訴。二審期間，龍發公司又以其與被上訴人Autodesk公司達成和解協議為由，申請撤回上訴。北京市高級人民法院經審查後准許其撤訴。並裁定二審案件受理費18,968元，減半收取9484元，由龍發公司負擔。該案就此了結。）

## 附錄四
## 中國大陸、臺灣、香港地區版權代理公司名錄

| 單位 | 通訊地址 | 郵編 | 電話 | 傳真 | 網址 / 信箱 |
|---|---|---|---|---|---|
| 中華版權代理總公司 | 北京市車公莊大街甲 4 號物華大廈 5 層 | 100044 | 0086-10-68003908 | 0086-10-68003908 68003945 | www. ccopyright. com.cn |
| 中國國際圖書貿易總公司版權代理事務部 | 北京市車公莊西路35號公司西樓303 | 100044 | 0086-10-68437147 | 0086-10-68412023 | www.cibtc. com.cn |
| 中國圖書進出口總公司版權代理部 | 北京市朝陽區工體東路16號 | 100020 | 0086-10- 65086949 | 0086-10-65866992 | copyright. cnpeak.com/ |
| 中國電視節目版權代理公司 | 北京市南禮士路三條 1 號 | 100038 | 0086-10-63957153 | 0086-10-63955916 | www.citvc. com.cn |
| 九州音像出版公司版權貿易部 | 北京市西城區豐盛胡同19號 | 100011 | 0086-10-85285169 | | |
| 北京版權代理有限公司 | 東城區建國門內大街光華長安大廈後樓401室 | 100005 | 0086-10-65171427 | | |
| 北京匯宇國際版權代理有限公司 | 海淀區復興路甲14號華鷹大廈502-504室 | 100036 | 0086-10-63967852 | | |
| 天津版權代理公司 | 天津市河西區尖山路82號 | 300211 | 0086-22-23280480 | | |
| 上海市版權代理公司 | 上海市紹興路 5 號 | 200020 | 0086-21-64370148 | 86-21-64332452 | |
| 河北省版權代理公司 | 石家莊市城鄉街44號 | 050061 | 0086-311-7756500 | | |
| 遼寧省版權代理公司 | 瀋陽市北一馬路108號 | 110001 | 0086-24-86267326 | | |
| 吉林省版權局 | 長春市人民大街124號 | 130021 | 0086-31-5644760 | 0086-031-5642914 | |
| 黑龍江版權代理公司 | 哈爾濱市道里區森林街68號 | 150010 | 0086-451-8370148 | | |
| 山東省版權代理公司 | 濟南市省府路前街 1 號綜合樓 | 250011 | 0086-531-6061784 | | |
| 河南版權代理公司 | 鄭州市農業路73號 | 450002 | 0086-71-5730604 | | |
| 安徽省版權代理公司 | 合肥市躍進路 1 號 | 230063 | 0086-551-2846082 | | |
| 湖北版權代理公司 | 武漢市東亭路 2 號 | 430077 | 0086-27-8815557 | | |

| | | | | | |
|---|---|---|---|---|---|
| 湖南版權代理公司 | 長沙市展覽館路66號 | 410005 | 0086-731-4302557 | | hncpr@public.cs.hn.cn |
| 陝西省版權代理公司 | 西安市北大街131號 | 710003 | 0086-29-7251870 | | |
| 四川省版權代理公司 | 成都市桂花巷21號 | 610015 | 0086-28-6277641 | | |
| 廣東版權事務所 | 廣州市環市東水蔭路11號 | 510030 | 0086-20-87662333 | | |
| 廣西萬達版權代理公司 | 南寧市金湖路53號廣西出版大廈10樓 | 530022 | 0086-771-5516127 | | |
| 大蘋果股份有限公司 | 臺北縣中和市中正路801號10F | | 00886-2-32344155 | 00886-2-32344244 | www.bigapple1.info |
| 博達著作權代理有限公司 | 臺北市信義路二段230號4樓 | | 00886-2-2392-9577 | 00886-2-23929786 | www.bardonchinese.com |
| 紅耳朵文化資訊有限公司 | 臺北市中正區思源街12-4號11樓 | | 00886-2-33651676 | | redears.media@msa.hinet.net |
| 家西書社 | 臺北市民生東路五段153號14樓之11 | | 00886-2-27654488 | 886-2-27607227 | jiaxibks@seed.net.tw |
| 香港明河社出版有限公司 | 香港渣華道191號嘉華國際中心25樓 | | 00852-25975513 | 00852-29600625 | |

製表：于華穎小姐

## 附錄五
## 中國大陸各圖書進出口公司名錄

| 單位名稱 | 地址 | 電話 | 傳真 |
|---|---|---|---|
| 中國圖書進出口（集團）總公司 | 北京市朝陽區工體東路16號 100020 | 0086-10-65082324 | 0086-10-65082320 |
| 中國國際圖書貿易總公司 | 北京市海淀區車公莊西路35號 | 0086-10-68414284 | 0086-10-68412023 |
| 中國出版對外貿易總公司 | 北京市朝陽區安定門外安華里504號 | 0086-10-64215095 | 0086-10-64214540 |
| 中國教育圖書進出口公司 | 北京市海淀區北三環中路44號 | 0086-10-62012138 62514058 | 0086-10-62012278 |
| 中國經濟圖書進出口公司 | 北京市西城區百萬莊北街3號 100037 | 0086-10-68355415 | 0086-10-68344221 |
| 中國人文科學發展公司 | 北京市建內大街5號 100732 | 0086-10-85195295 | 0086-10-65137737 |
| 北京中科進出口公司 | 北京市東城區東皇城根北街16號 | 0086-10-84039971 | |
| 北京市圖書進出口有限公司 | 東城區王府井大街235號 | 0086-10-65126937 | |
| 中國書店 | 北京市宣武區琉璃廠東街115號 | 0086-10-63035759 | |
| 國家圖書館（交流處） | 北京市海淀區中關村南大街33號 100081 | 0086-10-22545023 | 0086-10-68419271 |
| 榮寶齋出版社 | 北京市宣武區琉璃廠西街19號 100052 | 86-10-63035279 | 0086-10-63035279 |
| 文物出版社 | 北京市東城區東直門內北小街2號樓 | 0086-10-64048057 | 0086-10-64010698 |
| 中國美術出版總社 | 北京市北總布胡同32號 | | 0086-10-65122370 |
| 中華書局對外圖書貿易部 | 北京市東城區王府井大街36號 | 0086-10-63458221 | |
| 上海香港三聯分店有限公司 | 上海市淮海中路624號 | 0086-21-53064393 | 0086-21-53060848 |
| 上海外文圖書公司 | 上海市福州路390號 | 0086-21-63223200 | |
| 廣東省出版進出口公司 | 廣州市環市東水蔭路11號8樓 | 0086-20-87662308 | 0086-20-87754385 |
| 中華商務貿易公司 | 廣州市站前橫路23號 | 0086-20-8666 9415 | 0086-20-86678882 |
| 深圳市益文圖書進出口公司 | 深圳市源南東路5033號金山大廈5樓504室 | 0086-755-82073130 | |
| 黑龍江省新聞出版進出口公司 | 哈爾濱市道外區景陽街85號 | 0086-451-8373175 | |
| 福建省出版對外貿易公司 | 福州市東水路76號出版中心 | 0086-591-7538964 | 0086-591-7538936 |
| 廈門對外圖書交流中心 | 廈門市湖濱南路809號 | 0086-592-5089343 | 0086-592-5087235 |
| 廣西圖書進出口公司 | 南寧市東曹東路58號 | 0086-771-5862972 | 0086-771-5862907 |
| 浙江省出版對外貿易公司 | 杭州市環城北路41號 | 0086-571-5109382 | |

| 江蘇省新圖進出口公司 | 南京市中央路165號南 3 樓 | 0086-25-3214485 | 0086-25-3226475 |
|---|---|---|---|
| 海南出版對外貿易公司 | 海口市文明東路153號聖環大廈 | 0086-898-6226097 | |
| 山東省出版對外貿易公司 | 濟南市歷下區龍洞路36號 | 0086-531-8936654 | |
| 湖北省出版進出口公司 | 武漢市武昌中南路11號 | 0086-27-87815565 | 0086-27-87815557 |
| 江西省新聞出版進出口公司 | 南昌市陽明路310號出版大廈18F | 0086-791-6894972 | 0086-791-6894971 |
| 天津市出版對外貿易公司 | 天津市和平區赤峰道130號 | 0086-22-27129262 | |
| 山西省出版對外貿易有限公司 | 太原市解放路167號 030002 | | |
| 湖南省圖書進出口公司 | 長沙市芙蓉中路338號圖書城10樓 | 0086-731-4421365 | |
| 遼寧省新聞出版進出口總公司 | 瀋陽市和平區十一緯路25號 | 0086-24-23284016 | 0086-24-23284016 |
| 四川省出版對外貿易公司 | 成都市太升北路 9 號 | 0086-28-6912721 | |
| 安徽省新龍圖貿易進出口公司 | 合肥市躍進路 1 號 | 0086-551-2842465 | 0086-551-2848487 |
| 河南出版對外貿易公司 | 鄭州市經五路66號 | 0086-371-5740799 | 0086-371-5730604 |
| 吉林省文化出版對外貿易公司 | 長春市人民大街124號 | 0086-431-5640377 | |

## 附錄六
### 中國大陸各地新聞出版行政部門名錄

| 單位 | 通訊地址 | 電話 | 傳真 | 網址 |
|---|---|---|---|---|
| 新聞出版總署 | 北京市宣武區宣武門外大街40號 | 0086-10-83138000 | 0086-10-83138755 | www.gapp.gov.cn |
| 國家版權局 | 北京市宣武區宣武門外大街40號 | 0086-10-83138741 | 0086-10-83138755 | www.ncac.gov.cn |
| 北京市新聞出版局 | 北京市東城區朝內大街55號 100010 | 0086-10-64081892 | 0086-10-64081892 | www.bjppb.gov.cn |
| 天津市新聞出版局 | 天津市河西區尖山路82號 300211 | 0086-22-28306463 | 0086-22-28308463 | www.tjppb.gov.cn/ |
| 河北省新聞出版局 | 石家莊市友誼北大街330號 050061 | 0086-311-88641115 | 0086-311-87755718 | www.hebeichuban.com |
| 山西省新聞出版局 | 太原市建設南路15號 030012 | 0086-351-4922120 | | |
| 內蒙古自治區新聞出版局 | 呼和浩特市新城區老缸房街18號 010010 | 0086-471-4913873 | 0086-471-4913873 | www.nmgnews.com.cn/info/article/ |
| 遼寧省新聞出版局 | 瀋陽市和平區北一馬路108號 110001 | 0086-24-23261655 | 0086-24-23254108 | |
| 吉林省新聞出版局 | 長春市人民大街124號 130021 | 0086-431-5644804 | | xwcbj.jl.gov.cn/ |
| 黑龍江省新聞出版局 | 哈爾濱市道里區森林街68號 150010 | 0086-451-4614553 | 0086-451-4617379 | www.northeast.com.cn/newscbj |
| 上海市新聞出版局 | 上海市紹興路 5 號 200020 | 0086-21-64370176 | 0086-21-64332452 | cbj.sh.gov.cn/ |
| 江蘇省新聞出版局 | 南京市高雲嶺56號 210009 | 0086-25-3351289 | | |
| 浙江省新聞出版局 | 杭州市慶春路225號 310006 | 0086-571-87163108 | | |
| 安徽省新聞出版局 | 合肥市躍進路 1 號新聞出版大廈 230063 | 0086-551-2826650 | | |
| 福建省新聞出版局 | 福州市東水路76號 350001 | 0086-598-7531397 | 0086-598-7554378 | www.fjbook.com.cn |
| 江西省新聞出版局 | 南昌市陽明路310號 330008 | 0086-791-6895173 | 0086-791-6895385 | www.jxpp.com/ |
| 山東省新聞出版局 | 濟南市省府前街 1 號 250011 | 0086-531-6061779 | | |
| 河南省新聞出版局 | 鄭州市經五路66號 450002 | 0086-371-5721344 | | www.hnxwcb.com |

| 湖北省新聞出版局 | 武漢市武昌黃鸝路75號 430077 | 0086-27-86783629 | 0086-27-86792531 | www.hbnp.com.cn/ |
|---|---|---|---|---|
| 湖南省新聞出版局 | 長沙市展覽館路11號 410005 | 0086-731-4302513 | | www.hnppa.com |
| 廣東省新聞出版局 | 廣州市環市東水蔭路11號 510075 | 0086-20-37606288- | 0086-20-37607205 | www.xwcbj.gd.gov.cn |
| 廣西壯族自治區新聞出版局 | 南寧市金湖路53號 530021 | 0086-771-551600 1 | | www.gxi.gov.cn/ |
| 四川省新聞出版局 | 成都市桂花巷21號 610015 | 0086-28-86697114 | | |
| 重慶市新聞出版局 | 重慶市渝北區金山路 8 號 400020 | 0086-23-67502909 | | |
| 貴州省新聞出版局 | 貴陽市延安中路5-9號 550001 | 0086-851-5826028 | | |
| 雲南省新聞出版局 | 昆明市環城西路609號 650034 | 0086-871-4196648 | 0086-871-4196708 | www.ynppb.gov.cn |
| 西藏自治區新聞出版局 | 拉薩市林廓北路20號 850001 | 0086-891-6827279 | | www.tibet.gov.cn/ |
| 陝西省新聞出版局 | 西安市新城區北大街147號 | 0086-29-87297054 | 0086-29-87291787 | www.sxxwcb.gov.cn |
| 甘肅省新聞出版局 | 蘭州市東崗西路174號 730000 | 0086-931-8273545 | | |
| 青海省新聞出版局 | 西安市同仁路10號 981001 | 0086-971-6141890 | | |
| 寧夏回族自治區新聞出版局 | 銀川市北京東路139號 750001 | 0086-951-5045241 | | |
| 新疆維吾爾自治區新聞出版局 | 烏魯木齊市光明路121號建設廣場15樓 830001 | 0086-991-2825760 | 0086-991-2847028 | |
| 海南省文化廣電出版體育廳 | 海口市海府路59號政府大樓14層 570204 | 0086-898-65399213 | | |

製表：于華穎小姐

## 附錄七
## 英文第一版的「致謝」

　　這部著作是在諸多朋友的幫助下完成的，除〈序言〉中提到的人物外，還要向下列人士表達衷心的謝意。

　　首先要感謝本書的三位譯者——紐約的前Random House Inc. 資深編輯趙偉小姐（Wei Zhao）、甫從美國歸來的歷史學博士李紅小姐、英國哈珀‧亞當斯大學學院（Harper Adams University College）對外聯絡員Peter F. Bloxham教授。如果不是他們欣然相助，這本書就不可能如此快速地與英文讀者見面。我的老友、現任職於渥太華大學的唐洪照先生助譯了前言及兩篇重要附錄，美國Random House前編輯 Mr. Gabriel L.Levine潤色了本書多章譯稿，在此一併道謝。

　　其次，要感謝我的兩位研究助理，出版專業碩士趙春霞小姐與韓文靜小姐，她們繪製並翻譯了大量的圖表，並提供諸多數據支持。再次，要感謝臺北《民生報》資深記者與出版研究者徐開塵小姐、香港聯合出版集團副總裁曾協泰先生、香港商務印書館總經理助理尹惠玲小姐及澳門出版人陳樹榮先生、李寶華小姐，他們分別對本書臺灣、香港與澳門部分的寫作給予了指導與幫助。

　　還要感謝北京的劉波林先生、朱朝旭先生、沈昌文先生、孫瑋小姐、韋鴻學先生、張賢淑女士、張澤清小姐；臺北的孫祥雲小姐、蔣慧仙小姐及李玉華小姐。他們或提供資料與圖片，或接受諮詢，或通過其他方式幫助本人。

**附錄八**
**本書主要參考資料**

《中國新聞出版統計資料彙編》歷年　　　　　　　新聞出版總署計畫財務司編
　　　　　　　　　　　　　　　　　　　　　　中國勞動社會保障出版社出版
《2007年中國民營書業發展研究報告》　　　　　中國書籍出版社 2008年 4 月
《中國期刊年鑒》　　　　　　　　　中國期刊年鑒編輯部 2007年編輯出版
《中國當代出版史料》宋應離等編　　　　大象出版社 1999年 9 月第一版
《2007-2008中國出版業發展報告》　　　　　中國書籍出版社 2008年 9 月
《世界華文傳媒年鑒2003》　　　世界華文傳媒年鑒社編輯 2003年 8 月第一版
《2007-2008年中國數字出版產業年度報告》　　中國書籍出版社 2008年10月
《臺灣出版年鑑》2007、2008年　　　　臺灣出版年鑑編輯委員會 臺北出版
《2007臺灣圖書出版及行銷通路業經營概況調查》　　　2008年12月 臺北出版
《2007年臺灣雜誌出版產業調查研究》　　　中華徵信所企業股份有限公司
　　　　　　　　　　　　　　　　　　　　　　　　2008年10月 臺北出版
《香港參與國內出版業前景》　　　　香港貿易發展局編輯 2003年 4 月
《世界出版業·港澳卷》沈本瑛著　　　　世界圖書出版公司 1998年出版
《澳門手冊2003》澳門日報編　　澳門日報 2003年 9 月第二版第一次印刷
《新媒體征戰》蔣青著　　　　　　　中信出版社 2002年12月第一版
《中國版權經理人實務指南》萊內特·歐文著　　法律出版社 2004年第一版

## 附錄九
## 本書圖表索引

國家圖書館出版品預行編目資料

世界華文出版業／辛廣偉著. -- 初版. -- 臺北
市：遠流, 2010.04
　　面；　公分. --（本土與世界；71）
參考書目：面
含索引
ISBN 978-957-32-6634-1（精裝）
1. 出版業

487.7　　　　　　　　　　　　　99005984

# 世界華文出版業

作者──辛廣偉

出版三部總監──吳家恆
執行編輯──曾淑正
內頁設計──丘鋭致
封面設計──唐壽南

發行人──王榮文
出版發行──遠流出版事業股份有限公司
地址──台北市南昌路二段81號6樓
電話──(02)23926899　傳真──(02)23926658
劃撥帳號──0189456-1

著作權顧問──蕭雄淋律師
法律顧問──董安丹律師

□2010年4月15日　初版一刷
行政院新聞局局版台業字第1295號
定價──新台幣700元（精裝）
如有缺頁或破損，請寄回更換
有著作權‧侵害必究　　Printed in Taiwan
ISBN 978-957-32-6634-1（精裝）

YLib.com 遠流博識網
http://www.ylib.com　E-mail: ylib@ylib.com